JN157921

Urban Catalyst

アーバン・カタリスト▶▶▶アプローチ

街に溶け込む
▶▶▶ロンドン東部

◉ロンドンのイースト・エンドに投入された「アイデア・ストア」。既存図書館を統廃合し、地域の教育センターを兼ねており、地域に住む多数の移民者たちが集う。気鋭の建築家、デイビッド・アジャイは露天商の青・緑・白のストライプを現代建築に置き換えて表現する。写真は、アイデア・ストア・ホワイトチャペル。

オリンピックからレガシーへ
▶▶▶ロンドン東部

◉2012ロンドン五輪を機に、
ロンドン東部の打ち捨てられていた
ブラウンフィールド地区は
スポーツ・パークへと変わる。
会場は仮設主体のコンパクトな
配置で、4つの恒久施設を核に
「レガシー」となる都市形成が
進行している。

産業遺構の発見
▶▶▶ニューヨーク

◉取り壊し直前にその価値を
見出され、奇跡的に守られた
ハイライン(鉄道高架橋)。
ニューヨークを一望する
空中庭園へ生まれ変わることで、
食肉加工地区から
ファショナブルな
最先端地区へと大変貌を遂げる。

アートを街へひらく
▶▶▶十和田

◉空き地化が進行する
官庁街通りに現代美術館を
投入することで街を
アート化する。
美術館の内部は外部へと
あふれ出す。

アーバン・カタリスト▶▶▶アプローチ

Urban Catalyst

川の再生から街へ
▶▶▶徳島

◉徳島市の再生は川からはじまる。
戦後分断されていた人と
川の隔てなくし、整備された
遊歩道(ボードウォーク)には
仮設店舗街パラソルが並ぶ。

アーバン・カタリスト▶▶▶アプローチ

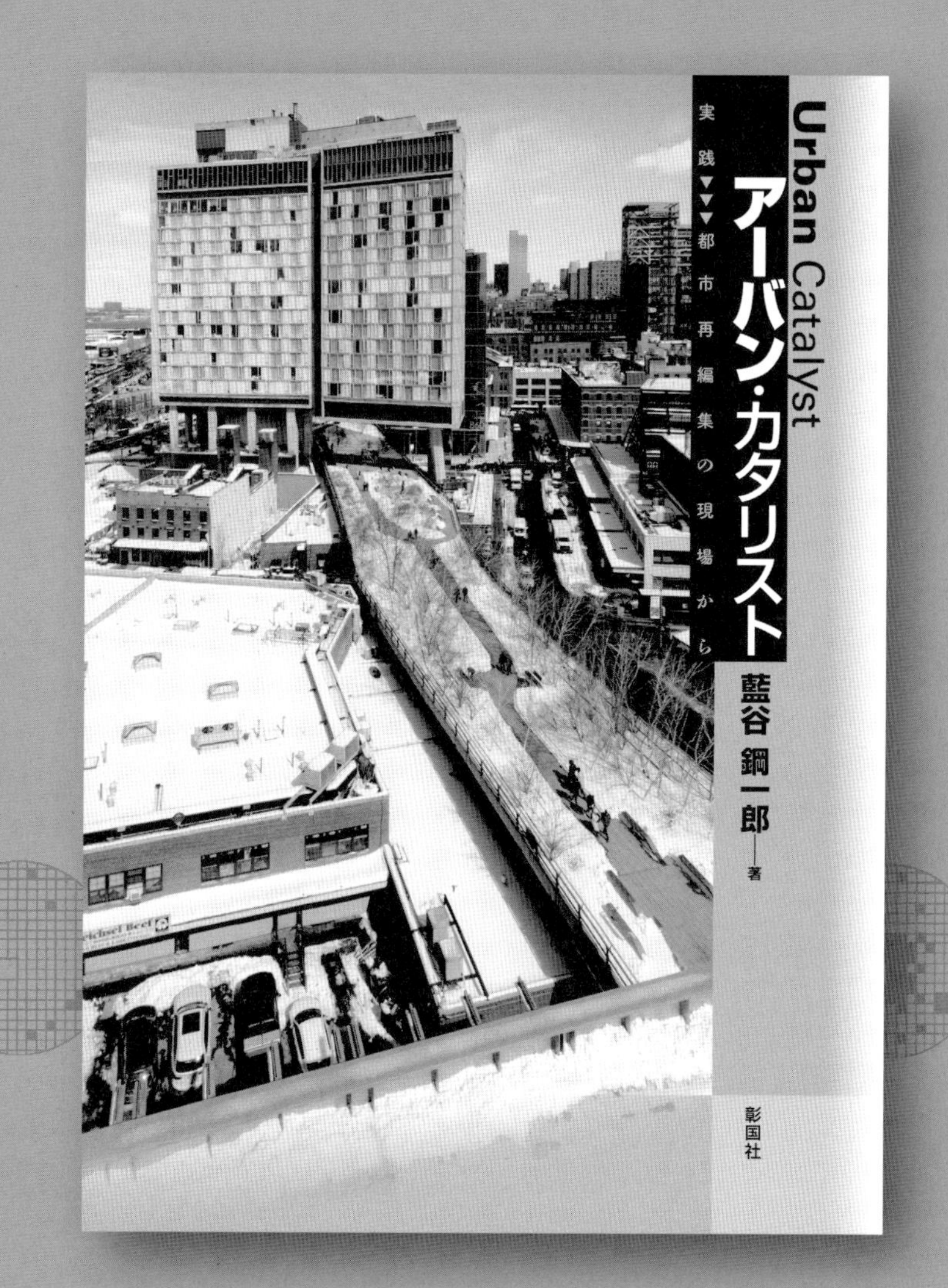
Urban Catalyst
アーバン・カタリスト
実践▼▼▼都市再編集の現場から
藍谷鋼一郎 著
彰国社

Abstract

In this book, "Editing Urban Design" is defined as the methodology of urban development with continuous partial developments and upgrades that maintain historical and community context. This discussion was focused on the "Urban Catalyst" methodology. The word 'Catalyst' is originally a chemistry term; however, in this book an "Urban Catalyst" is what stimulates a positive chain of effects within urban areas for regeneration.

Its characteristics are different from the conventional land development method such as the "Scrap & Build" approach that is applied widely in urban regeneration. An Urban Catalyst is used to prompt a chain reaction and positively affect the surroundings beyond the limits of the developer's intentions or actions.

This book discusses the characteristics and issues of the Urban Catalyst methodology including; how to find an input location and effect, transformation of the immediate context, and neighbors after the chain reactions. This text also discusses the analysis of five case studies; "The 2012 London Olympics", "Idea Store, London", "Highline, New York", "Towada Art Center, Aomori" and "Shinmachi River, Tokushima".

1. The 2012 London Olympics acted as an engine of the redevelopment of East London, from Brownfield to Sports Park and the new urban center.
2. Strategic re-location of the Idea Store's provided easier access to residents, and uplifted their life through "learning."
3. Converting the elevated railway to a linear sky garden triggered the change of quality and status of the existing neighborhood from an industrial district to the most fashionable district in New York.
4. Intervention of the Art Center into the increasingly vacated lands along the Main Street of the Government District, made a significant Impact to the city center, recognized as one of the most popular tourist destinations for contemporary art.
5. Purification and beautification of the Shinmachi River and its embankments attracts people to visit to the regressed urban center, and this new landmark has been recognized as a platform of the community's various activities.

Toward an Urban Catalyst

Urban Catalyst

目次　アーバン・カタリスト

エディトリアルデザイン＝新保韻香＋平岡佐知子

Urban Catalyst

はじめに

都市の文脈（コンテクスト）を継承し、部分的な改変を繰り返すことで都市を発展させる方法を編集型アーバンデザインという。この編集型アーバンデザインは、取材や調査で集めた情報や映像を整理し、わかりやすい文章として編集する記事やドキュメンタリー、あるいは、一つの物語として編集するドラマや映画を制作するプロセスに似ている。歴史とともに都市にある既存の要素を分析し理解することで、都市の成立過程、特徴や短所・長所を掴み取り、個々の要素の順序や組合せを変えることで、都市のポテンシャル、つまり、特徴や強みを引き出し、都市固有の魅力を高めていくことをテーマとする。

その具体的方法の一つが、アーバン・カタリスト（Urban Catalyst）である。アーバン・カタリストとは、「都市の触媒」という意味で、化学において化学反応を促進させる触媒のようなもので、アーバン・カタリストを投入することで、周囲にポジティブな連鎖反応や波及効果を引き起こす。すなわち、都市再生の契機となり、再生効果を促進させる起爆剤となる要素のことである。アーバン・カタリストには物的要素から非物的要素まで様々なものがある。物的要素には、建築物を中心に、公園などのオープンスペース、道路や橋などのインフラ設備、仮設の構造物やアートなどのインスタレーションなどがある。そして、非物的要素には、都市の再編にも大きな影響を及ぼすオリンピックなどの国際的イベント、地域や地区など地元に密着した祭りやフェスティバルなどのイベント、人間によるアクティビティなどが当てはまる。この手法は、近年、欧米都市では盛んに取り上げられているが、日本においては、まだまだ馴染みの薄い手法である。しかも、日本ではアーバン・カタリストが、都市再生手法として明確に定義づけられていないため、実際にはアーバン・カタリストの事例と分類されていなくても、結果として欧米で言うところのアーバン・カタリスト的な効果を及ぼし都市に活力を与えた都市再生事例は数多くみられる。

戦後急速に生活水準の向上を目指してきた日本社会においては、自動車社会の到来による道路網や高速道路網の整備、持ち家志向による居住地の郊外化、その反動からの中心市街地の空洞化、そして職住分離の概念も浸透することで、市街地の拡大による都市圏の巨大化が加速していった。右肩上がりの経済成長は、建築物や都市インフラのライフサイクルが短いことに肯定的で、いわゆるフロー型、悪く言えば、自転車操業のような不安定な状態で、20年から50年という短いサイクルで、都市の更新を繰り返してきた。確かに、日本の神社は式年遷宮というシステムによって、周期を定めて社殿を更新し、新しい社殿に御神体を移すことを繰り返してきた。20年というサイクルで社殿が、まったく同じ建物として更新されることで、次世代に建築技術を伝承すると同時に、建物は、常に新しい状態を維持することができる。しかし、日本の都市における建築物の短命化とは、意味合いが違う。経済が破綻、あるいは、縮小し、建築投資やインフラ投資が冷え込むと、たちまち閉塞感に見舞われてしまう。バブル期以降の失われた20年間が、それを如実に物語っている。

右下—アメリカ都心再生の先駆けとなったフェニュエルホール・マーケットプレイスの再開発事業（ボストン）
左上—解体工事が進行する九州大学・箱崎キャンパス

本書の構成について——

本書では、序でアーバン・カタリストの理論を整理し、編集型アーバンデザインの特徴をわかりやすく解説する。続く1章から5章までは、具体的なアーバン・カタリストによる再生事例を紹介する。内訳は英米都市から3事例、国内からは、多くの地方都市が課題とする中心市街地の衰退や空洞化に対する取組みとして2事例を挙げている。各事例においては、何度となく実際に現地を訪れ、季節や時間帯での賑わいの変化、平日や祝日での場所の使われ方の違いなどを踏査するとともに、実際にプロジェクトにおいて重要な役割を担ったキーパーソンへのインタビューを繰り返している。本書では、6人のキーパーソンとの対談を掲載しているが、実際には30人を超える関係者との対話から得た都市再編集における「現場」からの「生」の声をもとに本文の構成を行っている。巻末にある関係者一覧を参照いただきたい。

まず、1章では、近年、開催費用が巨額化することで、世界的な大都市しか招致できなくなると危惧される夏季オリンピックに関して、既存のスポーツ施設を多用することでコンパクトなオリンピックを実現したロンドン・オリンピック、パラリンピック2012について紹介する。ロンドンではオリンピックを契機として、貧しい東部地区にあるストラトフォード駅周辺を一気に再生させた。そこでは、オリンピック開催から18年後の2030年を念頭においたオリンピック・レガシーと地区の将来計画を綿密に練り上げている。2020年にオリンピックを開催する東京のオリンピック・レガシー計画を推進するうえで、参考となる戦略が多分に盛り込まれている。

次に、2章では、同じくロンドン東部地区にあるタワーハムレッツ区において図書館と成人教育センターを合体させた新しいタイプの図書館「アイデア・ストア」が地区再

右下——オリンピック招致への入札案(鳥瞰図)

生に寄与した役割について紹介する。ロンドン有数の低所得者や移民が多い地区で、行政がとったアプローチは、教育による都市再生だった。その核になるのがアイデア・ストアの開設で、住民の教育レベルを上げることで、スキルアップによる就業機会の向上や所得の上昇を狙い、結果として治安改善に貢献している。住民の利用率が低かった既存の図書館の課題や改善点を調査・分析することで、アイデア・ストアの立地条件、デザイン、運営方針などを決定するなど、アクセスや利用時間、親しみやすいデザインなどの改善策に取り組んでいる。

3章は、ニューヨーク・マンハッタンにおいて、治安悪化の温床と蔑まれ解体の危機に瀕した20世紀初頭の産業遺産である高架鉄道「ハイライン」が「空中庭園」として生まれ変わることで、わずか20年余りの間に、衰退の一途を辿る裏ぶれた工業地区が、ニューヨークでもっともファッショナブルでホットな場所へと変貌を遂げた事例を紹介する。今や、世界中のデザイナーやディベロッパー、行政官などが注目するハイラインによるカタリスト効果だが、その影響力は、「ハイラインもどき」を世界中に増殖させつつある。しかし、現実には、ハイラインのような再生効果を実現させている訳ではない。舞台となるミートパッキング地区やウェスト・チェルシー地区には、ハイラインを起爆剤に爆発的に躍進するための都市要素が水面下で整いつつあった。地域に住む2人の青年によるハイラインの保存運動により、多くの人を巻きこみながら、都市が変化していく様子に焦点を当てることで、カタリストが機能する条件、成功するための秘訣を解き明かしていく。

続いて、4章は、青森県十和田市の官庁街において、行政

右下―アイデア・ストア・ホワイトチャペル
左上―ハイライン

機関の統廃合により増え続ける空地対策として、現代美術館を投入することで都市再生を推進する事例を紹介する。日本の道・百選にも選ばれるほど魅力的な駒街道として知られる官庁街通りとまちに開かれた美術館をうまく融合することで、現代アートとはまったく無縁の十和田市が現代アートの発信地として認識される契機となった。アートを通したまちおこし活動が徐々に浸透することで、今後の発展が期待できる都市である。

最後の5章は、私の故郷、徳島から市内にある新町川の再生がまちに与えた影響について紹介する。近代化の代償として汚染された河川を「自分たちの手で、美しくする」というスローガンのもと一人の市民による清掃活動が始まった。徐々に有志が集まり、やがて川が蘇る。このことを契機に川への愛着が復活し、新町橋と両国橋に挟まれた中心部の護岸に新町川水際公園、しんまちボードウォークが整備される。新しく形成された2つの都市公園は、徳島市の新しい顔となり、公園を舞台としたさまざまなコミュニティ活動が展開され、中心市街地へと市民の足が戻り始める。今のところ、祝祭日を中心としたイベント時に限定的な人々の流れを、どのように日常的に取り戻すかが、今後の課題となっている。

上―アート広場と十和田市現代美術館
左下―徳島LEDアートフェスティバル。チームラボによる「呼応する球体のゆらめく川」が新町川を舞台に展開する。

序章　都市を編集する

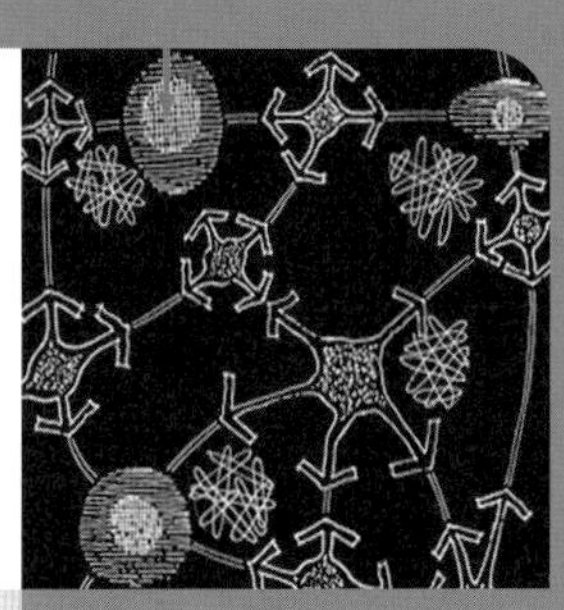

スクラップ・アンド・ビルド

保存手術

最小限の介入

都市の鍼治療

都市への埋込み

都市を編集する

都市は、生きている。だとすると、そこにはある種の理想形があるに違いない。

都市には人々に限らず、建物、文化、そして、自然など様々な要素が複雑に絡み合い積層している。

時代の流れの中で、栄枯盛衰を繰り返す。新しい都市が生まれることも、
既存の都市が廃墟となることもある。人々が暮らして快適で住みやすい都市とは。

欧米では、都市を再生させる手法としてのアーバン・カタリストが、30年以上も前に萌芽している。

そして、今、「名前」には馴染みが薄くても、ようやく日本でも発芽しようとしている。

では、何故、アーバン・カタリストなのか？

振り返ってみると、都市を編集することで、荒廃した地区に再び脚光があたり、賑わいを取り戻すとともに、都市を再生する手法に注目が集まったのは、１９７０年代の終わりから80年代にかけて盛んに繰り広げられたアメリカの都市再生事業、そして、ウォーターフロント開発だろう。その先駆け、中心にいたのが、近代建築の巨匠ウォルター・グロピウス(Walter A. G. Gropius)の弟子で、ハーバード大学でも教鞭をとったアメリカの建築家ベンジャミン・トンプソン(Benjamin Thompson)であろう。アメリカの都市にあるほとんどのダウンタウンは、その当時、荒廃の一途を辿っていた。それは自動車社会の到来による富裕層の郊外移転、職住分離によりオフィス街と住宅街など機能分化が進んだことにより、治安の悪化が著しく進行したからだ。結果として、一般的な就業時間となる平日の朝から夕方までは、ビジネスパーソンで賑わうオフィス街が、夜間や週末は、一転して閑散とした危険な地区に様変わりするというのが、アメリカ大都市におけるダウンタウンのイメージとして定着していた。この悪循環により、白人を中心とした所得の高い者は郊外に住み、移民や浮浪者などの低所得者がダウンタウンに住むという負のスパイラルが、支配的となっていた。

「人々の集まる生き生きとした場所、交流の場を再生する」というコンセプトで、歴史的な建物を保存・改修し、食品関係のマーケットとして再生させたのが、ボストンの中心にあるフェニュエルホール・マーケットプレイスという再開発事業で、18世紀に建てられた公設市場を中心に、両側にある19世紀の店舗、オフィス、倉庫か

らなる複合施設を改修している。事業の成功を受け、この再開発は、アメリカ全土に蔓延していた都市の退廃にとどめをさすパイオニア的事業と称賛された。日常の生活に結び付いた活動・交流の場をつくることが都市を再生させるという都市の「基本原則」を、ヨーロッパの市場(マーケット)のような活気に満ちた雰囲気をアメリカの都市に再現させた。トンプソンは、「祭りのような賑わい＝フェスティバルを日常に」と謳っている。欧州スタイルのマーケットを起爆剤に都市を再生させる動きは、80年代以降、急速に加速する。

そしてベンジャミン・トンプソンの名声を決定的にしたものに、ボルティモアにあるハーバープレイスがある。インナーハーバーの一画に計画されたマーケットは、賑わい創出の拠点となった。このインナーハーバーは、コンテナ輸送が主流となることで、退廃した古い港湾地区をマーケットや水族館、スポーツ施設、高級ホテル、レストランなどの集積する一大エンターテイメント地区として再生させたことで知られる。北米のウォーターフロ

①―アメリカ都心再生の先駆けとなった再開発事業
②―毎日がフェスティバルのようなフェニュエルホール・マーケットプレイス

ント開発の先駆け的プロジェクトで、80年代以降の都市再生に強い影響を与えている。港のもつ異国情緒あふれる雰囲気の演出、イベント広場で繰り広げられるパフォーマンスやショーなどが受け、ダウンタウンに人々を引き戻す「勝利の方程式」として、水辺の広場やプロムナードとマーケットの組合せは、世界的に広がっていった。

　ベンジャミン・トンプソンの名前は、日本ではそれほど知られていないが、この手法は、日本のウォーターフロント開発にも影響を及ぼしている。横浜や福岡のベイエリア開発にも取り組んでいた総合プロデューサーの浜野安宏は、ベンジャミン・トンプソンの友人で、日本におけるバブル絶頂期にはマイケル・グレイブス(Michael Graves)やジョン・ジャーディー(Jon Jerde)などアメリカの建築家を多くの日本のディベロッパーに引き合わせている。余談になるが、東急ハンズのアイデアをはじめ、南青山にあるファッションビルFrom-1stや表参道から分岐する渋谷キャットストリートなどの開発で知られる浜

③

④

⑤

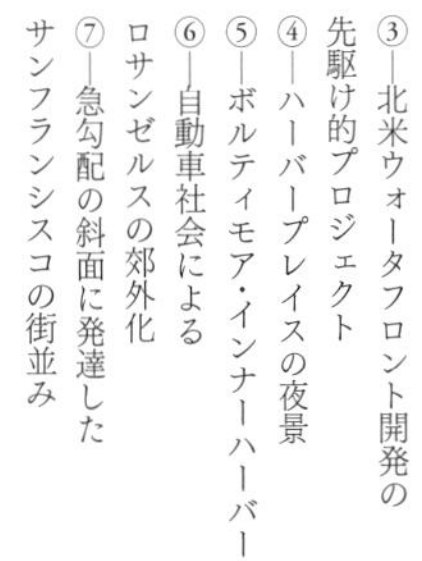
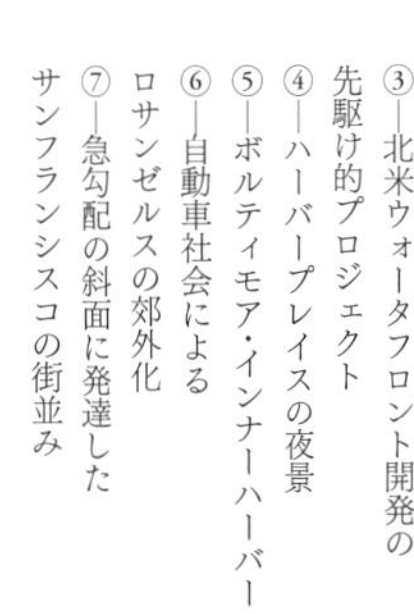
③―北米ウォータフロント開発の先駆け的プロジェクト
④―ハーバープレイスの夜景
⑤―ボルティモア・インナーハーバー
⑥―自動車社会によるロサンゼルスの郊外化
⑦―急勾配の斜面に発達したサンフランシスコの街並み

野総合研究所時代のパートナーだった北山孝雄は、安藤忠雄の双子の弟で、ベイサイドプレイス博多埠頭を設計したのは、三男の北山幸二郎である。ベイサイドプレイス博多埠頭の空間構成は、驚くほどボルティモアにあるハーバープレイスに類似している。余談ついでに、大阪南港の天保山にある巨大な水族館「海遊館」を設計したケンブリッジ・セブン・アソーシエイツは、ベンジャミン・トンプソンの朋友で、ボルティモアにもボルティモア水族館(現=国立水族館)を設計している。

社会構造や産業構造の変化により、荒廃した地区をマーケットという商業施設を投入することで、都市を再生させるアーバン・リニューアル(Urban Renewal)も、当時は、まだカタリストとしては、認識されていなかったが、その後の周囲に与えた影響や再生効果を鑑みると、まさにアーバン・カタリストの先行事例と言える。しかも、港という産業施設に独占されていた水辺空間を、人々の憩いの場として再編するという都市の読み替えは、衝撃的だったに違いない。

私が1997年、バージニア工科大学の修士課程を修了して、ボストンに移り住んだのは、建築を媒介に都市に変化をもたらすというトンプソンの手法を学ぶためだった。ボストンでの2年間(1997—99年)は、実務を通して、東海岸にあるメガロポリスを北から南へ、南から北へと駆け巡るうちに、あっという間に過ぎて行った。

⑥

⑦

新天地は、西海岸のサンフランシスコへと移行する。大西洋に沿って連綿と巨大都市が連なる東海岸は、アメリカ誕生の歴史が都市の至る所に刻み込まれている。世界を牽引してきた強いアメリカの経済力と技術力の粋を集めた建築・都市空間が形成されていると言っても過言ではない。東海岸を後にすることに、まったく未練がなかった訳ではないが、同じアメリカでもまったく雰囲気の違う西海岸への興味は日増しに強くなり、いつしか転職を考え始めるようになった。

しかし、転機はあっけなく訪れる。1999年晩秋に経歴を1枚にまとめたFAXが、文字通りサンフランシスコへの片道切符へと変身したからだ。今のようにインターネットやEメールがそれほど発達していなかった当時、FAXというのは、まだまだ主要な伝達手段だった。初冬のボストンを後にし、サンフランシスコ空港に降り立った第一印象は「カリフォルニアは暖かい」だった。氷点下20度くらいまで冷え込むマサチューセッツの冬は、降雪も深く、かなり厳しい。英国の影響が強く現れるボストンの街並みは、赤レンガや石造を基調とし、重厚で趣深い。一方、パステル色でビクトリアン調の建物が、急傾斜の坂道沿いに張り付くサンフランシスコの街並みは、陽気な西海岸を体現しているようで、対照的だった。イギリス系、アイルランド系のいわゆるアングロサクソンが多いボストンと比べ、ヒスパニック系やアジア系の移民が多いことでも、街の風景は、かなり違っていた。

こうしてアメリカ最大級の組織設計事務所SOMでの生活が始まった。世界中に1万物件以上のプロジェクトを手掛けるスキッドモア・オーウィングズ・アンド・メリル社(SOM＝Skidmore, Owings and Merrill, LLP)だが、ニューヨーク、シカゴ、サンフランシスコ、ロンドンにある4つの事務所が、そのほとんどの建築設計を行っている。ワシントン、ロサンゼルス、香港、上海、ドバイなどの小さな事務所は、現地での調整やインテリア設計などを分担している。当時のサンフランシスコ事務所は、西海岸のプロジェクトとアジア諸国のプロジェクトを一手に引き受けていた。設計から竣工までの期間が、アメリカと比べると、恐ろしく短い中国でのプロジェクトは驚異的だった。

結局、2007年に日本に帰国するまでの8年間以上を、SOMに勤めることになるが、大半の6年間を過ごしたのは、ロンドン事務所(2001—07年)だった。単身ということもあり、ロンドン事務所拡大の機に転勤することになったからだ。アメリカの大学や大学院を卒業した留学生には、1年間の就業機会(OPT＝Optional Practical Training)を得る権利が与えられる。その期間に雇用者と交渉し、正規の労働ビザを得るというのが、一般的な外国人が辿るキャリア・パスで、アメリカ以外から職を得るのは、かなりハードルが高くなる。同様に、

⑧

⑨

欧州連合(EU＝European Union)の支配下にあるヨーロッパでは、EU圏外の外国人の就業機会は極めて限定的で、今思えば、かなり幸運だったと思う。

建築業務を商業活動の一環と捉える傾向の強いアメリカと、建築を文化と考え、芸術の一部として建築設計を行うヨーロッパとでは、都市の中での建築のあり方にも、大きな違いが現れていた。一言で欧米諸国と言っても、働き方を含め、ものごとの価値観がまったく違う。まず、設計料の体系がアメリカよりも割高だ。これは、同じ規模の建物を設計する場合、デザインに要する期間を長くし、あるいは、スタッフの数を増員することに繋がる。つまり、デザインのクオリティを高めるための土壌がより充実している。そして、有給休暇の長さだ。ヨーロッパ諸国の中では、少ない方だとされるイギリスでさえ、アメリカの2倍以上の休暇が所員に与えられる。アメリカと日本は、世界で1、2を争う労働時間数を誇る。ヨーロッパの中では、資本主義がより支配的なイギリスは、他の諸国と比べるとアメリカに近い感は否めない。それでも、アメリカとはまったく別の価値観で成り立っているところが、やはりイギリスもヨーロッパの一員だということだろう。

アメリカを中心とする資本主義の原則、経済原理に支配された効率主義、大量生産・大量消費の構造は、戦後、日本が歩んできた経済成長の過程に一致する。一方、建

物や古い町並みに高い価値を見出し、破壊よりも保存・改修を重んじるヨーロッパでは、旧市街を保存対象とし、新しい建物は新市街にまとめてつくる傾向が強い。良い意味で古いものと新しいものが共存し、同居している。世界中から、ヨーロッパの古い町並みを訪れる人が後を絶たないのは、単に美しい街並みを観るためでなく、人類が歩んできた地球の歴史を身体で感じることができる、あるいは、古代、中世にタイムトリップしたような錯覚に囚われたいからではないだろうか。異文化への憧れや興味というのもあるだろう。

成長社会から縮小社会へのパラダイムシフト

現在の日本の都市、とりわけ戦後の高度経済成長期に急速な発展を遂げた都市の大部分は、戦前の写真と見比べると、同じ場所とは思えないほど変化していることに誰もが驚く。もちろん、第二次世界大戦時の空襲により焼け野原となり、そこからの復興を加味すると、その驚きは称賛に変わるかもしれない。しかし、本当にこれが正解だったのかという疑問を拭い去ることはできない。

ストック型の欧州都市と、フロー型の日本都市を単純に比べることはナンセンスなことで、将来的な解決策を導き出すにはつながらない。しかし、高度経済成長を遂げ、超高齢化社会に突入し、人口減少が始まった現在の日本社会を考えるとき、成長社会の考え方から脱却し、成熟都市としての日本のあるべき姿を考える時期に突入したことは明白で、フロー型からストック型社会へとシフトしていくことは、至極当然の成り行きだといえる。その一つの方法として、アーバン・カタリストが挙げられる。

まず、アーバン・カタリストという言葉が世に現れたのは、1989年、ルイジアナ州立大学で教鞭をとったウェイン・アトー（Wayne Attoe）とカリフォルニア大学バークレー校で教鞭をとったドン・ローガン（Donn Logan）による著書『アメリカの都市建築』（American Urban Architecture）においてである。アーバン・カタリストとは「既存の都市の改善を目的として都市環境に刺激を与えるために触媒を投入するプロジェクト」と定義されている。その時、提唱された魅力ある都市の原則を現代流に再解釈すると、以下のようになる。

1…都市の魅力は、多種多様な人々の暮らしやアクティビティが同時多発的に起こることである。

2…アーバンデザインの基礎となる建物と建物の間の空間にこそ、都市の成長を誘発する可能性がある。

3…都市における新しい成長は歴史的な都市の文脈を考慮したうえで、計画されるべきである。

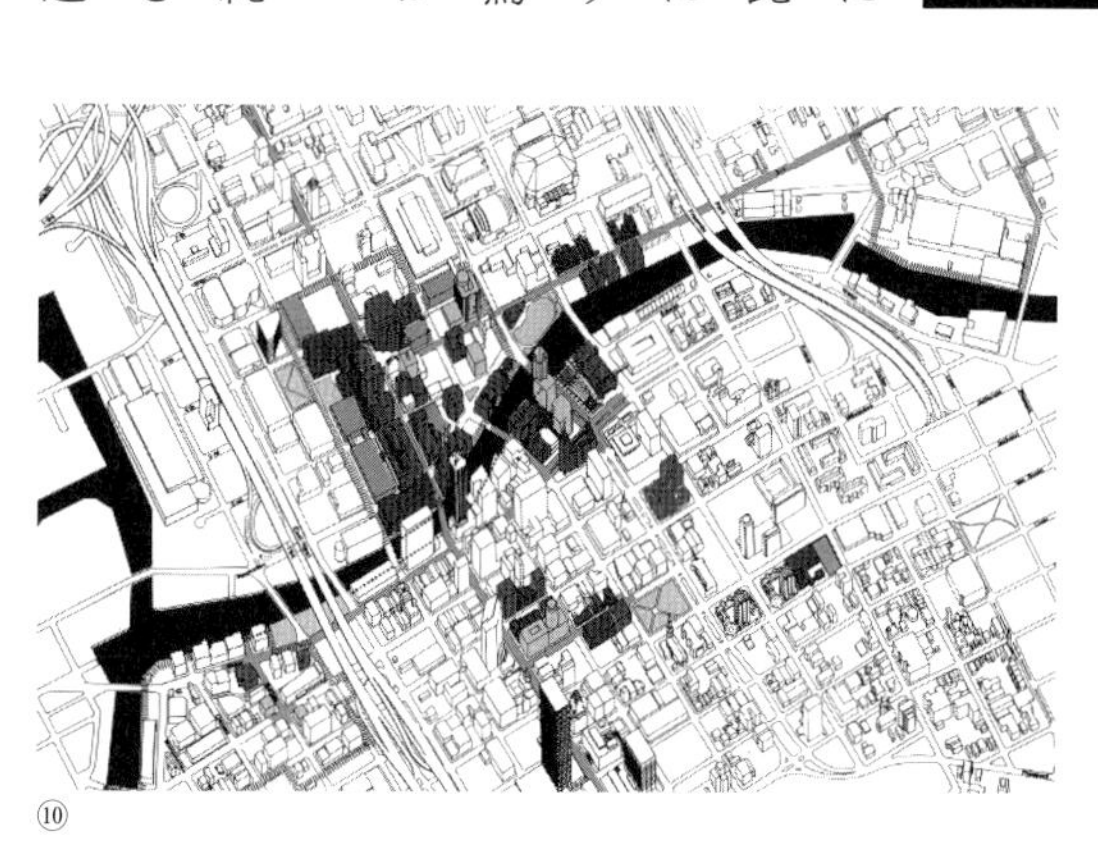
⑩

⑧—ミシガン湖畔に発達した超高層ビルの都市シカゴ
⑨—SOMロンドン事務所のロビー
⑩—ミルウォーキーのダウンタウン、ウェイン・アトーとドン・ローガンによる著書「アメリカの都市建築」の表紙から

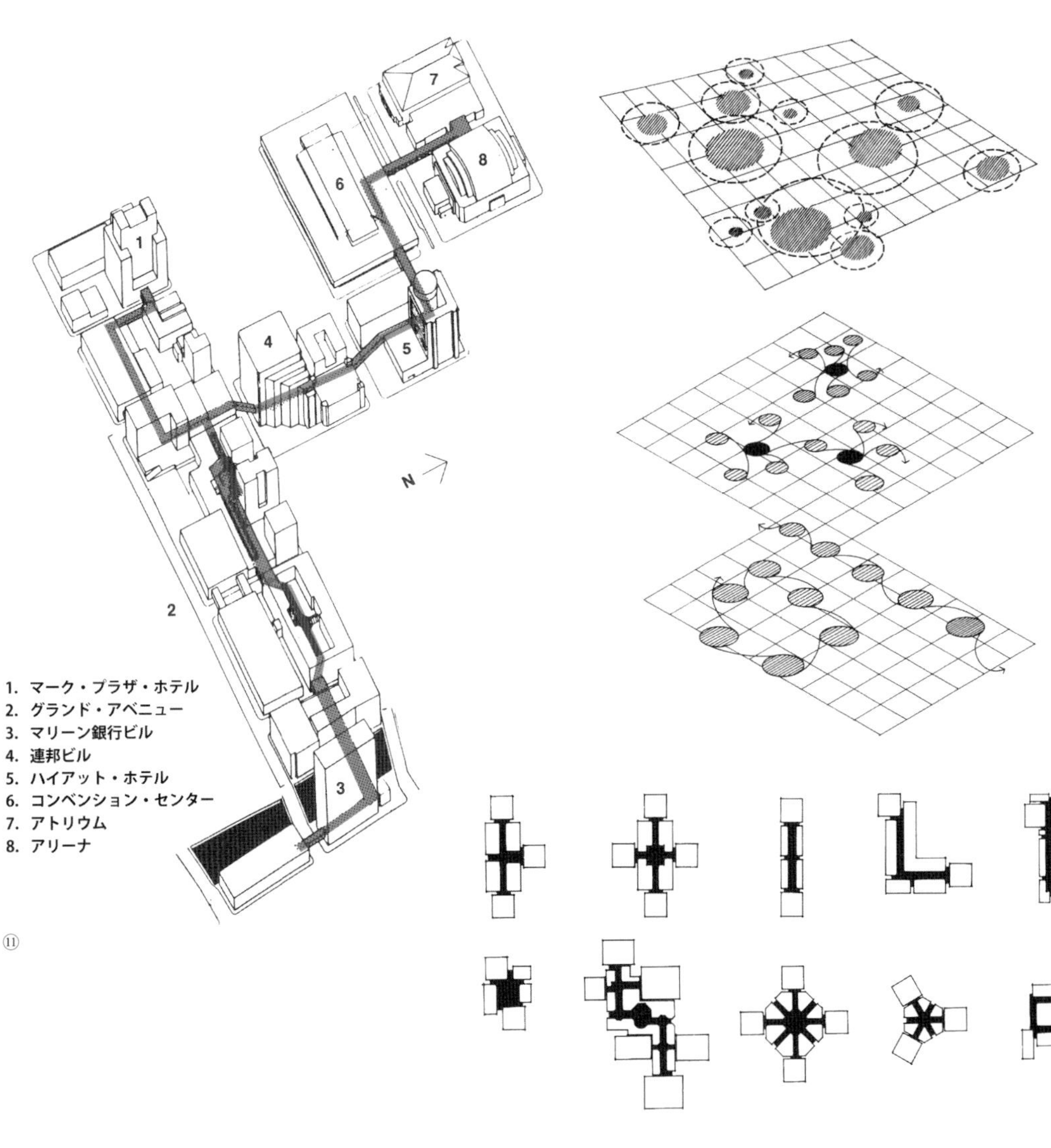

⑪

4…豊かな街路空間のある公共オープンスペースをつくり出すことがアーバンデザインの本質である。

5…多様な交通手段が整備されると、まちを歩く人が増え、賑わいのある街区が形成される。

6…交通システムを合理的に構築する。

7…都市における地区計画は、近代都市計画の主流であった住宅地、近隣商業地、商業地、行政地などの単一機能から脱却し、多様な人々が働き、暮らすための複合機能化に移行すべきである。

8…都市に暮らす市民こそ主役で、都市計画やアーバンデザインなど都市形成に関する役割を担うべきである。

この都市の魅力の原則のもと、アーバン・カタリストの概念を導き出すと、以下のようになる。

1…都市において、アーバン・カタリストを投入することで、既存の都市要素に変化をもたらす化学反応が起きる。「投資がさらなる投資を呼び込む」という一般的な経済的概念に類似するが、アーバン・カタリストを投入することで、連鎖的な都市再生を誘発することができる。アーバン・カタリストは、産業構造の変化など社会的なもの、条例や協定など法律的なもの、政策や特区など政治的なものでも成立するが、とりわけ、建築やオープンスペースなどの公園の及ぼす影響力は計り知れない。

2…アーバン・カタリストの投入により、都市の価値が高められ都市再生が進む場合、新しく投入された都市要素は、既存の要素を打ち消すのではなく、むしろ、相互に価値を高めることにつながる。

3…アーバン・カタリストによる都市再生は、既存の都市文脈を破壊しないことに特徴がある。都市のどの場所に、どのようなものを投入するか、アーバン・カタリストの影響や効果を意図的に捉える必要がある。

4…好ましい都市再生を想定し実現させるには、アーバン・カタリストとして投入する要素、投入される場所について、十分な調査と分析が必要である。多様化する都市においてある特定のカタリストをマニュアル的に投入しても、同じ効果がでるとは限らない。環境や状況が多種多様であり一つの公式をすべてのケースに当てはめることができないからである。

5…アーバン・カタリストによる都市再生は戦略的に行う必要がある。都市再生は、1つのカタリスト投入だけで起きる訳ではなく、複数の要素が重なることで構築されていく。都市再生を成功に導く絶対的な解答が定義されていないため、臨機応変に、適材適所となる要素の組み合わせを戦略的に考える必要がある。

6…アーバン・カタリストを投入することで、化学反応による相乗効果が期待できる。それぞれ個別の開発行為の単純な合計を上回る効果を地区にもたらす可能性がある。都市を関連性のない別々の要素の集合体としてではなく、互いに関連性のあるひとつの集合体として捉えるべきである。

7…アーバン・カタリストは都市における化学反応の過程で消費されるのではなく、固有の要素として存続し、周囲と同化した場合でも、もともとの個性や特徴が犠牲になってはならない。固有の特徴を失うことなく継続することで都市は多種多様なものの集合体となり、より豊かなものになる。

⑪—『アーバン・カタリストの連鎖的な現れ方』(出展=American Urban Architecture)

スクラップ・アンド・ビルドの盲点

現在、日本の都市の多くは戦災により焼け野原と化した経験をもつ。そのため復興土地区画整理事業を都市計画のベースに定めた割合が高くなっている。また、幸いにも戦禍を免れた戦前の都市骨格が継承された地区でも、既存建物の老朽化、木造住宅が密集するなどの問題を抱えており、近い将来、更新されることが予想される。

日本における戦後の経済発展期は、以下の5段階に分類される。

1…**戦災復興期**(1945年—1955年頃)

⑫

⑭

⑬

2…**高度経済成長期**（1955年―1973年頃）
3…**安定成長期**（1973年―1986年頃）
4…**バブル景気**（1986年―1991年頃）
5…**バブル崩壊後**（1991年頃―）

近年では、100年住宅などの言葉も聞かれるようになったが、一般に木造住宅は30年、鉄筋コンクリートは50年が耐用年数とされ、それを超える建物は更新時期に差し掛かったと捉えられる。耐用年数の長い石造やレンガ造のヨーロッパ諸国の建築都市と比べると、台風や地震など自然災害の危機に一年中晒される日本の建築都市は、建築素材、工法の面でも不利な状況にある。例えば、高密度に建設された木造の建物がひしめき合う地区は、一度、火災が発生すると全滅の恐れがある。

日本における市街地再開発事業の定義は「市街地内の、土地利用の細分化や老朽化した木造建築物の密集、十分な公共施設がないなどの都市機能の低下がみられる地域において、土地の合理的かつ健全な高度利用と都市機能の更新を図ることを目的とする建築物及び建築敷地の整備並びに公共施設の整備に関する事業」とされている。

しかし、現状の都市開発を俯瞰すると、後半の合理化と高度利用という2つに焦点が絞られ、土地のもつ記憶や周辺地域、すなわち都市の文脈などは、不問にされている傾向が強い。一般的な再開発方法とされる土地区画整理事業は、つまり自動車社会到来に備えた、歩くことよりも車で移動することを前提とした街づくりである。車での移動を不便にする複雑で不整形の街区を、合理的で機能的な整然とした街区につくり直すことである。しかし、整然とした区画により便利さは改善されるものの、都市にあるべき古い街の記憶は消し去られる。いわゆるスクラップ・アンド・ビルドの手法である。区画整理により人間的なスケール感は失われ、路上に繰り広げられる生き生きとした活動は、安全面への配慮から制限を受ける。結果として、ヒューマンスケールを逸脱した味気ない、活気のない都市空間を増殖させてしまった。

とはいえ、日本における土地区画整理事業の着工面積は、全国の市街地（人口集中地区＝DID）の3分の1以上に相当する。いかに日本において一般的な都市再生手法として活用されているかが理解できるが、国交省は土地区画整理事業のメリットとして、道路、公園等の総合的整備をあげている。事実、土地区画整理事業で生み出された公園面積は全国の街区公園、近隣公園、地区公園の50％相当とされる。もちろん、この数字は、面的な数値、量を問うたもので、質が伴っているとはされていない。一方、関東大震災復興、第二次世界大戦戦災復興、阪神・淡路大震災復興、東日本大震災復興など戦災復興や震災復興といった復興事業も土地区画整理事業の一環とされている。これに関して、批判するつもりは毛頭ない。

また日本には市街地再開発事業という概念がある。独立行政法人都市再生機構（UR都市機構）は、「都市再開発法に基づき、細分化された敷地の統合、不燃化された共同建築物の建築、公園、広場、街路等の公共施設の整備を行うことにより、都市における土地の合理的かつ健全な高度利用と都市機能の更新を図る事業である」と解説している。これも土地区画整理事業と同様に、スクラップ・アンド・ビルドによる広域面開発である。

⑫—解体工事が進行する九州大学・箱崎キャンパス
⑬—ショベルカーが無情に建物を解体する。
⑭—スクラップ・アンド・ビルドにより、都市の記憶が消去される。
⑮—典型的な土地区画整理事業整理前（右）と整理後（左）

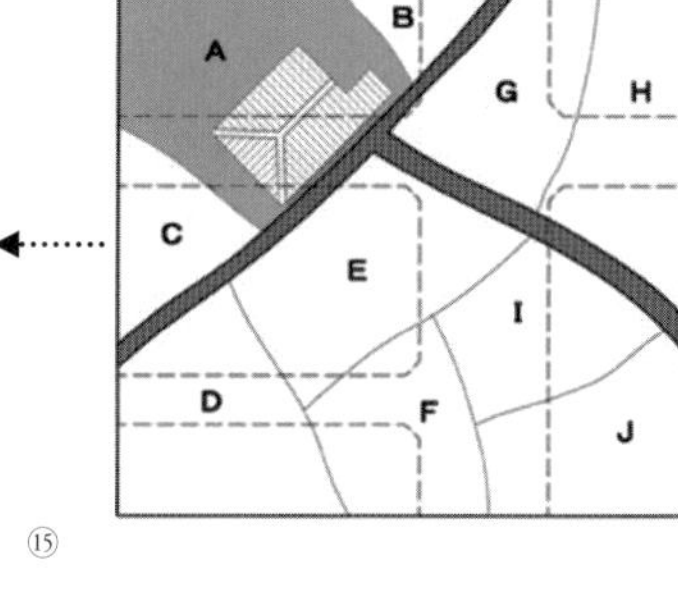

⑮

さて、日本において大半の市街地が、スクラップ・アンド・ビルドの手法で再開発されてきたことが明らかになったが、今後も、このような都市開発は続くのだろうか。現在の日本は、拡大から縮小へと社会構造が転換期にさしかかっている。総務省による「国勢調査」および「人口推計」によると日本の総人口は2010年に1億2805万人とピークに達し、2048年には1億人を割って9913万人まで減少すると予想されている。さらに、生産年齢人口（15—64歳の人口）は2010年から減少を続け、高齢人口（65歳以上の人口）は、2010年の2948万人（23％）から団塊の世代および第二次ベビーブーム世代の高齢化に伴い2042年まで増加を続けるとされる。2060年には約40％、つまり2.5人に1人が65歳以上となる。複数の土地所有者の合意を必要とするスクラップ・アンド・ビルドの手法は、膨大な時間と費用を要する。高度経済成長期ならともかく、現代の日本では、時代錯誤な概念と言えるのではないだろうか。

都市を編集するための アーバン・カタリストと4つの戦術

本書における編集型アーバンデザインとは、地区を全面的に再開発するスクラップ・アンド・ビルドの方法とは異なり、地区の一部分を更新することで、その波及効果により地区全体を再生していく方法である。

まず、人々が都市に抱くイメージは、その都市がもつどのような要素から構成されているかについて、マサチューセッツ工科大学(MIT)で長年、教鞭を執ったアメリカの都市計画家ケヴィン・リンチ(Kevin Lynch)が、著書『都市のイメージ』(1960年)の中で述べている。ケヴィン・リンチの言う都市の5要素とは、

1…**パス**(通り・道路・鉄道)
2…**エッジ**(縁・水・境界)
3…**ディストリクト**(地区・特徴ある領域)
4…**ノード**(結節点・パスの集合)
5…**ランドマーク**(目印・焦点)

となる。都市を再編するうえで、この5要素を認識すると、都市の成り立ち、おのおのの構成要素の関連性、特徴が浮かび上がり、再生のための戦略を立てやすくなる。さらに、この要素における特異性が強調されると、都市のアイデンティティが際立ち、「固有の風景」として人々から強く認識されるようになる。都市への愛着や帰属意識は、こうした固有の風景により醸成される。都市再生と観光の必然性を問うつもりはないが、唯一無二の風景や場所が形成されることで、多くの観光客が訪れ、賑わいや活気が戻るケースも多々ある。都市再生のひとつのパターンとして注目したい。

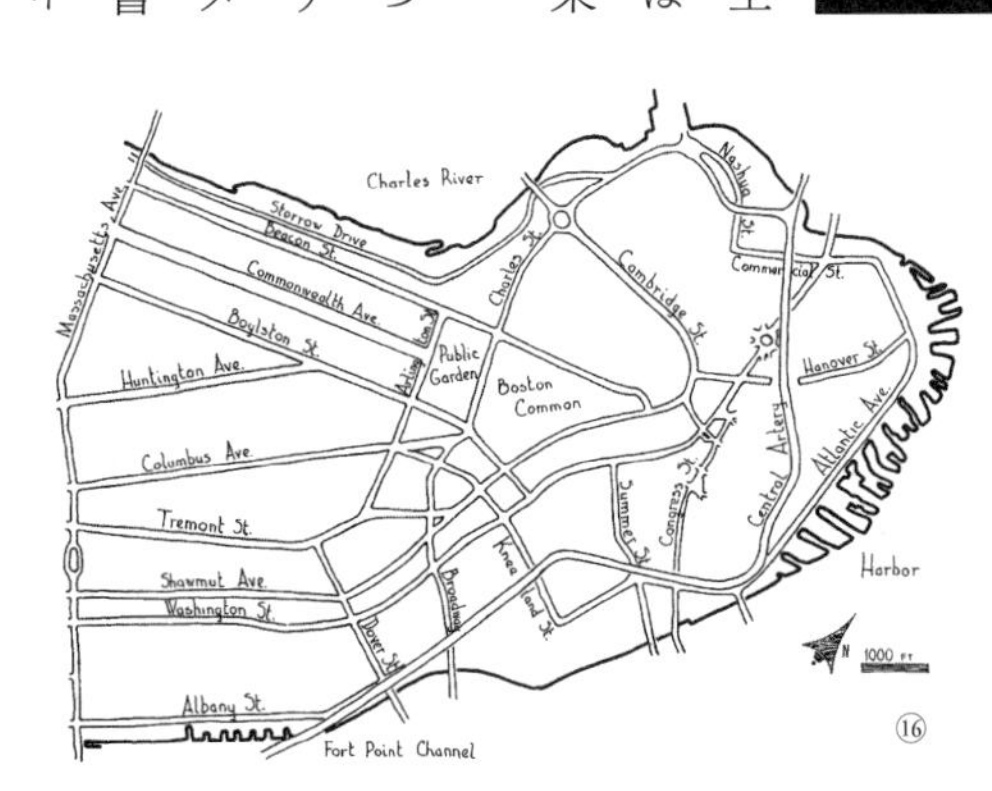

⑯

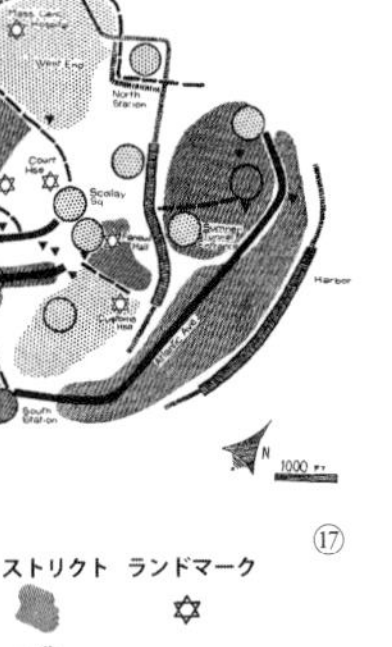

⑰

また、同じころ、ジャーナリストで活動家ジェーン・ジェイコップス(Jane Jacobs)は、著書『アメリカ大都市の死と生』(1961年)の中で、近代化による機能主義的な都市開発を強烈に批判している。都市空間におけるヒューマンスケール、単一機能よりも複合機能、貧富や人種の異なる人々が暮らすことにより発生する多様性を重視し、地区や通りに生活感溢れる活気や賑わいをつくり出すための条件として、以下の4原則をあげている。

1…**混合機能の必要性**＝2種類以上の機能や用途を複数街区への分割して、四六時中道行く人が途切れない状態をつくり、誰もがアクセス可能な多くの公共施設や公共スペースの創出

2…**小街区の必要性**＝街区の一辺の長さを短くすることで、交差点の数を多くする

3…**古い建物の必要性**＝古い建物と新しい建物を混在させ、古い建物の割合を多めにする

4…**密集の必要性**＝地区に暮らす人の数を多くし、高密な居住環境をつくる

これにより、街路の密度が高まり、歩行者のための経路選択肢が高まる。自動車中心の都市計画では、街区が小さくなると、それだけ交差点、つまり信号の数が増えるため効率的ではない。今、全米でも住みやすい街として注目を集めているオークランド州ポートランドは、街区の短辺が200ft（約60m）と非常に短い。しかも、緑豊かな都市である。車で移動するには不便だが、歩行者にとっては快適なのが魅力となっている。

　さて、ジェーン・ジェイコップスが警笛を鳴らしたように、当時、都市の近代化は、時代の潮流だった。効率優先の都市計画、単一機能のゾーニングが支配的となり、街区は合理化の一途をたどり巨大化が進行した。日本で言うところの土地区画整理事業を思い浮かべて欲しい。しかし、スーパーブロックや歩車分離の概念は、都市を単調なもの、面白みに欠ける味気ないものへと変えていった。偉大な建築家として歴史に名を残した近代建築界の巨匠ル・コルビュジエ（Le Corbusier）や弟子のオスカー・ニーマイヤー（Oscar Niemeyer）により計画されたインド北部の都市チャンディガールや、ブラジルの首都ブラジリアは、皮肉にも、都市計画の失敗例として批判の的にされている。彫塑的な造形は一見の価値があるが、ヒューマンスケールを逸脱した都市構成は、モニュメンタルで、車がないと日々の生活が成立しないほど広大で、単一機能が故の退屈感が街を覆っている。

⑱

⑲

⑳

⑯—ボストンにおける主要なストリート
⑰—ケヴィン・リンチによる
ボストンのイメージ「都市の5要素」
⑱—ジェーン・ジェイコブスは、街区の長さは短いほど、
経路の選択肢が増え、ストリートが豊かになるとしている。
⑲—近代建築の巨匠ル・コルビュジエによる
チャンディガール（インド）の都市計画
⑳—ル・コルビュジエによるパンジャブ州の立法議会棟

さらに、単一機能のゾーニングや自動車社会のもたらした弊害として、街区の合理化・巨大化とともに、都市機能の分散化・郊外化が考えられる。その代償として、近年、地方都市における中心市街地、とりわけ、商店街の衰退が深刻化している。中心市街地衰退化の原因は、おおむね、巨大な駐車場を完備した郊外型ショッピングセンターやロードサイドショップの台頭、商店主の後継者問題、商店街のアーケード化や職住分離によるマイホームの移転などで、その結果、人影の疎らなシャッター街化、税金対策からくる商店の解体とパーキング化が進行している。商店街の賑わいは、高度経済成長期後の70年代をピークに徐々に下降しはじめ、現状は、その多くが瀕死の状態にある。もちろん、独自の対策が功を奏し、活気を維持している商店街があることも事実だが、都市機能の分散は、都市から中心地の存在意義を無効にし、たとえ中心が喪失したとしても、日々の生活を営む上では何の支障もきたさないレベルにまで到達していると言っても過言でない。インターネットやスマートフォンの発達により、クリックひとつで何でも揃うようになった今、わざわざ街に出かける必要性が無くなり、今後さらに、その傾向に拍車がかかることが予想される。果たして、便利さへの飽くなき追求が行き着く果ては、中心地市街地の喪失だろうか。もちろん、そうであってはならない。

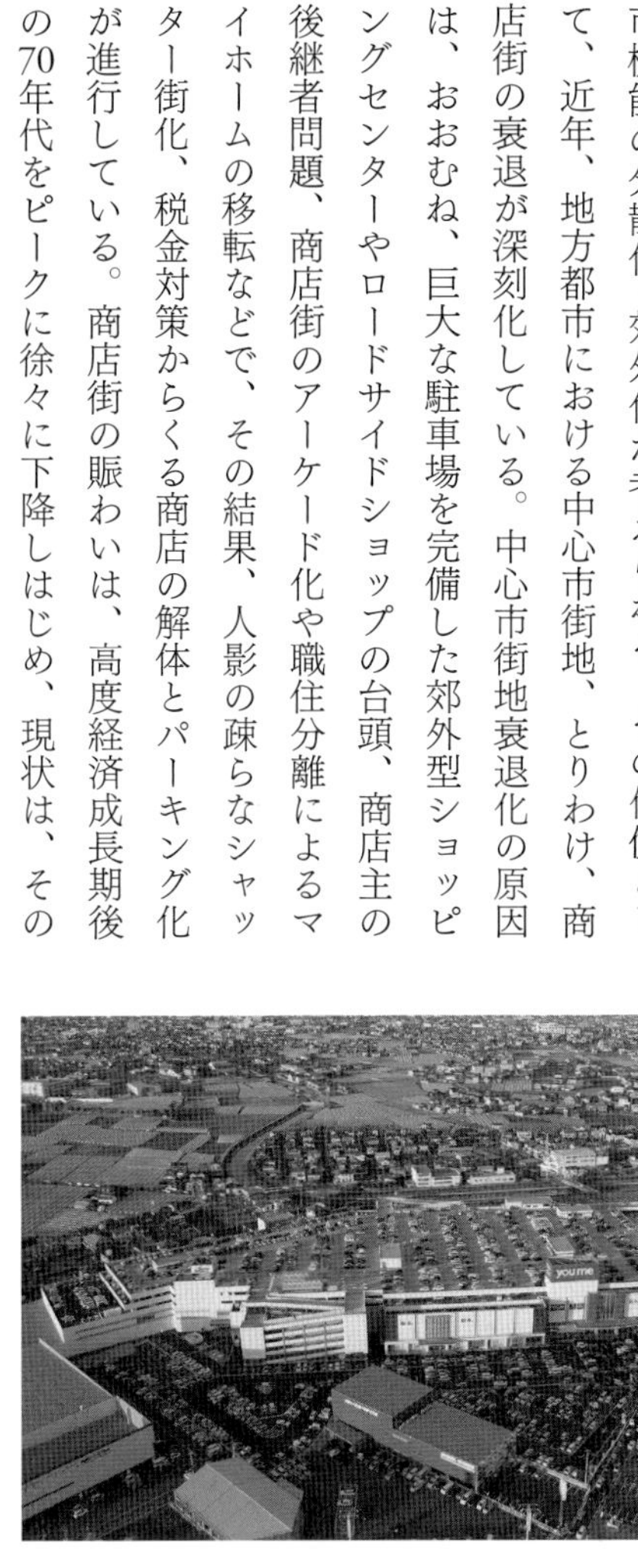

㉑

㉒

魅力的な都市には、必ず、人々で賑わう「中心的な場所」がある。ショッピングを楽しむ人、カフェやレストランで食事を楽しむ人、友人・知人との会話を楽しむ人、趣味に興じる人、散歩をする人、憩う人、運動する人、働きに行く人、学びに行く人、若者から高齢者まで、あらゆる世代の人が、仕事や学業、余暇など、それぞれの目的をもって集まる場所がある。過去に中心地として栄えた場所には、そうなるべき理由があった。そして衰退していった理由も必ずあるに違いない。栄枯盛衰の原因を突き詰め、近代化の流れの中で、埋没、あるいは、分断された都市の遺産、自然や地形などの特性、土地固有の文化などを再発見することができれば、再生への糸口は見つかる。そして、明確なビジョンのもとに、再生事業に着手する必要がある。ヒントは足元に転がっている。

㉑—徳島市の郊外に進出した巨大ショッピング・センター「ゆめタウン徳島」
㉒—シャッター街が深刻化する徳島市の東新町2丁目商店街
㉓—アーバン・カタリスト投入後の波及効果のイメージ図
㉔—都市再生の概念図＝スクラップ・アンド・ビルド(上)とアーバン・カタリスト(下)

4つの戦術

編集型アーバンデザインの概念整理を以下に行う。アーバン・カタリストの概念図、そして、従来型のスクラップ・アンド・ビルド型とアーバン・カタリストによる開発概念を比較する。これは共に開発による影響が周辺地域に浸透していく様子をイメージ化したものである。図に示すように、スクラップ・アンド・ビルド型の都市開発では、更新する地区を全体的に取り壊し（更地化）、新しいものを全体的につくるため、都市の文脈などは引き継がれない。一方、アーバン・カタリストにおいては、全体の一部を更新することで、その影響（連鎖反応としての波及効果）が徐々に周辺地区に浸透し、地区全体が更新される。水面に水滴を落とすと、波紋が周辺に広がっていくイメージを浮かべると分かりやすい。従来型の開発との決定的な違いは、都市のスケール感や場所性などを損なうことなく、土地や場所の記憶が新しい付加価値を加えながら継承する点にある。別の表現に置き換えると、オセロゲームにおいて、白駒と白駒に囲まれた黒駒が白駒に変わるようなものをイメージして欲しい。この場合、白駒が再生される場所、黒駒が衰退した場所を意味する。

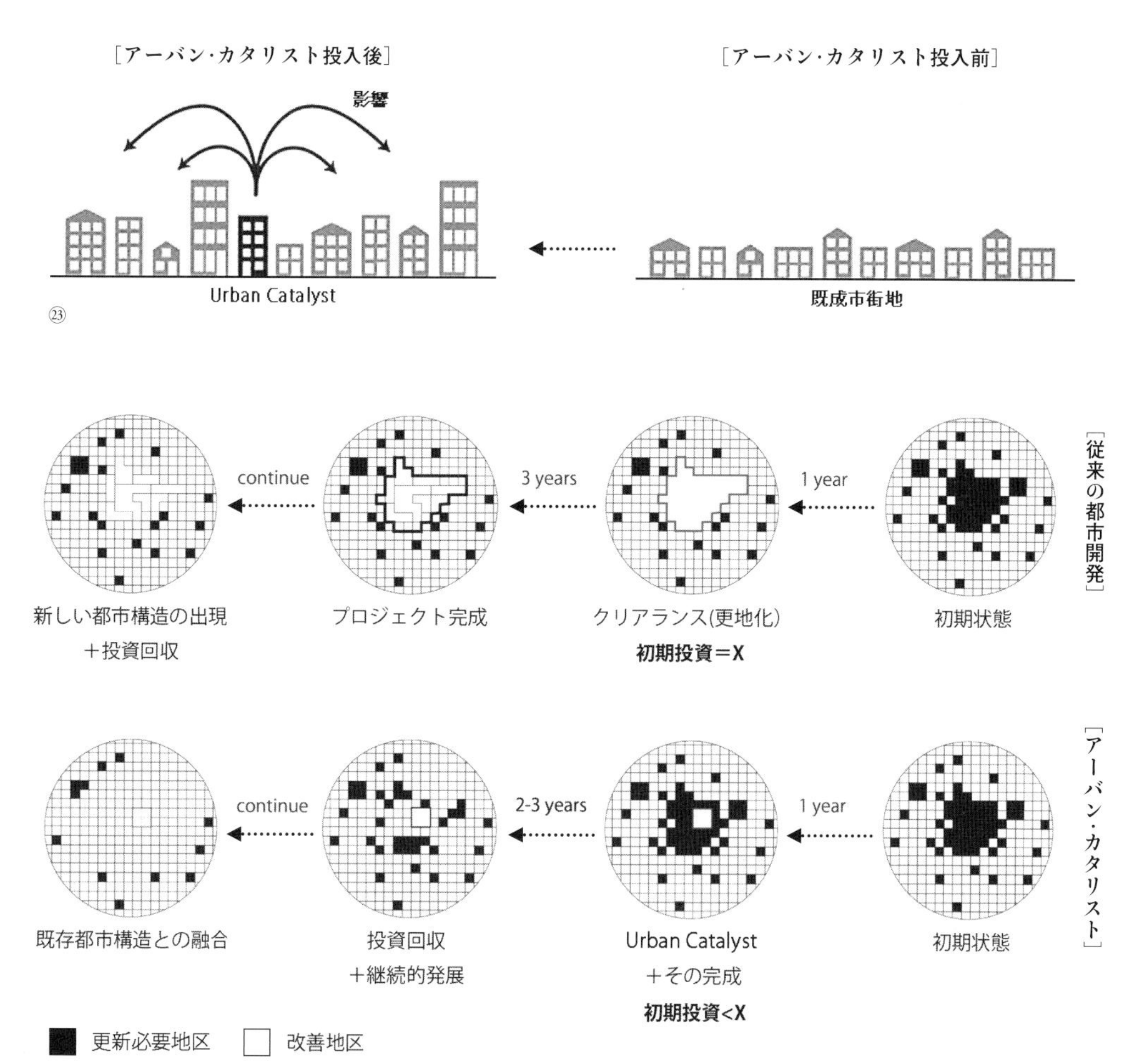

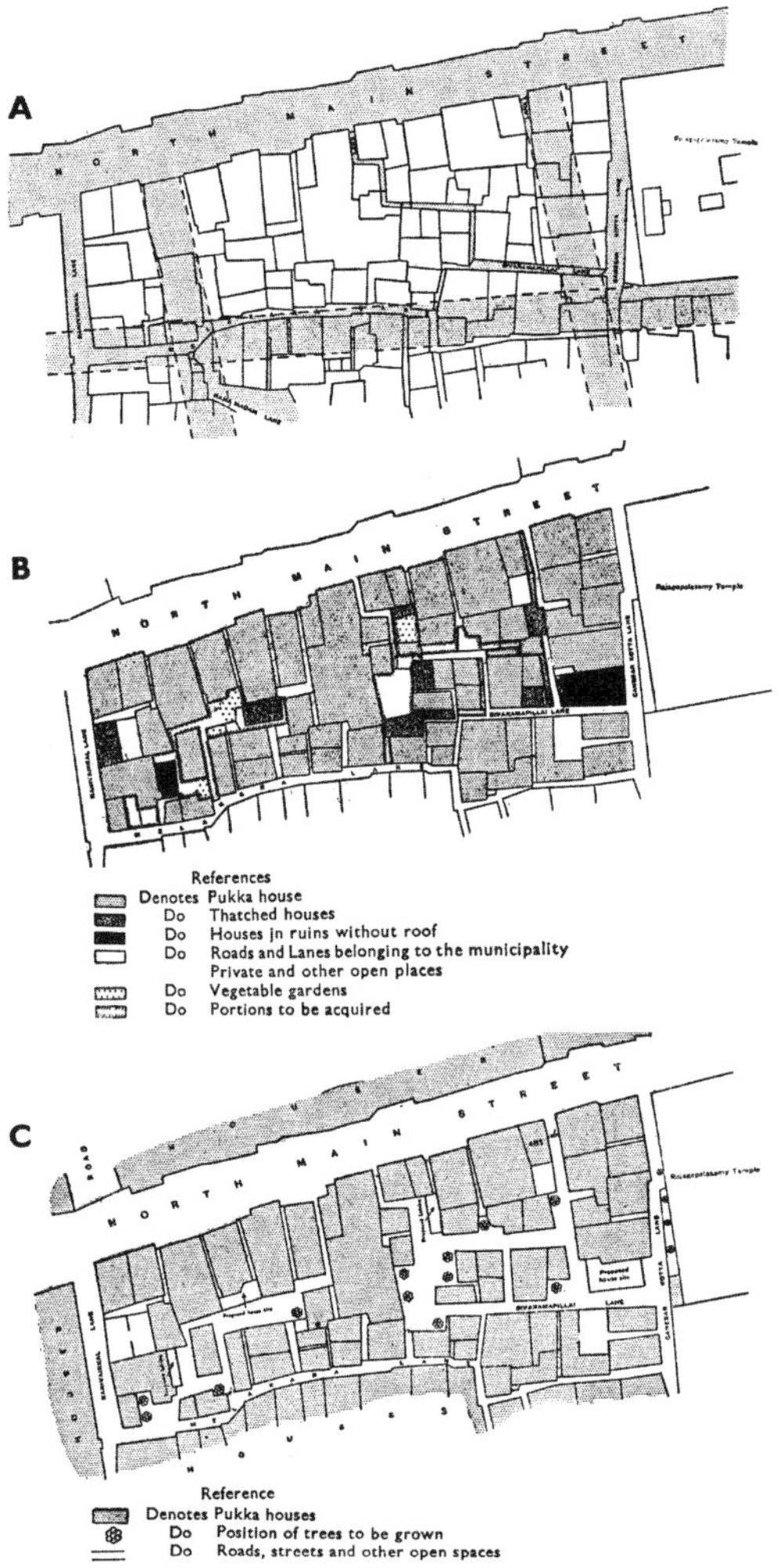

㉖

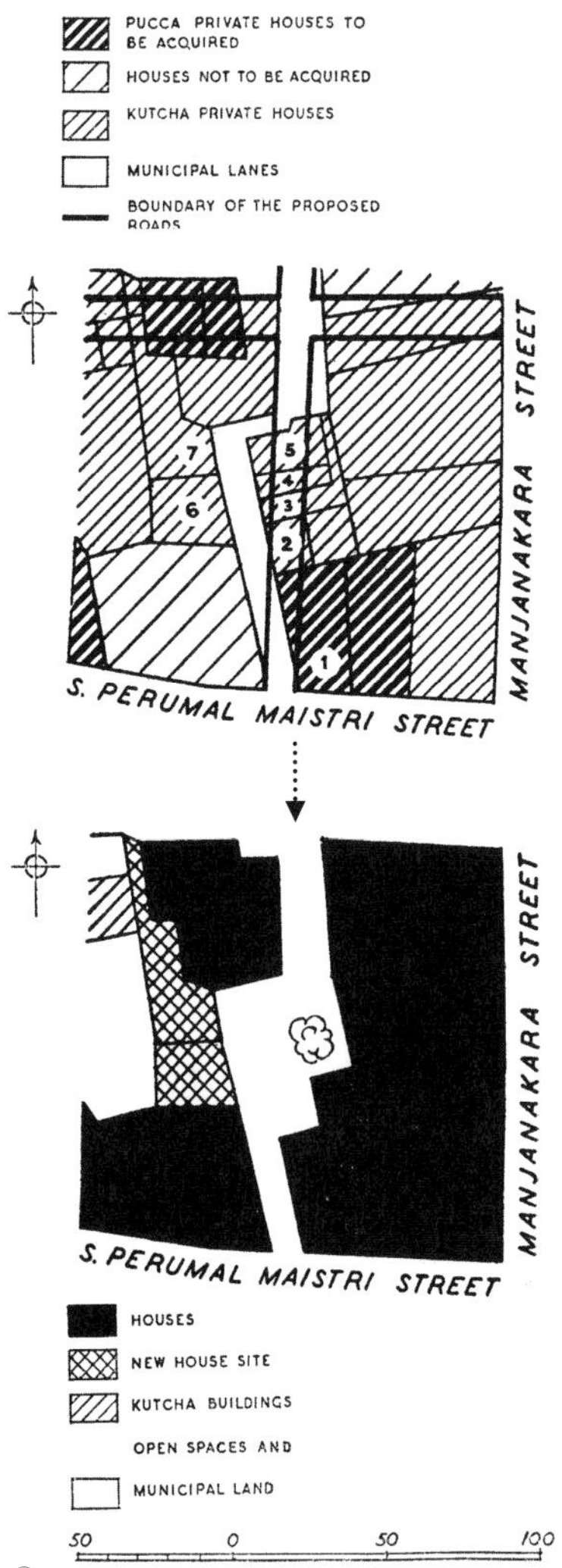

㉕

保存手術(Conservative Surgery)

都市計画における保存手術(Conservative Surgery)とは、英国の都市計画家であり思想家のパトリック・ゲデス(Patrick Geddes)が提唱した計画理論である。既存のコンテクストである建物や道路を含む都市構造を可能な限り破壊することなく都市再生を行う方法である。著書『進化する都市』(1915年)の中で、都市を地理的文脈から切り離した単体のものとして捉えるのではなく、広い視野から都市間の関係性に着目している。この概念は、メトロポリス論・メガロポリス論の先駆けとなり、広域都市計画へと発展する。アメリカの都市計画家ルイス・マンフォード(Lewis Mumford)にも絶大な影響を与え、アメリカ地域計画論の礎を築いたとされる。ゲデスは、都市計画におけるグリッド都市の特徴を下記のようにまとめているが、グリッドによる都市計画には、批判的な立場をとっている。

1…**秩序と規則**
2…**空間や要素の方向性**
3…**簡潔さとわかりやすさ**
4…**レイアウトの容易さと即効性**
5…**環境への適合性**

では、ゲデスがインドやイスラエルで実際の都市計画

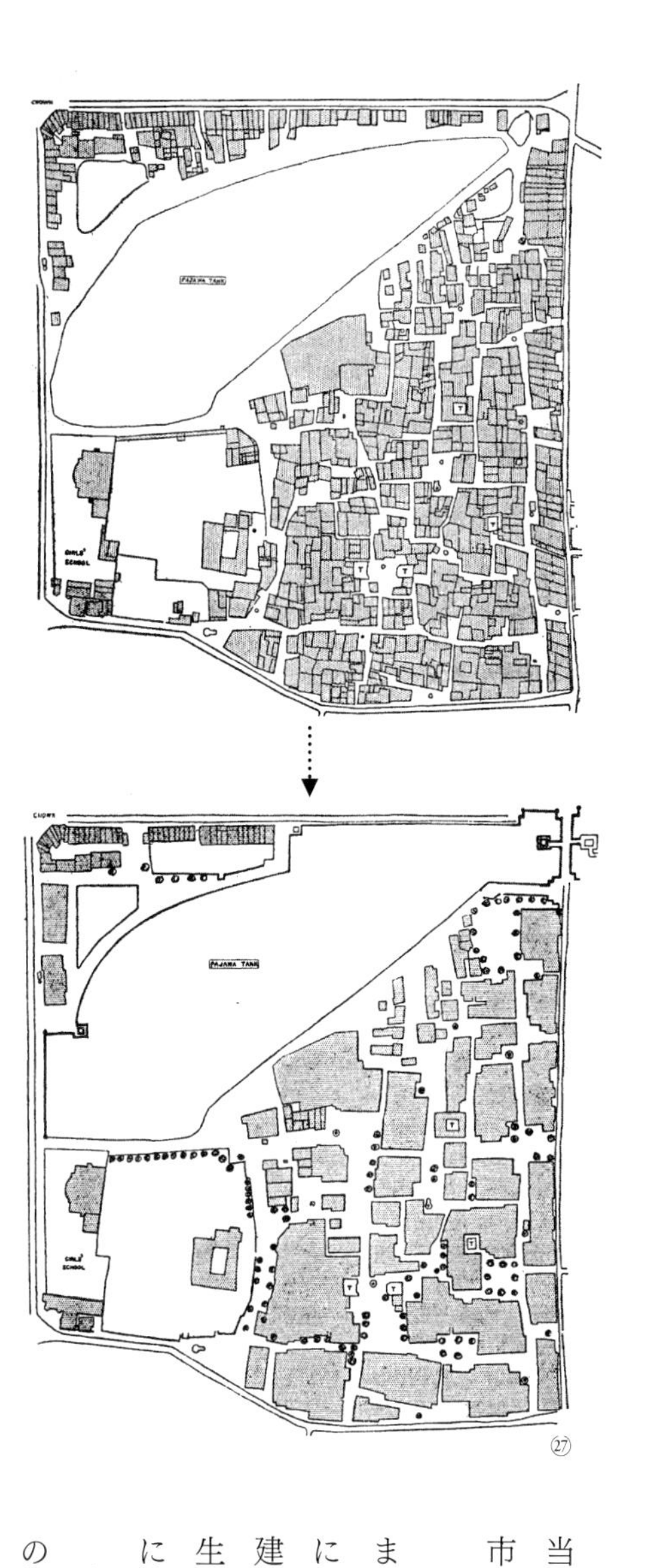

㉕—タンジョア・フォート(インド)での保存手術の事例
㉖—マドラ(インド)での保存手術の事例
㉗—バルランプル(インド)での保存手術の事例

に関わった際、どのような手法をとったのか、興味深い事例を紹介する。近代的なグリッドを基調とした都市計画ではなく、むしろ、古代インドの都市形態や土着の文化、土地固有の計画法に重きを置いている。著書『インドにおけるパトリック・ゲデス』(1947年)の中で、ゲデスの行った保存手術についての記述がある。前頁の図は、インドのタンジョア・フォート(Tanjore Fort)における保存手術による事例で、A案は高密居住における交通渋滞緩和のための行政による大規模改修案、B案は都市診断(既存)による茅葺の建物、屋根なしの廃屋、菜園などをプロットした図。C案は都市診断をもとに、プロット化した場所を空地化することで都市更新を行ったもの。

当時、C案は、A案の6分の1のコスト(5000Rs)で都市更新が可能だとされている。

さらに、A案では、既存の建物を撤去することで、まったくスケール感の違う幹線道路が導入されているのに対し、C案では、建物の更新が必要な廃屋や脆弱な建物のみを取り壊すことで、地区にオープンスペースを生み出すとともに、既存のスケールを維持していることに特徴がある。

次の図は、マドラ(Madura)での代替案で、グリッド状の都市構造に置き換える行政案に対して、保存手術による案は、既存の建物や道路構造を残しながら、都市を更新している。さらに、バルランプル(Balrampur)の都市更新案を見ると、タンジョレ・フォート同様、建物の更新が必要な廃屋や脆弱な建物のみを取り壊すことで、地区にオープンスペースを生み出している。

すなわち、保存手術とは、都市を有機体として捉え、全面的な外科手術により大手術を施すのではなく、むしろ、既存の大部分を保存し、機能が低下したごく一部の限定的な部分のみを除去することに特徴がある。既存の建物や都市構造を生かすことで、都市の記憶を後世に継承することが可能となる。これは、編集型アーバンデザインの萌芽的概念であり、持続的なまちづくりを推進するうえで、極めて有効な手法で、足し算ではなく、引き算のデザイン手法である。近年の具体例では、スペインのバルセロナ旧市街において、もっともスラム化が進んでいたラバル地区の中央にある過密街区に空隙をあけることで、公共空間をつくり出し、都市再生を行っている。すなわち、全部の建物を取り壊すのではなく、部分的に取り壊すことにより、オープンな空間をつくり出し、市街地全体の回遊性を向上させ、地区全体の環境改善につなげるという、まさにゲデスが行った保存手術の現代版をそのまま実現している。

さらに、お隣、韓国の李明博（元大統領）がソウル市長時代に都市公園として復元したことは、世界中を驚かせるほど画期的な出来事だった。ソウル市の中心部を流れる清渓川は、近代化が進む中、深刻な水質汚染と、河川敷のスラム化などに悩まされていた。そして都市洪水に対する打開策という大義名分のもと、清渓川の覆蓋工事が施され、いわゆるスラム・クリアランスが実行された。しかも増大する交通量緩和、郊外化への対策として高架道路も増設された。しかし、高架道路の老朽化が進行するにつれ、取り壊しか、大規模修繕への議論が白熱する。2002年、清渓川復元を公約に掲げる李が市長に選出されると、わずか2年3か月の工期で、朝鮮王朝の景福宮前の大通り世宗大路を起点に漢江とつなぐ東西約6kmの清渓川の復元工事を完了させた。既存の構造物を撤去し、都市公園としての都市河川を復元（再生）させている。

㉘

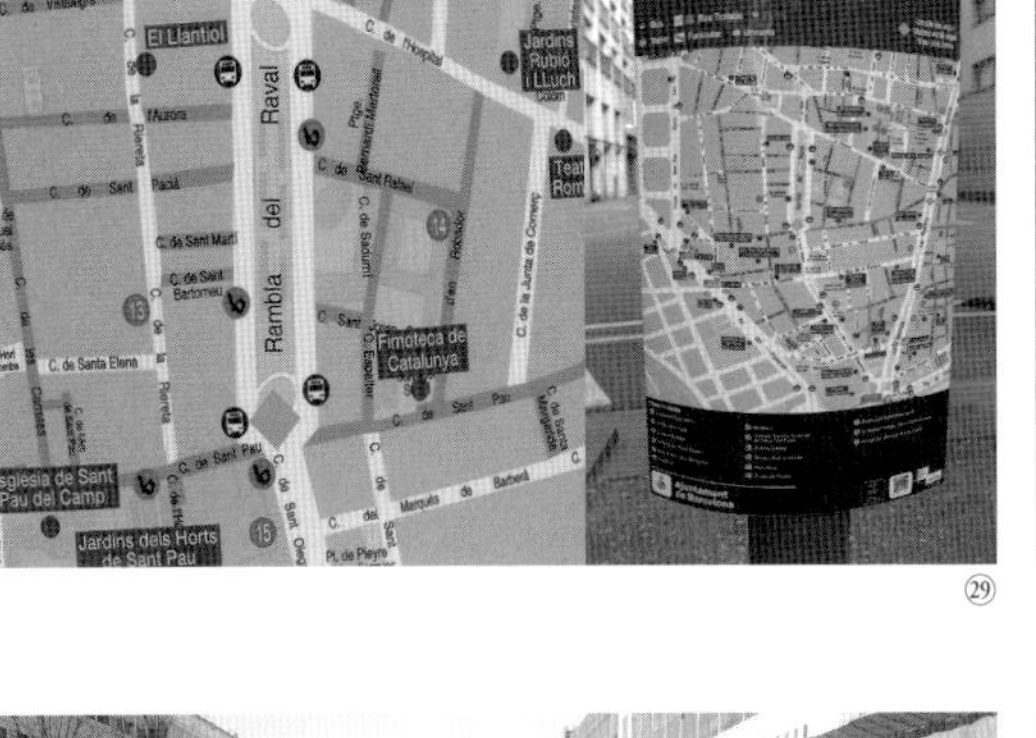

㉙

㉚

㉛

㉘—ラバル地区に出現したオープンスペース（バルセロナ）
㉙—ラバル地区の案内図
㉚—高速道路があった記憶が橋脚の残骸が物語っている。
㉛—高速道路を撤去して復元した清渓川。都心のオアシスとして市民の憩いの場となっている。

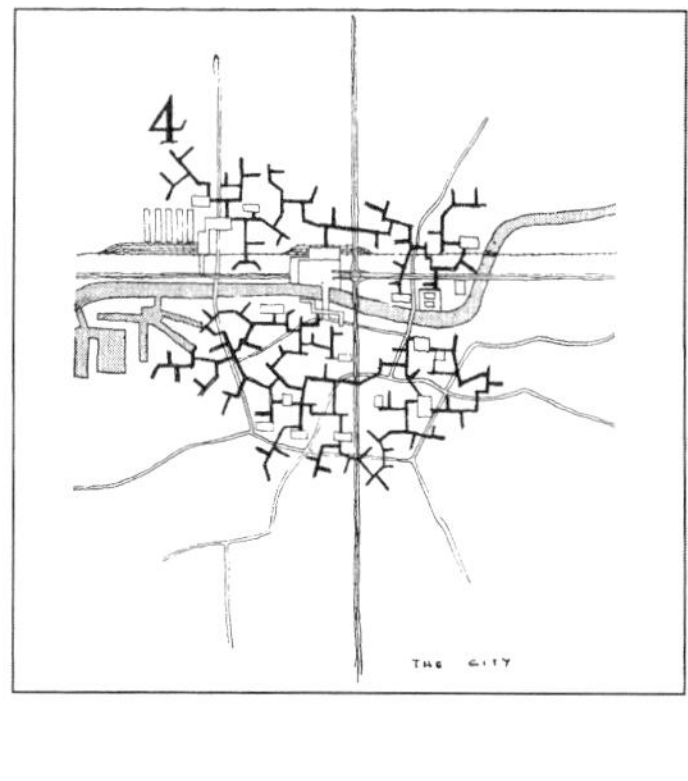

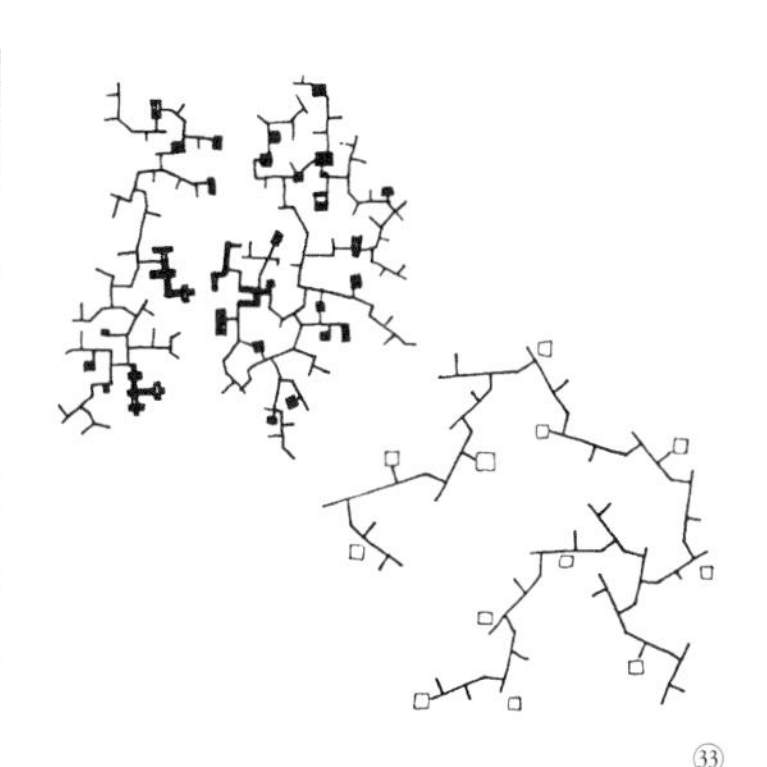

㉜―ゲーツヘッドの
ミレニアム・ブリッジ(英国)
㉝―スミッソン夫妻による
都市の要素がクラスター化する概念図

最小限の介入(Minimal Intervention)

近年、アーバン・インターベンション(Urban Intervention)という言葉が、アーバンデザインの分野でよく使われる。インターベンションを「介入」と訳すとしっくりくる。つまり、都市に変化をもたらす何かを介入するという訳だ。この概念を遡ると、最小限の介入(Minimal Intervention)という言葉に行き当たる。既存の都市の文脈に、何らかの強いインパクトや影響を及ぼすことを想定したうえで、建築や仮設物を挿入する概念である。これは、チーム・テン(Team X)の設立メンバーで、英国において特に1950年代から1960年代にかけて活躍した建築家・思想家のアリッソン・アンド・ピーター・スミッソン夫妻(Alison and Peter Smithson)が提唱している。「最小限の介入=再生の契機となる介入のなかで、再生プロセスを開始させるもっとも小さな単位」と定義し、ベルリン、チューリッヒ、ブダペストなどの運河や河川に小さな橋を架ける事例を紹介している。つまり、分断されている地区や場所を連結させることで、再生のプロセスが開始されると解釈できる。そして、たとえ小さな建物でも、都市を変化させる力があると述べている。著書『チャージド・ボイド=アーキテクチュア』(2001年)や『チャージド・ボイド=アーバニズム』(2005年)の中で、「チャージド・ボイド」とは、建築を建てることにより「空間」に意味を持たせるとし、「空隙・隙間・空間が新しい何かを生み出すエネルギーを内包する」としている。さらに、著書『チーム10プレミア』(1974年)の中で、移動経路(サーキュレーション)を基にした都市ネットワークの概念をアーバン・インフラストラクチャー(Urban Infrastructure)と定義し、都市の要素がつながることでクラスター化されていく様子をダイアグラム化している。つまり、あるものを介入することにより、もののつながり・関連性が形成され、それらが、数珠つなぎに連結されていくことで、まとまりをもったものへと発展するとしている。これは、連鎖反応により地区が形成されるメカニズムと考えられる。

現在、アーバン・インターベンションとして用いられる概念は、建築家や都市計画家に強い影響を与えたアリッソン・アンド・ピーター・スミッソンの用いた「最小限の介入」という概念が普及し、一般化したものと考えられ、分断されたものをつなげ合わせることでまとまりや秩序をつくっていく手法である。そして一棟の建物でも、地域に地殻変動を起こすだけの力があると理解されている。

この概念による再生事例に、橋を架けることで、分断された2つの地域をつなぎ合わせ、回遊性のある一体的なエリアを形成させた英国のタイン・アンド・ウィアにあるゲーツヘッドのミレニアム・ブリッジが挙げられる。また、質の高い建築や芸術などのアート作品を起爆剤とする街づくりや町おこしとして注目されているものに、スペイン・ビルバオのビルバオ・グッゲンハイム美術館がある。基幹産業の著しい衰退に苦しむビルバオ市が、アメリカ現代建築の鬼才フランク・ゲーリー(Frank Owen Gehry)による世界に類のない奇抜な美術館を誘致することで、都市再生を実施し、今では、ヨーロッパを中心に世界中から観光客が訪れる観光都市へと変貌を遂げた。その効果は、街の再生に留まらず、スペイン国内にミニ・グッゲンハイム現象を引き起こしたほどだ。

日本国内では、福武財団による、一連のアート作品によるインターベンションが世界的に注目を集めている。1992年の安藤忠雄によるベネッセハウスミュージアムを皮切りに、直島、豊島、犬島などの瀬戸内海の島の再生事業を展開している。瀬戸内海の美しい海とサイ

㉞—独特の形態が街のシンボルとなったビルバオ・グッゲンハイム美術館(スペイン)
㉟—見る角度により刻々と表情をかえるフォルム

ト・スペシフィック（場所性を重視）なアートを選定し、環境と融合させることでシンボル的な場所をつくり出すという試みで、香川県と協働ですすめる3年に一度開催される瀬戸内国際芸術祭には、約100日間の開催期間に100万人を超える人手を集めている。しかも、会場となる島も毎回増えるなど、着実に効果をあげている。

そして、スイス山奥にある1000人の村、ヴァルスに建てられたピーター・ズントー（Peter Zumthor）設計の瀟洒で神秘的な温泉スパ、テルメ・ヴァルスも、衝撃的な再生効果を発揮している。このように、優れた建築には、都市を再生させる力が備わっている。

㊱

㊲

㊱—ピーター・ズントーによる神秘的なスパ空間「テルメ・ヴァルス」
㊲—人口1000人の小さな村に、観光客の流れを引き起こした。

都市の鍼治療（Urban Acupuncture）

都市の鍼治療（Urban Acupuncture）とは、フィンランドの建築家マルコ・カサグランデ（Marco Casagrande）やブラジルの建築家／都市計画家ジャイメ・レルネル（Jaime Lerner）によって提唱される概念である。この概念は、小規模なプロジェクトを戦略的な場所に投入することにより、大規模な都市問題を解決することを目論んでいる。ブラジル・パラナ州の元知事でもあったジャイメ・レルネルは、著書『都市の鍼治療』（2015年）の中で、州知事として携わったクリチバ（Curitiba）における先進的な高速バス輸送システム（BRT＝Bus Rapid Transit system）を例に挙げ、「都市やコミュニティに変化をもたらすのに、巨大なプロジェクトや巨額の投資は必要ない、一つの街区、一つの公園、あるいは、たった一人でも周辺環境に対して、計り知れない影響を及ぼすことができる」と力説している。

この概念を拡大解釈すると、都市と場所との関係を、人体とツボの関係に見立てることができる。すなわち、都市にも人体における「ヘソ（中心）」や「ツボ（要所）」となりうる重要な場所があり、その重要な場所にカタリストを投入することで、より効果的に再生を促すことが期待できる。要するに、鍼治療を施すことで、人体における血流が良くなるのと同様に、都市のツボにカタリストを投入することで、都市における経済、もの、人の流れが良くなると解釈できる。ケヴィン・リンチのいう都市の5要素により、都市を分析していくと、都市における鍼治療を施すべき場所が見えてくる。都市の中心となりうるノードやランドマークのある場所はもちろん、重要な場所をつなぐパスとなるメインストリートは、人の流れを誘発するうえでも重要で、都市の輪郭を形成するエッジなどに投入するよりも再生効果は高くなる。都市機能のまとまりとしてのディストリクトの概念をみると、地区を特徴づける中心的な場所や、周りの地区との接点になるような場所も、重要度が高い。都市を特徴づけている空間、都市の活動拠点、都市環境に影響を与える空間、

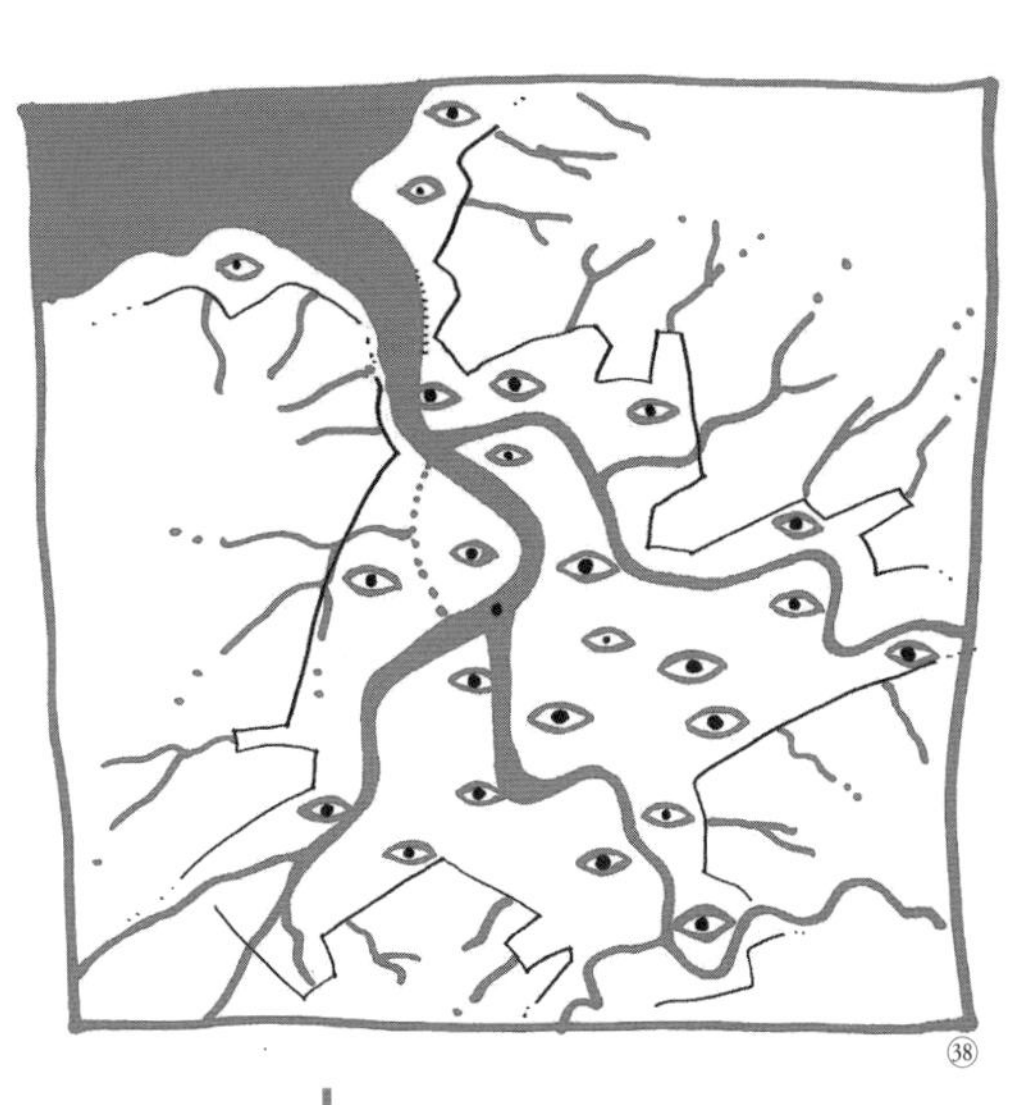
㊳

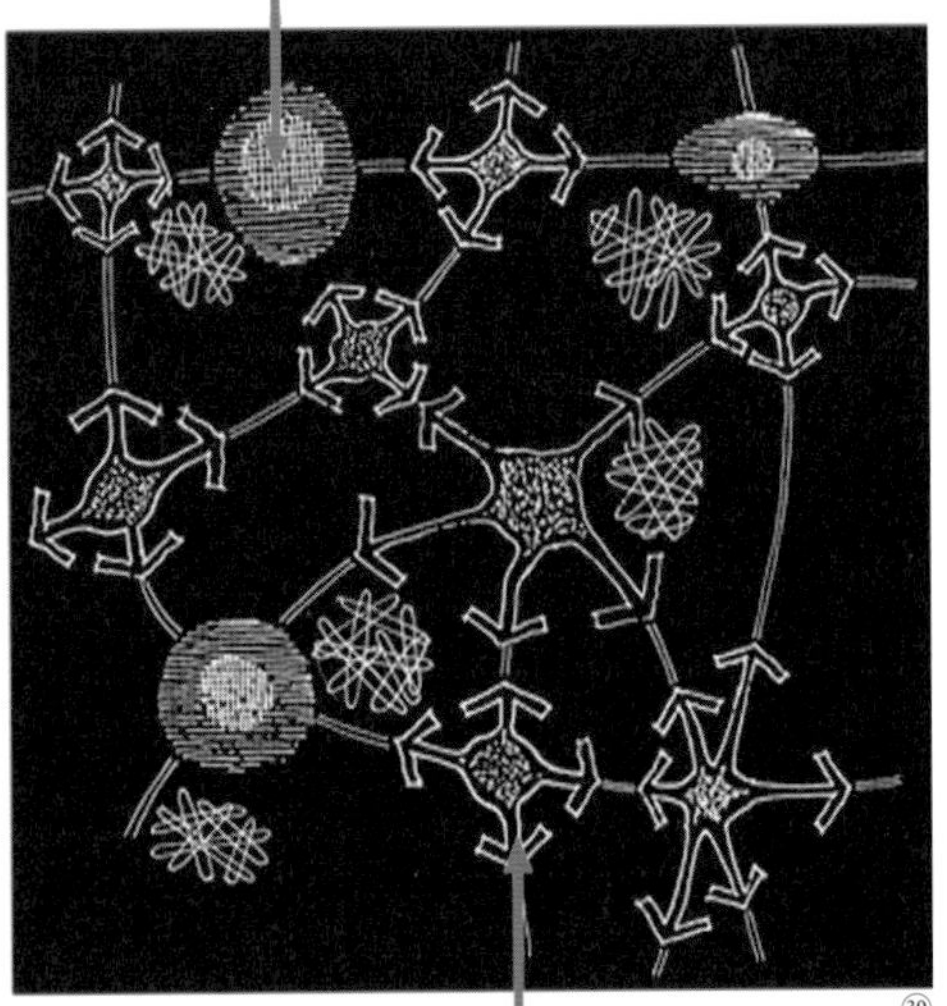
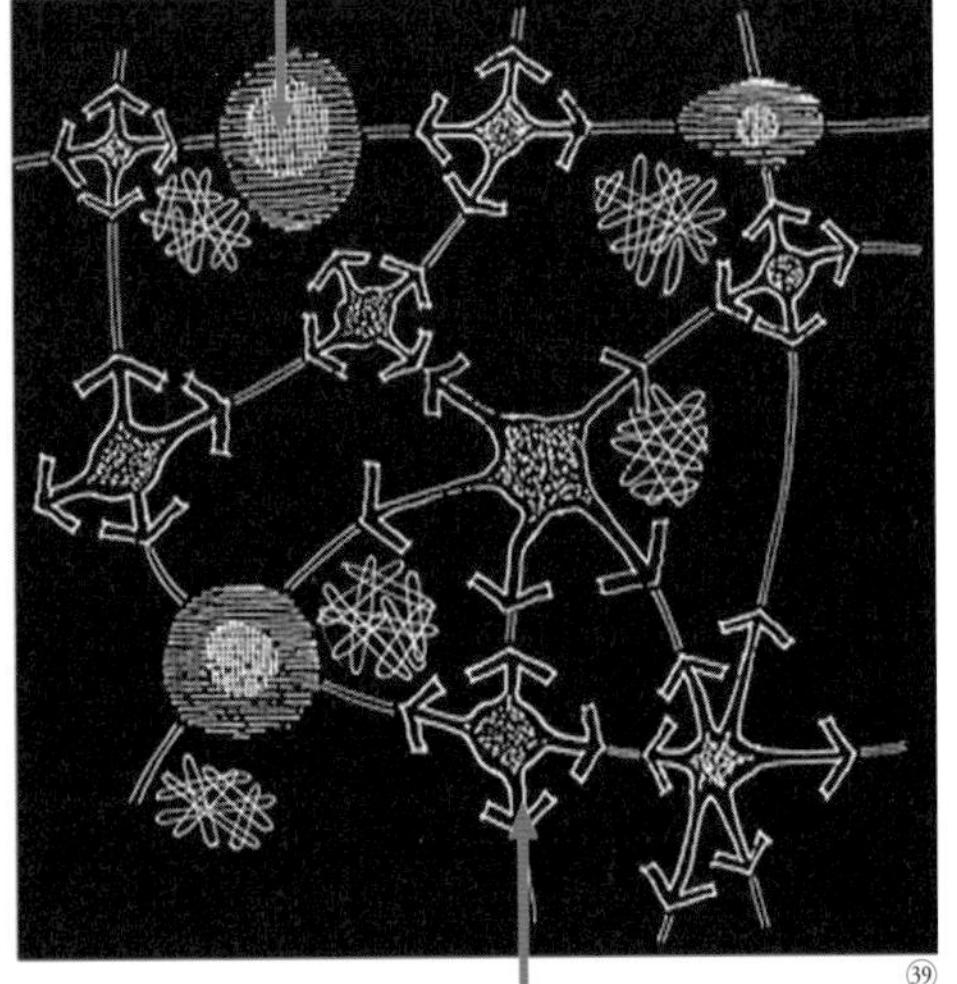
㊴

㊵

㊶

㊷

都市問題を抱える地区、新たな魅力を期待できる潜在的地区、歴史や文化の起源とされる地区など、都市の要素を細分化することで、より具体的な戦略を立てることが可能になる。この手法では、どの場所が都市のヘソ、ツボになるかを見極めることが開発を進めるうえで重要となる。

例えば、先述のベンジャミン・トンプソンによるボストンのフェニュエルホール・マーケットプレイスやボルティモア・インナーハーバーにおける一連の再開発事業である。近年の事例では、英国テムズ川南岸の旧火力発電所を美術館として改修したテート・モダンが挙げられる。スイスの建築家集団ヘルツォーク&ド・ムーロン(Herzog & de Meuron)設計のテート・モダンは、治安の悪かったテムズ川南岸再生の起爆剤になり、周辺地区は、ロンドン屈指のファッショナブルなエリアへと変貌している。

都市への埋込み(Urban Infill)

都市への埋込み(Urban Infill)とは、欧州を中心に発達した一般的な都市再生手法である。部分的再開発により既存の都市構造を連続したものとして捉えなおす形態操作のことで、ストリート・エッジ★注1やストリート・ウォール★注2となる建物や街区の壁面線を回復するために建物を埋込む方法である。表現は悪いが、歯が抜けることで隙間ができ、また、一定の方向に歯が生えそろわないため、歯並びの悪い状態を、矯正する操作を思い浮かべるとわかりやすい。特に住宅などを埋め込む場合、インフィル・ハウジング(Infill Housing)と呼ばれることもある。

単にインフィル・プロジェクト(Infill Project)や、インフィル・デベロップメント(Infill Development)と呼ぶこともある。しかし、土地開発において未開拓のエリア(未利用地)、あるいは、衰退が進んでいるエリアを建物などの開発によって都市化させることを意味する場合もある。

次頁の図は、都市への埋込みと従来型の開発の相違を図示したもので、右図は従来型の開発で、広大な未開拓地を都市開発したものであり、都市への埋込みと解釈することはできない。一方、左図は、都市の隙間と言える駐車場があった場所に建物を埋込むことで、道路を挟んだ地区全体との一体感を生み出している。両者の決定的な違いは、都市への埋込みにおいて都市の空隙や隙間を建物などで埋めることにより全体としての統一感を強調する点にある。

さらに、都市への埋込みを広義に解釈すると、商業施設の住居施設への変換、周辺地区や周辺地域に衰退の悪影響がでないように経済の活性化を促進させることを念頭にした再開発を意味することもある。また、高齢化や

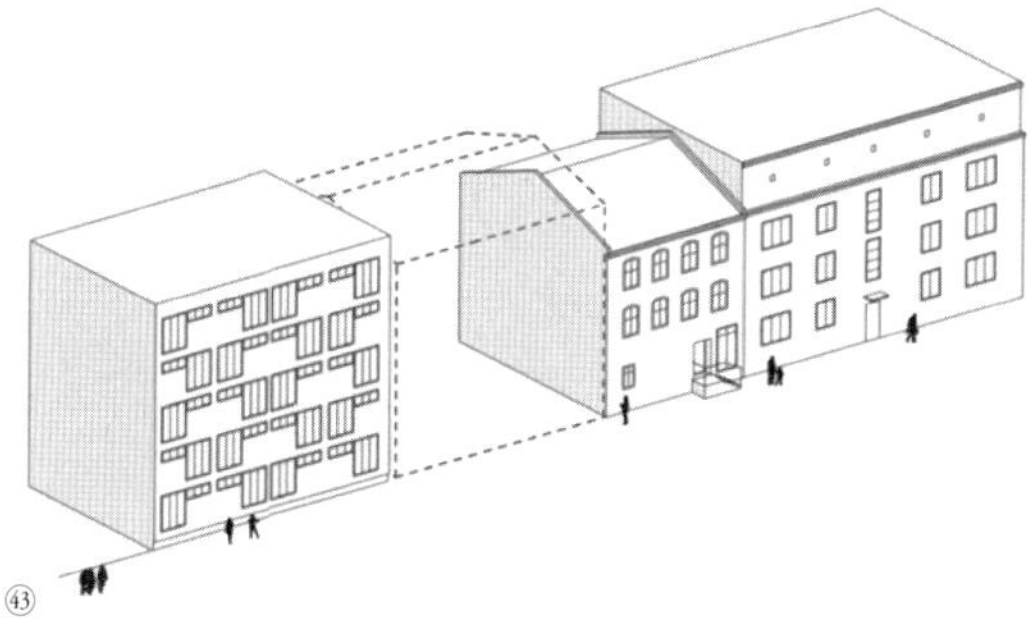

㊸

㊳—マルコ・カサグランデによる都市の鍼治療のイメージ図
㊴—都市におけるツボとヘソのイメージ図
㊵—旧火力発電所の建物を美術館に改装したテート・モダン(ロンドン)
㊶—ジャイメ・レルネによる著書「都市の鍼治療」の表紙
㊷—オラファー・エリアソンによるテート・モダン・ロビーでの光のインスタレーション「The Weather Project」
㊸—住宅などを埋込むハウジング・インフィルの概念図

★注1—通りに面する壁面のこと。
★注2—街区ごとに壁面がそろう状態。

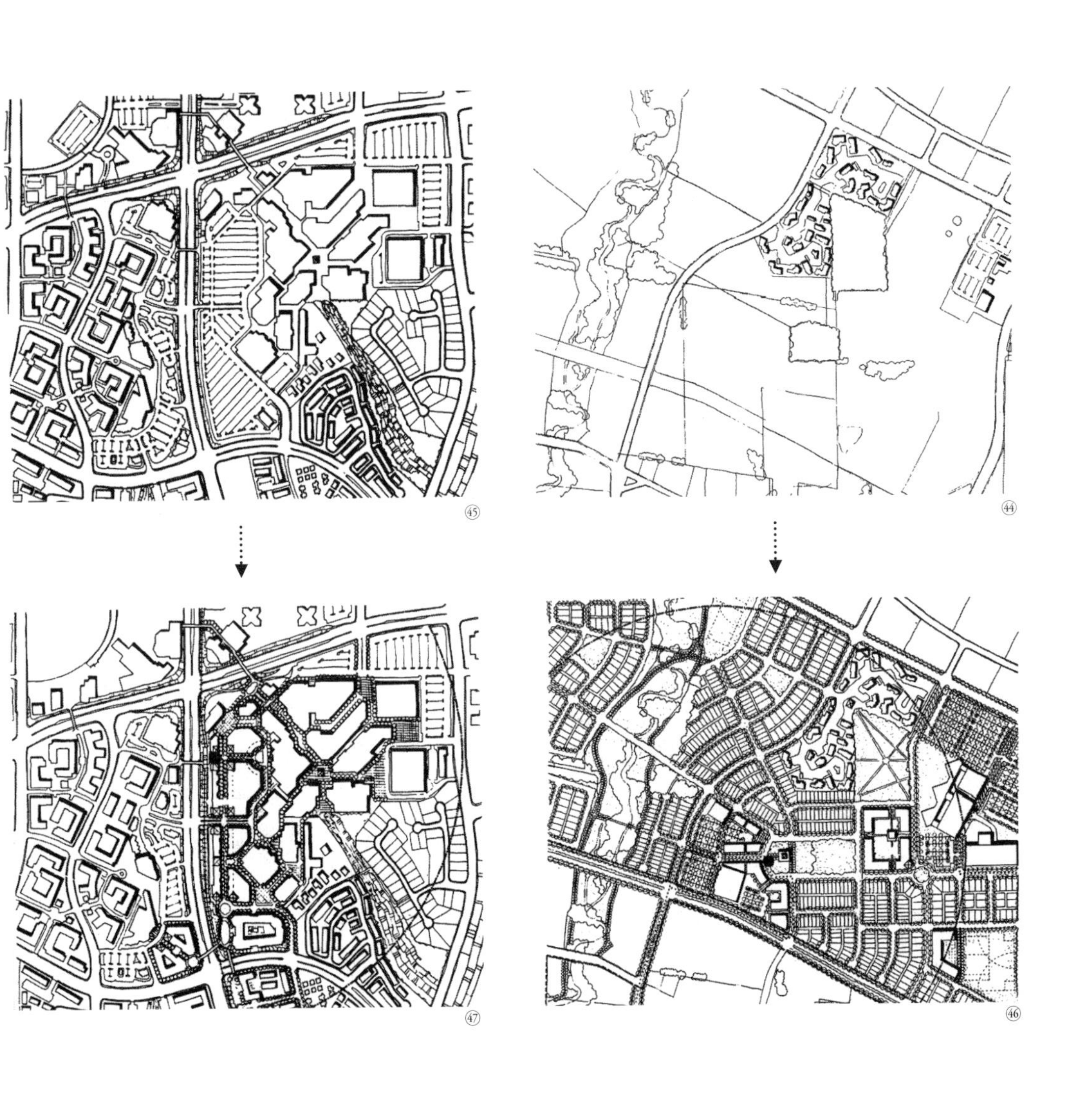

衰退化が進むコミュニティや地区において、税収を補填するための経済活動を促進する商業開発を商業インフィルと呼んでいる。

かつて、シンガポールのマリーナベイの南側は、未開の地であった。シンガポール川の河口に聳え立つマーライオンの反対側と言えば、分かる人も多いかもしれない。現在その場所は、カジノや美術館、コンベンションセンターやショッピングモールからなる大型商業施設を誘致することで、ベイエリアをぐるりと囲むことが完了し、シンガポール観光の一大拠点へと変貌を遂げている。この再開発の目玉となったのは、モシェ・サフディ(Moshe Safdie)設計の空中に船を模した巨大なスイミングプールが3棟のホテル棟を頂部で連結させたマリーナ・ベイ・サンズである。デザインの好みに賛否両論があるが、地区再生の起爆剤となっていることに疑問の余地はない。

㊹—従来型の開発(開発前)
㊺—アーバン・インフィルによる開発(開発前)
㊻—従来型の開発(開発後)
㊼—アーバン・インフィルによる開発(開発後)
㊽—マリーナ・ベイ・サンズの完成により
マリーナ・ベイの一体化が実現した。(シンガポール)
㊾—工事が着々と進行するマリーナ・ベイ・サンズ

戦術を実践に移す

編集型アーバンデザインは、既存の都市構造を破壊するのではなく、むしろ、基本的な骨格や構成要素を維持しながら、都市を更新していく方法で、必ずしも大規模で全体的な開発を必要とはしていない。むしろ、局所的、部分的な開発でも都市更新や都市再生を実現するところに特徴がある。

最小限の介入(Minimal Intervention)や都市への埋込み(Urban Infill)は既存の都市に新しいものを挿入するという点で共通するが、前者は地区と地区、都市と都市を連結させることで、一定のまとまりのあるものをネットワーク化させていき、後者は既存の都市構造に溶け込むことで連続性を回復、あるいは、維持させるところに相違がある。

近年では、最小限の介入(Minimal Intervention)という概念は単に介入(Intervention)、あるいは、アーバン・インターベンション(Urban Intervention)と呼ぶこともある。仮設のインスタレーションやイベントなど一時的な要素でも、影響を及ぼすことが可能だとされ、短期的効果を狙ったインスタレーションなどが実験的に施されている。

保存手術(Conservative Surgery)は、最小限の介入(Minimal Intervention)や都市への埋込み(Urban Infill)同様、最小限の操作で都市を修繕することに特徴がある。ここで最小限の介入(Minimal Intervention)が、橋や道路などにより、分断されたものが連結され、また、都市への埋込み(Urban Infill)が都市空間における隙間やオープンスペースに建物などを配置し連続感を生み出す、いわゆる「足し算の処方」という特徴があるのに対し、保存手術(Conservative Surgery)は、密集した都市空間において、廃屋化した建物、構造的に機能しなくなった建物などを取り除くことにより、広場や公園など新しいオープンスペースを創出、点在させることで、既存の都市構造を継承しながら新しい秩序をつくり出す、「引き算の処方」という点に特徴がある。オープンスペース、空隙などのネガティブスペースを都市の中に、挿入するという解釈も可能である。

㊽

㊾

都市の鍼治療(Urban Acupuncture)においては、都市と開発を人体と針治療の関係に見立て、どの部分を開発すれば、もっとも効果的に都市再生を実現できるかという場所の選定に重点が置かれている。加えて、最小限の介入(Minimal Intervention)同様、小規模な事業でも、都市に大きな変化をもたらす事が可能である。

アーバン・カタリストとは、効果的な場所の選定、戦略的に投入場所を選定することに留まらず、その場所に何をアーバン・カタリストとして投入すれば再生効果が高まるかを問うことに特徴がある。つまり、アーバン・カタリスト投入後の周囲に与える影響、波及効果により、都市がどのように変化するかを追跡し、その連鎖反応による都市変容のメカニズムを解析することに意義があり、その効果を発揮するための作法として、最小限の介入(Minimal Intervention)、都市への埋込み(Urban Infill)、都市の鍼治療(Urban Acupuncture)そして、保存手術(Conservative Surgery)という4つの戦術がある。

次章からは、これらの戦術を単独、あるいは、統合的に応用することで、どのように都市再生を進めていくか、詳細に見ていく。

㊿―鉄道操車場に作られたミレニアム・パーク(シカゴ)のシンボル、アニッシュ・カプーアによる「ビーン」。研磨されたステンレス鋼がシカゴの風景を映し出す。

第1章

オリンピック・レガシー（ロンドン）

2012年のロンドン・オリンピックを契機にロンドン東地区にある投資対象外のブラウン・フィールドをスポーツ・パークへと変換する

オリンピック

レガシー

ブラウン・フィールド

オリンピコポリス

住宅供給

1 オリンピック・レガシー（ロンドン）

オリンピック・レガシー

オリンピックのメイン会場となったロンドン東部地区にあるリー河沿いの渓谷は、工業地帯の排出物などによる土壌汚染が深刻な「ブラウン・フィールド」★注1として知られる。貧困層の暮らす東部地区を改善するための起爆剤としてこのブラウン・フィールドをオリンピック・パークとして再生することを謳い文句にしたロンドン・オリンピック招致キャンペーンは、2005年7月、シンガポールで開かれた第117次IOC総会（国際オリンピック委員会）にて、前評判で圧倒的に優位とされていたパリを僅差で破り、2012年のオリンピック開催権を勝ち取った。

はじめに——地主貴族によるまちづくり

英国の首都ロンドンのまちなみは行政よりもむしろ、広大な土地所有者である地主によって形づくられたと言われる。ウエスト・エンドと呼ばれる瀟洒な建物が連なる一帯が特に有名だ。貴族による都市開発は16世紀の宗教改革時代、時の国王ヘンリー8世（在位1509〜1547年）が王妃との離婚問題をきっかけにカトリック教会から離脱したことに端を発する。ヘンリー国王は自らがローマ法王に代わる「イングランド国教会」を創設し、カトリック教会支配下の修道院から、ロンドン西部（現在のウエスト・エンド）に広がる領地を獲得した。その広大な領地は、国王を支持する貴族に分け与えられ、やがてその地主貴族によるエステート（地所）開発が始められる。それは建物に限らず、道路、上下水道、電灯などインフラ整備にまで及ぶ、まさにまちづくりそのものであり、その結果として、今日のロンドンの姿が出来上がったといっても過言ではない。

中でも、ロンドン有数の開発業者グローブナー・グループが所有するロンドンのエステートは、ハイド・パーク東側一帯に広がるメイフェアや、同パークからヴィクトリア駅に至るベルグレイビアなど、120haにも及ぶ。メイフェアは各国大使館や超高級ホテルが建ち並ぶエリアであり、ベルグレイヴィアはロンドンの名士が暮らす最高級住宅地だ。「鉄の女」として知られたマーガレット・サッチャー元首相はベルグレイヴィアに居を構えていた。しかし、こうした世界でもっとも地価の高いハイグレードな土地も、400年前は単なる原野に過ぎなかった。ウェストミンスター公爵であるグローブナー家が、これらの開発に乗り出すのは1720年。母方からロンドンの地所を相続したリチャード・グローブナー卿によってである。1666年のロンドン大火を逃れた市中心部（現在のシティ周辺）からの流入者も多かったとされ、ロンドンの貴族や上流階級が好んで移り住んだ。当時、ロンドンでファッショナブルな地域として人気を集め、「これほどの知性と才能の集積した場所は、世界に例がない」と賞賛されている。もちろん今もその言葉通り、ロンドン屈指

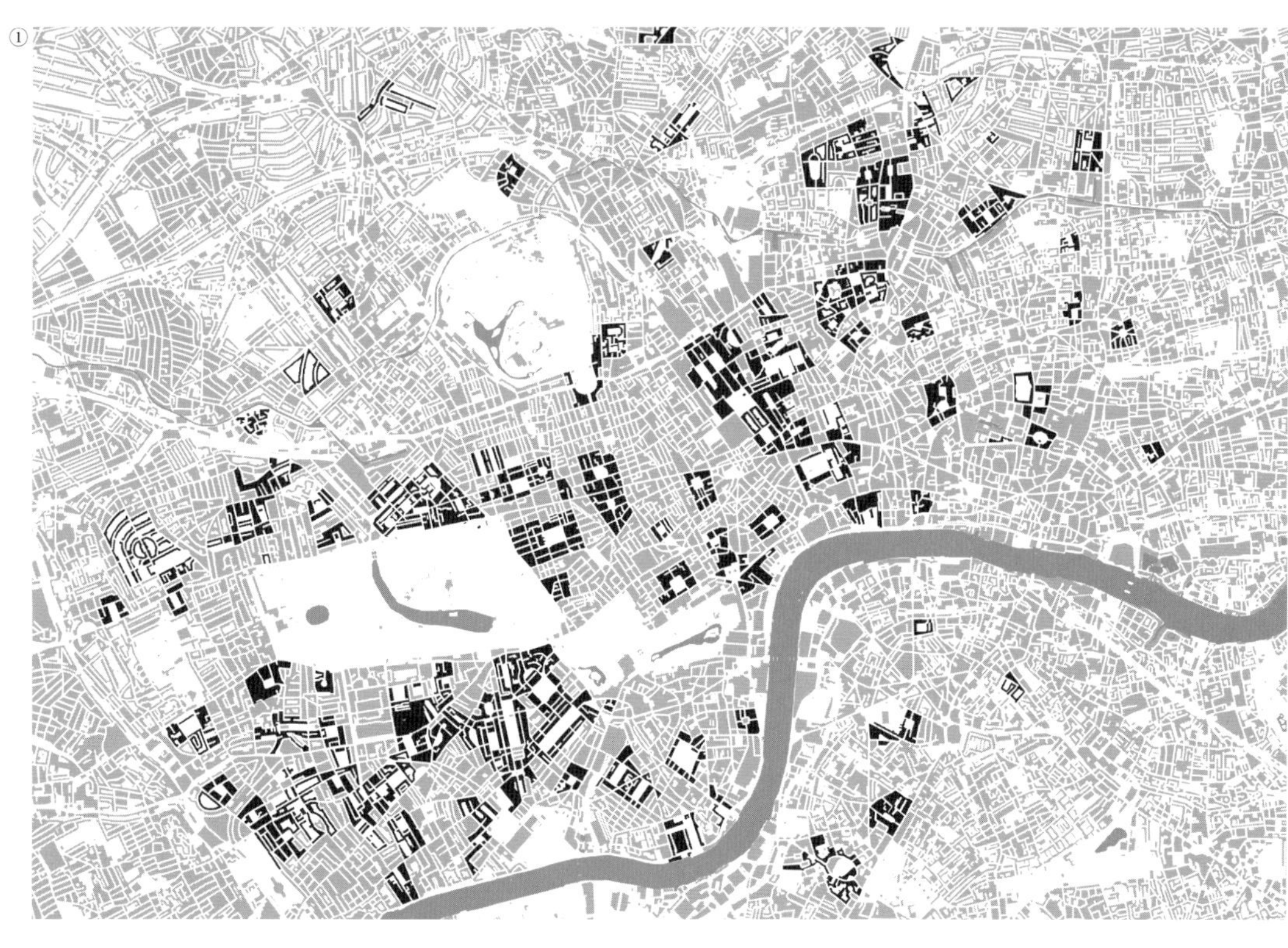

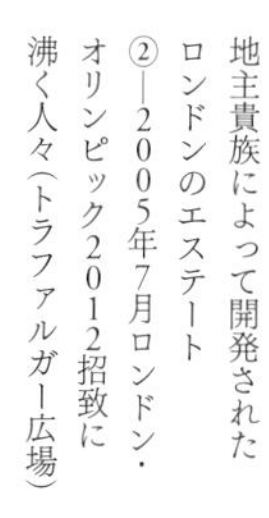
①―ウエスト・エンドを中心に地主貴族によって開発されたロンドンのエステート
②―2005年7月ロンドン・オリンピック2012招致に沸く人々(トラファルガー広場)
★注1―工業跡地などの汚染された土地

の魅力的な場所であることに変わりはない。

ロンドンのエステートには、グローブナー家のほかにも、地主によって開発されたものが数多くある。リージェンツ・パークの南西部一帯を占めるポートマン・エステートや、チェルシー地区のカドガン・エステートなどがその例で、共通点はすべて広場を中心としたエステート開発を行っているところにある。中には、居住者しか出入りが許されないカギ付きの広場もあり、その広場が街区の焦点となって街区が形成されている。テラス・ハウスと呼ばれる連続住宅(縦長屋)が街区の主要な構成要素となり、ロンドンの街並みに統一感を与えている都市的要素といえる。大きく分けると赤レンガを基調とした瀟洒な外観は、ヴィクトリア様式で18世紀のもの、黄色味を帯びたシンプルなレンガ造はジョージアン様式とよばれ、17世紀に多く建てられている。建物の様式を見ると大体の年代がわかるのも、ロンドンの街並みの特徴である。開発当初は地階から最上階まで、1つの家族が使用人である執事や料理人と共に暮らしていた。ちなみに往時のテラス・ハウスは半地下にキッチンや貯蔵庫、ワインセラー、ランドリーなどのサービス部、地上階にダイニング、1階は主

③—大ロンドン市における公園などのオープン・スペース
④—4つの区にまたがるオリンピック・メイン会場
⑤—オリンピック参加国の変遷

③

0 2 4 10km

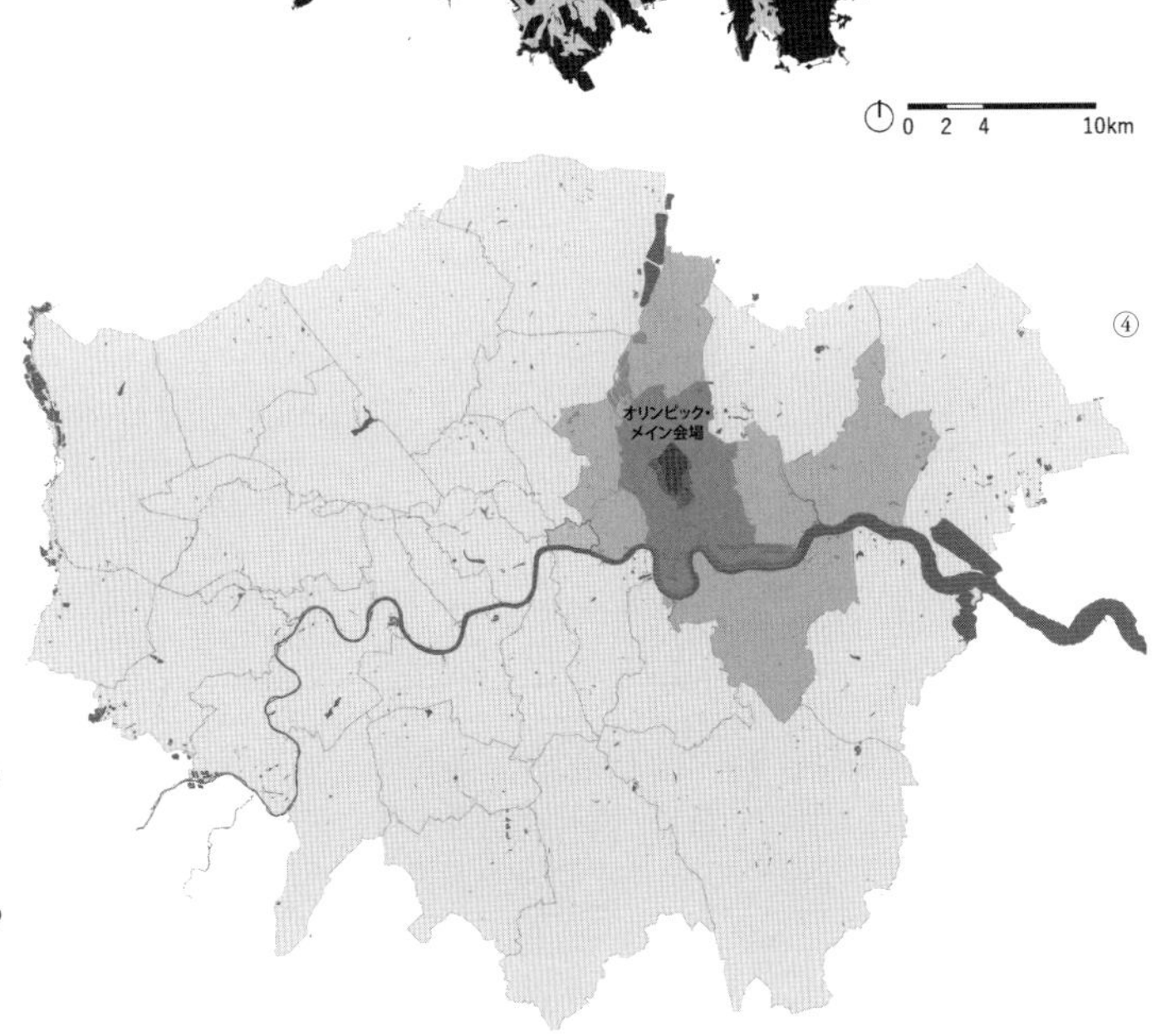

④

〈ロンドン・オリンピック関係年表〉

2006年3月◉オリンピック施設整備庁（ODA）設立
2007年4月◉施設整備計画 策定
2007年5月◉本格的な建設工事開始
2008年5月◉メイン・スタジアム・着工
2008年6月◉選手村・着工
2008年7月◉アクアティック・センター・着工
2009年　◉レガシー・マスタープランの草案作成
2011年3月◉メイン・スタジアム・完成
2011年7月◉アクアティック・センター・完成
2012年1月◉選手村完成。全ての施設をロンドン五輪運営委員会（LOCOG）に引き渡しオリンピック・パーク整備
2012年4月◉ロンドン・レガシー開発公社（LLDC）設立
2012年7～8月◉ロンドン・オリンピック開催
2012年8～9月◉ロンドン・パラリンピック開催
2012年9月◉オリンピック・パークを閉鎖し、改修工事を開始。
2013年1月◉オリンピック施設整備庁（ODA）の権限・権利をロンドンレガシー開発公社が引き継ぐ
2013年7月◉ノース・パークが再オープン
2013年12月◉選手村跡地計画への入居開始
2014年3月◉サウス・パークが再オープン
2015年　◉スタジアムが再オープン、ラグビーワールドカップ開催
2017年　◉世界陸上開催
2018年　◉クロスレール開通
2020年　◉レガシー・プランの二期工事完了
2030年　◉レガシー・プランの三期工事完了

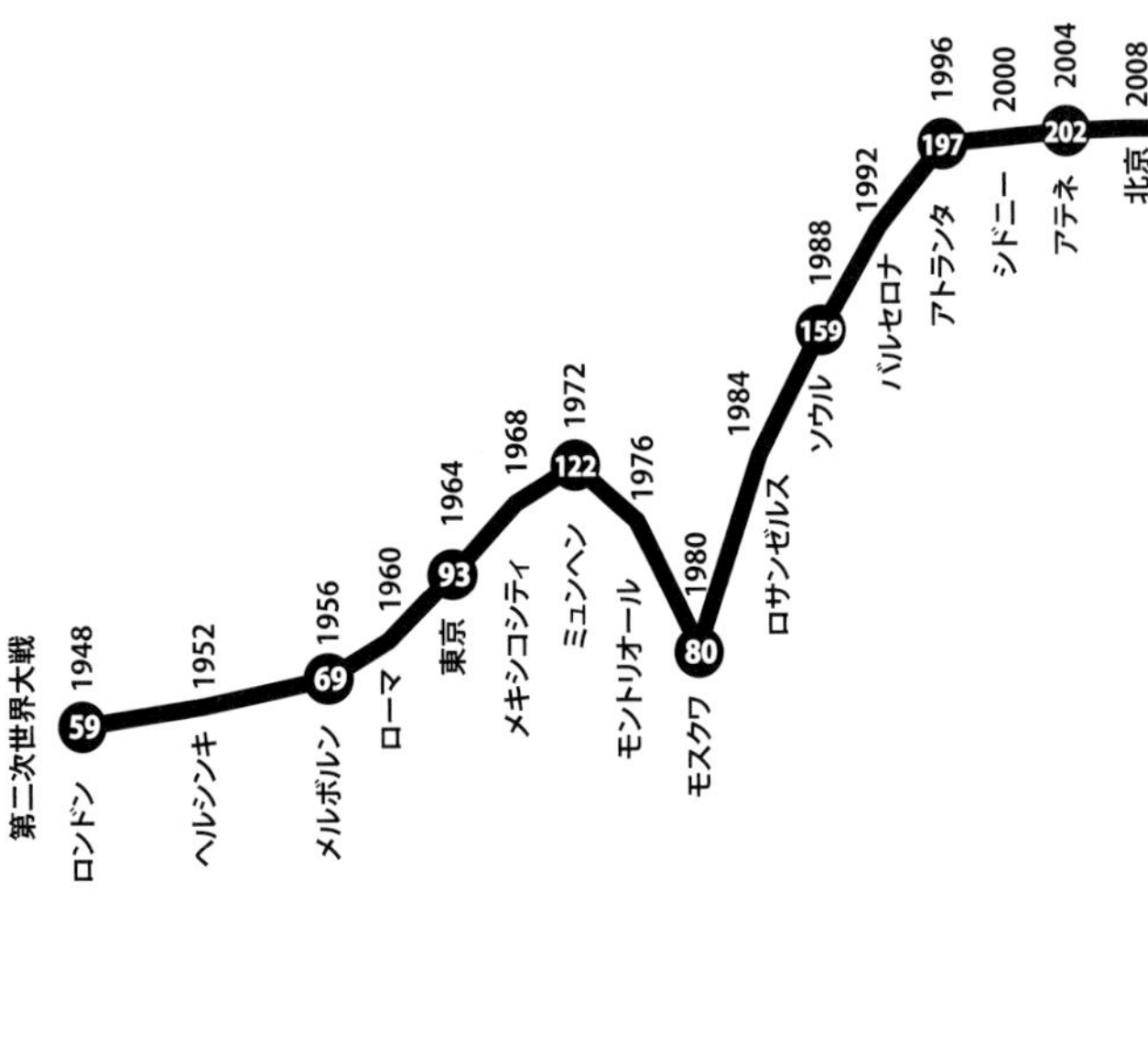

⑤

にリビング、2階に寝室、そして半地下や屋根裏に使用人の部屋があった。リビングのある主階の階高は他の階より高く、縦長の窓が強調されている。今ではワンフロアーごとに切り売りされ、何世帯もが暮らしている例もある。

　このようにロンドンでは、自らの所有する土地の価値を高めるために、地主たちは競って土地開発・土地経営を行い、広場を中心にした街区作りに取り組んできた。それ故に、エステート単位で見ると、統一感のあるロンドンも、全体的に見るとバラバラな街区の集合体のように見える。短期的な投資効果を望むなら、即時に収益を生み出す建物をぎっしりとつくるやり方が有益だろう。しかしそのような開発は、やがて朽ち果ててスラム化し、人々が寄り付かなくなる可能性がある。公園や広場のない窮屈で密集した街並みは、魅力的な環境とは言えない。例えば、「マンハッタンの奇跡」と呼ばれるアメリカ・ニューヨークのセントラル・パークがなかったら、ニューヨークの魅力は半減していたに違いない。「持続可能な都市開発」という言葉が、世に現れて久しいが、四百年の長きに渡って都市の魅力を発信し続けるロンドンのエステート開発に、その本質を見出すことができる。そして、そのロンドンが、東部の貧困地帯を開発するエンジンとして注目したのが、オリンピックを契機とした都市再生である。

エンタープライズ・ゾーンを契機にロンドン東部地区への開発が始まる

大ロンドン市（グレーター・ロンドン）とは、世界的に有名なセントポール大聖堂やロンドン証券取引所などで知られる金融街シティ・オブ・ロンドン（以下＝シティ）と32の自治区（Borough）からなる。起源をローマ時代にさかのぼる経済の中心、シティと12の自治区はインナー・ロンドンを、その外側を取り囲む20の自治区からなるアウター・ロンドンにより形成されている大ロンドン市の人口は約820万人で、一般的に所得の高い中流階級や上流階級は、シティを中心に西側のウエスト・エンドや北西部から西部に住む傾向が高く、テムズ川を隔てた南部や東部のイースト・エンドは、移民や低所得者の暮らす地区という認識がある。

　2章のアイデア・ストアで詳述するが、大英王国が栄華を極めたころ、テムズ川沿いには世界中から物資が集まる埠頭が集積していた。この一帯は、ドックランズと呼ばれ、1980年代以降のロンドン再開発における主戦場となった。不動産投資に火を付けたのがサッチャー政権時のエンタープライズ・ゾーン[★注2]である。さらに、欧州との大陸間を結ぶ高速鉄道の発達により、ロンドンの都市開発は、貧困層の多い東部地区へとシフトしている。安い土地に付加価値を付け、高値で売りぬくと利幅が高いからである。既に大部分のロンドンの地価は高値になっていて、ディベロッパーにとっては、うまみに欠ける。オリンピック以前から、リー河沿いの再開発は、長年の懸案事項であった。というのも、ロンドンの開発は、リー河を境に東側と西側という具合に真っ二つに分かれていて、この分断を解消するには、莫大な投資が必要となる。まさにオリンピックは、公共投資を促す格好の大義名分だった。

★注2—政府が指定する経済特区のことで、1980年制定の地方行政、計画および土地法に基づいて、指定日から十年間、税制の優遇などにより開発促進を目的とした地区。

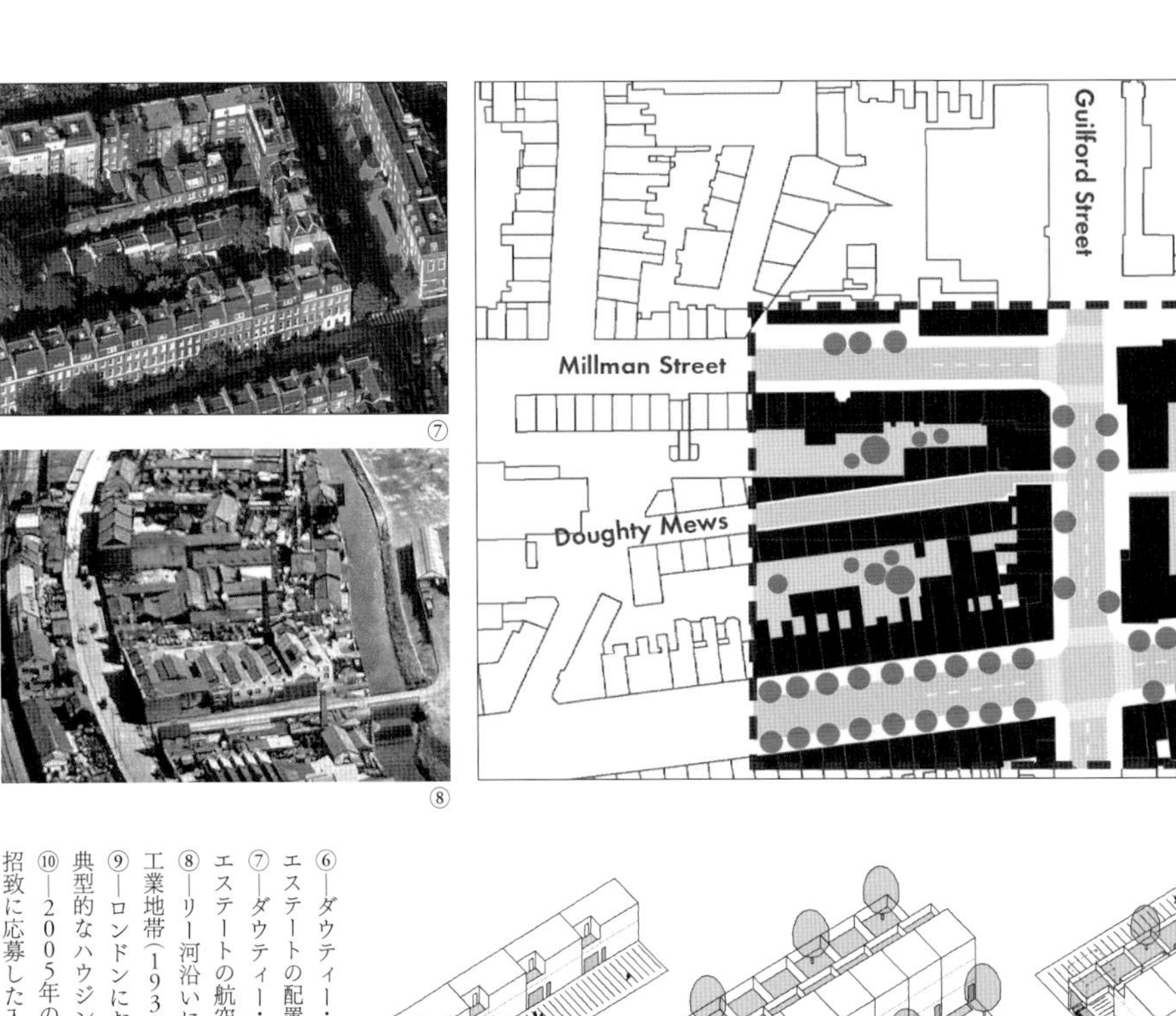

⑥—ダウティー・エステートの配置図（図と地）
⑦—ダウティー・エステートの航空写真
⑧—リー河沿いに発達した工業地帯（1930年代）
⑨—ロンドンにおける典型的なハウジング・タイプ
⑩—2005年のオリンピック招致に応募した入札案

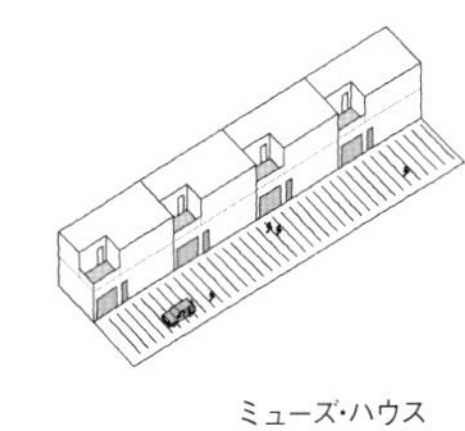

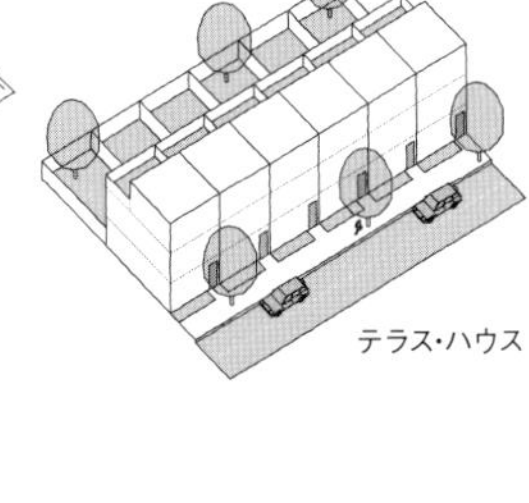

大型テラス・ハウス

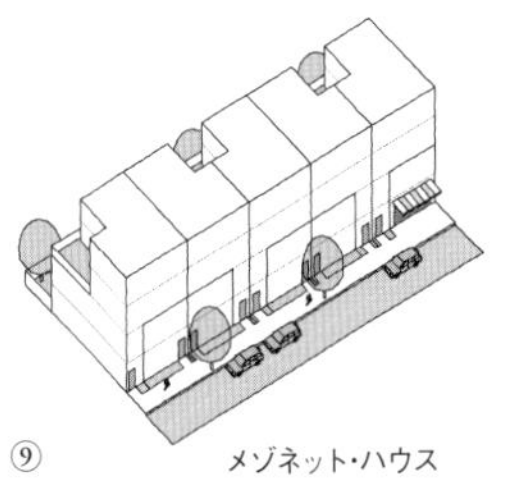

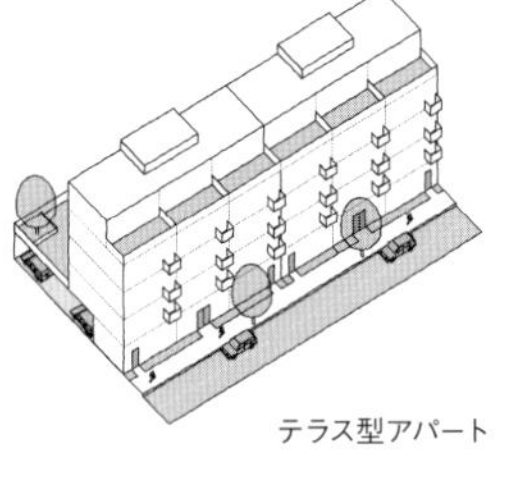

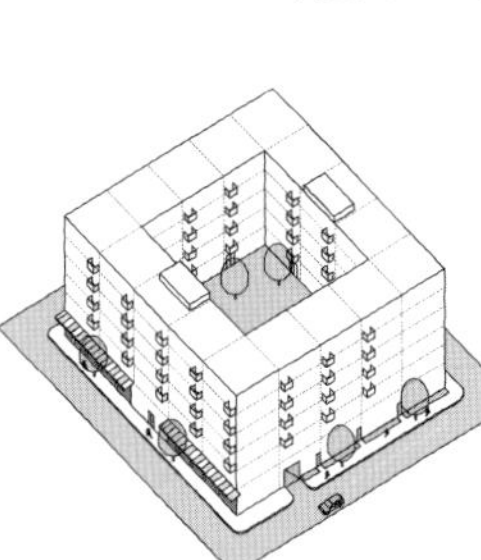

⑨

ロンドン最貧地区への投機＝ブラウン・フィールドからスポーツ・パークへ

2000年、労働党のケン・リヴィングストン（在任期間＝2000〜2008）は、1986年のサッチャー時代に廃止された大ロンドン議会（GLC＝Greater London Council）に代わる大ロンドン庁（GLA＝Greater London Authority）における初代市長として選出された。GLCという大ロンドン市内の自治区を包括する最上位の行政機関が不在となり、その間に発生したあらゆる不都合を是正するためGLAが再び設置された。サッチャー政権後、移民を中心とした人口急増、市街地における住宅・オフィスの不足、公共交通の老朽化などの問題が噴出している。こうした問題を解決するためにリヴィングストンが打ち出したのが、2004年に発表されたロンドン・プランという構想である。これは大ロンドン市を広域的に捉え、長期間にわたる経済成長、公平な社会実現、環境や資源に配慮した持続的開発などからなる都市開発戦略を示した。まず、市街地中心部における公共交通や住宅への投資を積極的に行うと共に、雇用機会の増大を目指

⑩

す施策や、そのための教育を強化していくこととしている。この構想を実現するために、オリンピックは、東部地区の再生を促進する切り札であり、エンジンそのものだった。

2012年夏季オリンピックおよびパラリンピックの開催地がロンドンに決定したのを受け、全体の運営責任を有する機関として、ロンドン・オリンピック・パラリンピック組織委員会（LOCOG＝London Organizing Committee of the Olympic and Paralympic Games）が設置された。オリンピック・パークの建設と、これに必要な土地の買収や土壌の浄化などを担う機関としては、オリンピック施設整備庁（ODA＝Olympic Delivery Authority）が設立された。LOCOGは、文化・メディア・スポーツ省（DCMS＝Department for Culture, Media and Sport）、ロンドン市長、英国オリンピック委員会（BOA＝British Olympic Association）が共同で設置した保証有限責任会社であり、ロンドン・オリンピック後に解散している。

一方、ODAは、2006年ロンドン・オリンピック・パラリンピック法（London Olympic and Paralympic Games Act 2006）のもと、文化・メディア・スポーツ省の非省庁公的機関（NDPB＝Non-Departmental Public Body）として創設された。2012年4月には、大会後のオリンピック・パーク内の施設の再利用や撤去などに責任を有する組織として、ロンドン・レガシー開発公社（LLDC＝London Legacy Development Corporation）が設置された。2009年に同様の目的を遂行するために設置されたオリンピック・パーク・レガシー公社（OLPC＝Olympic Park Legacy Company）が設置されていたが、LLDCはOLPCに代わる組織として、2011年地域主義法（Localism Act 2011）のもと、ロンドン市長開発公社（Mayoral Development Corporation）として整えられた行政権をもつ機関である。自治区と同様の権限をもち管轄内（226haの土地）の開発許可などを行う。また、隣接する区域においては、開発に関する助言なども行っている。LLDCの理事長はロンドン市長であり、理事会メンバーは16人で、ロンドン・マラソンの大会運営組織の最高責任者や、4つの自治区ハックニー区、ニューアム区、タワーハムレッツ区、ウォルサム・フォレスト区の公選市長が含まれている。

1 オリンピック・レガシー（ロンドン）

キーパーソンに聞く▼▼▼
藍谷鋼一郎×ボブ・アライズ
〈アライズ・アンド・モリソン創設者・パートナー〉

⑪

ロンドン・オリンピックのマスタープラン、そして、オリンピック・レガシーを手掛けたアライズ・アンド・モリソンは、英国を代表する設計事務所である。特にアーバン・デザインなど都市的アプローチと共に、建築デザインの質の高さにも定評がある。奇抜なデザインや斬新な形態などによる「目立つ存在」としてのデザインとは一線を画し、既存の都市文脈を緻密な分析により読み取ることで、周辺環境との調和がとれた成熟した「大人のデザイン」が特徴である。洗練されたデザインには、都市の歴史や文化、集合体として調和のとれたデザインを重視するヨーロッパの都市形成を忠実に取り入れながらも、新しい素材の組み合わせや配列に挑戦している形跡が読み取れる。それ故に、アライズ・アンド・モリソンのデザインを古典的と揶揄する声はまったく聞こえてこない。むしろ、ヨーロッパの伝統的都市風景を現代風に再翻訳することで風景の中に新しい息吹を吹き込む作風は、高い評価を得ている。

⑪—ロンドン・オリンピック2012
開催中のメイン会場

ボブ・アライズ●Bob Allies
（建築家 アライズ・アンド・モリソン創設者・パートナー）

1984年、ボブ・アライズ（左）とリチャード・モリソン（右）の2人は、アライズ・アンド・モリソンという設計事務所を開設した。以降、2人は常に設計チームを牽引している。エジンバラ大学出身で、1981年にはローマ奨学金を取得している。学際的には、1995年にエジンバラ大学（英国）、1999年にメリーランド大学（米国）、1996〜99年はバース大学（英国）において客員教授を歴任。マスタープランと建築設計の両方からのアプローチによる都市再生プロジェクトに多数携わる。マスタープラン作成時に、デザイン・ガイドラインなども作成し、個々のプロジェクトで設計に参画するチームに対して、全体像を把握させることに努めている。代表作に、24haからなるキングスクロス・セントラル、ブレント・クロス、ロンドン・オリンピックとレガシー・マスタープランなどがある。ボブの最も興味のある分野は、都市の構造で、実務のみならず、「Cultivating the City = London Before and After 2012」、「Fabric of Place」などの著書がある。2009〜12年、英国建築都市環境委員会（CABE）の評価委員などを歴任。

マスタープランにおける2つの役割

藍谷――アライズ・アンド・モリソンでは、ロンドン・オリンピックとオリンピック・レガシーの他にも、キングスクロスのマスタープランなど、多くのマスタープランを手掛けられています。しかも、マスタープランだけでなく、そこから派生する個々の建築デザインも質の高いデザインで仕上げられています。こういったスタンスで都市計画、あるいはマスタープランと建築設計の両方をハイレベルのデザインで仕上げる事務所は、非常に珍しいと思います。マスタープランは得意だけど、建築設計は不得意、またのその逆もしかり、そのあたりのマスタープランに対するスタンスなどお聞かせいただけますか?

ボブ・アライズ(BA)――まずマスタープランには対象地における将来的な展望、すなわち将来ビジョンの作成が前提にあります。その将来ビジョンを実現させるには、最初から行政など公共当局を巻き込み、ビジョンを共有していく必要があります。それは単に開発プロセスの示唆や誘導をするのでなく、前もって具体的な建築物の提案に対する承認、その確約を引き出すための支援体制を整えるという意味です。

次に、開発を進めていくうえで規範となる青写真を描いていくことです。これは、わかりやすく、信頼しうるものでなければなりません。財政担当者、予算の決定権のある役職につく人が、プロジェクト実現に向けて、決定の判断をしやすいように、十分な試行錯誤を重ねて青写真を作成する必要があります。

⑫

⑬

藍谷――行政とのビジョン共有と青写真を描くということですね。

BA――2つの目的を達成するために、マスタープランを行う対象地について、どれくらい理解しているか示さないといけません。例えば、建物の大きさや機能などの特性、公共空間の形状や機能、想定しうる利用者の活動域や区域などです。結果的にどのような都市環境ができるのか、施主、計画家、市民に対して明快に示す必要があります。これにより実現に向けた信頼性の高い予算立てや、費用対効果の試算が可能になります。しかし、概算や空間の質などの算定に直結する合理的な街区の大きさや形状を具体的に言及するべきではありません。具体的な大きさや形状を示すことは、結果的に幾何学形への寵愛や偏愛、あるいは規則性に対する束縛などを引き起こし、不当な妥協に陥る可能性があるからです。

藍谷――将来ビジョンを共有しても、具体的な

⑭

⑮
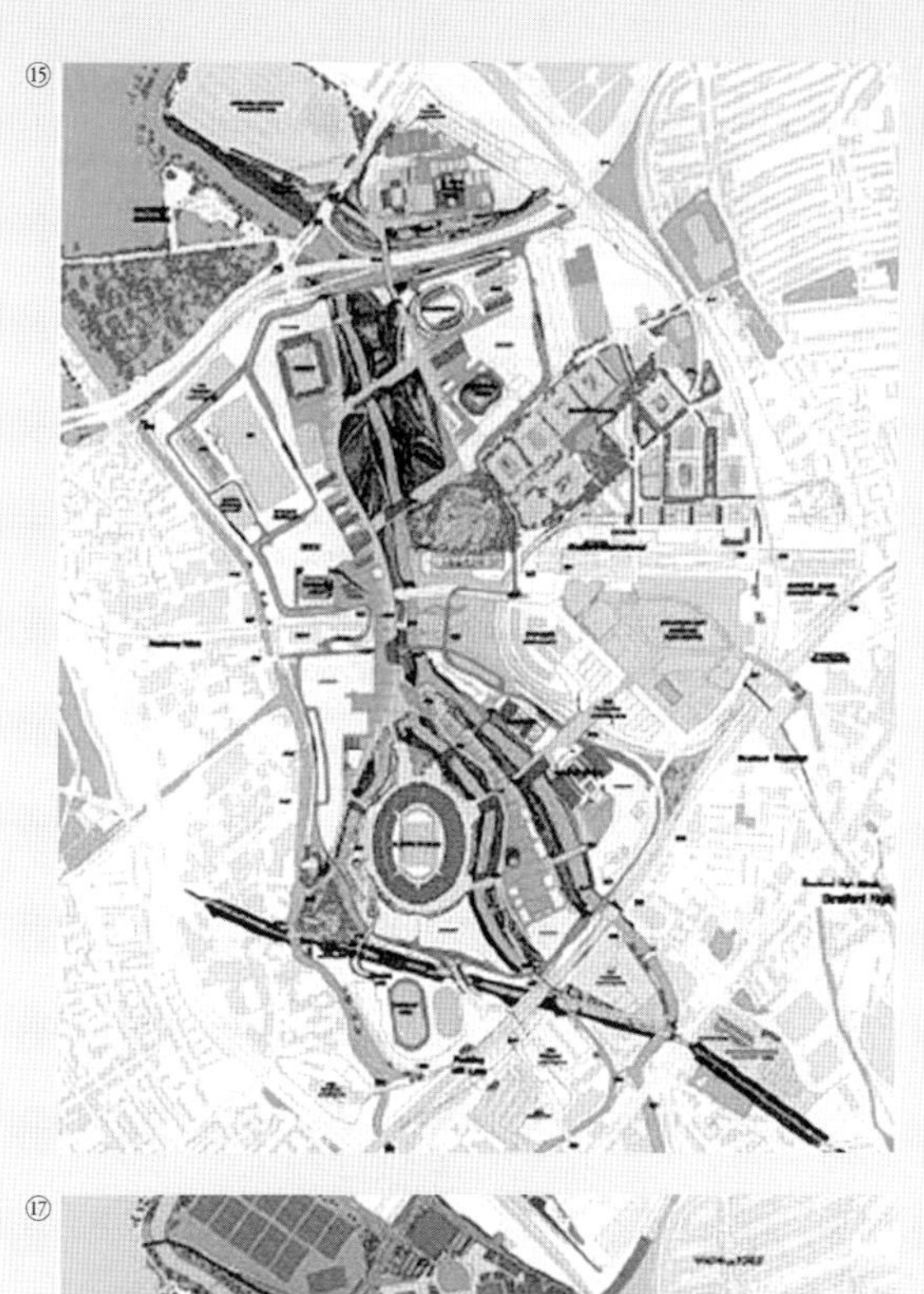

⑯
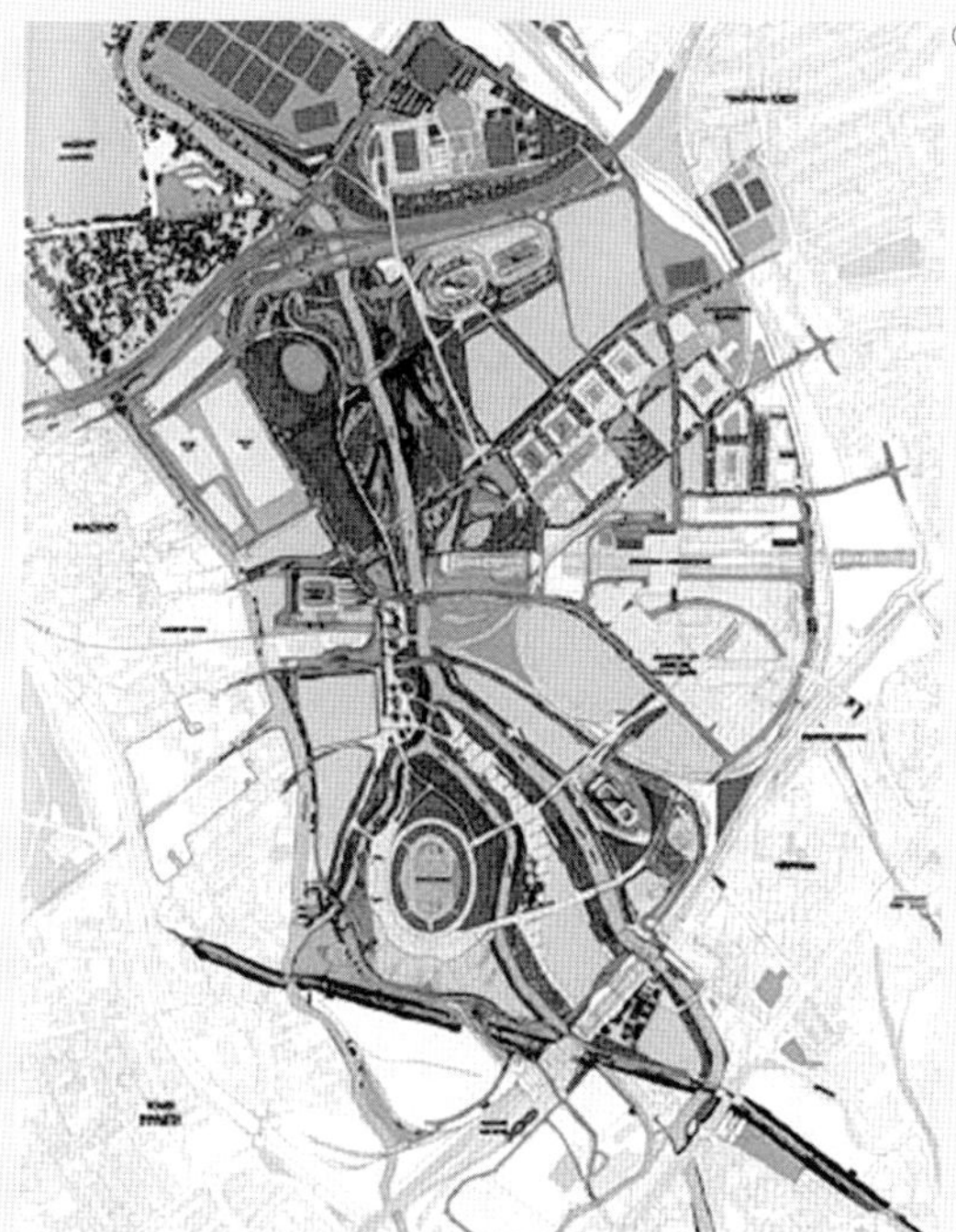

⑰
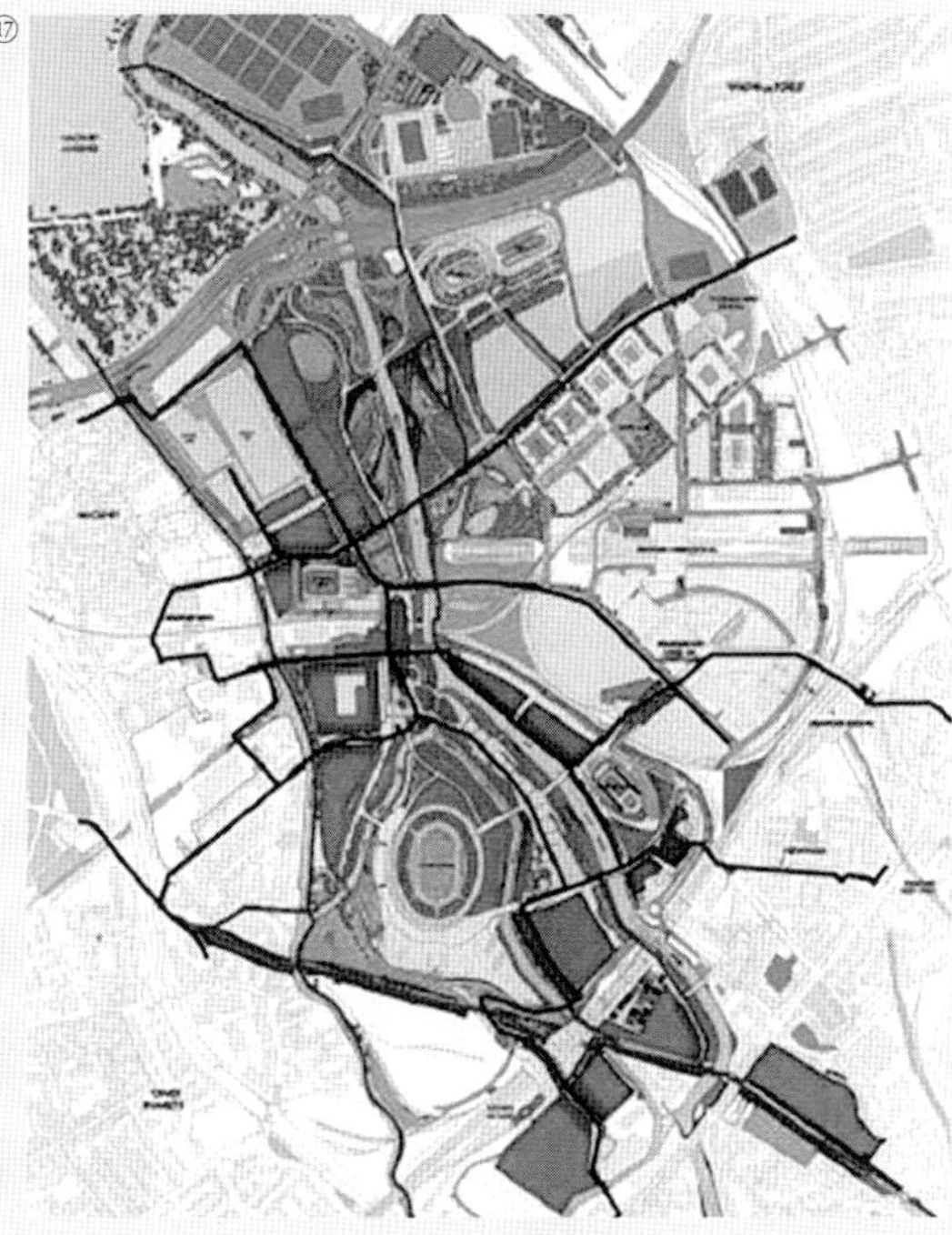

⑫—ノース・パークのエッジを形成する住宅街
⑬—フィッシュ・アイランドとスウィート・ウォーターをつなぐ橋
⑭—開発前のオリンピック・メイン会場の状況（２００７年）
⑮—ロンドン・オリンピックおよびパラリンピックの会場マスタープラン（２０１２年）
⑯—オリンピック・レガシーへ移行期間中のマスタープラン
⑰—オリンピック・レガシー・マスタープラン（２０３０年）

大きさや形は示さないということですね。つまり、抽象的なイメージを共有するということでしょうか。

BA——マスタープランでは内在する論理への整合化と並行して、周辺のコンテクスト（都市の文脈）を尊重し、周囲との調和を図る必要があります。それには、対象地内外からのアクセスを改善するために新しい接合道路をつくること、周辺地区の特徴や規模に合わせること、不十分な既存の社会基盤やオープンスペースの改造などです。要するに、隣接する既存の地区に新しいデザインを統合・融合させることが求められます。しかし、特筆できることは、このようなアプローチを採ることで、広範囲におよぶ地区を刺激し、新しい開発を促す効果をもたらすなど、都市再生へ寄与することにつながることです。

藍谷——形態ありきで、話を進めるのではなく、既存のコンテクストを十分理解し、調和を図ったデザインを進めるということですね。そうすることで、対象地だけでなく、波及効果としての新しい開発が既存の地区にも及びますね。

BA——将来を見据えたマスタープランは、開発における段階的なプロセスを組み込んでなければ、本質的に成功しているとはいえません。まったく当たり前のことですが、今の世の中を見ていると、マスタープランの本質を問うことが不合理に思われているように感じます。マスタープランの基本原則は、開発を促すことで、抑制することではありません。しかし、この大原則を理解せず、あるいは無視することで、失敗に終わった例が多く見受けられます。幾何学形など些細な形態に囚われ過ぎて全体像を見失ってしまったものや、目の前のインフラ整備に過剰な投資を行うことにより全体的なプロジェクトが進行する前にプロジェクトの終了を余儀なくされたものなど、枚挙にいとまがありません。まず、開発の継続を促すための最初の土台というか、基盤を整備することが大事です。そうすることで、長期的展望にたった実現可能性や計画の柔軟性が担保され、プロジェクトを推進することへの自信が生まれます。

藍谷——失敗しているマスタープランとは、どういうものでしょうか。

BA——近年、マスタープランといえば、放射状に広がるパターン、曲りくねった曲線、円形や菱形の平面と言った幾何学形を用いた街区設計や建物の形態への異様なこだわり、盲目的な呪縛から抜け出せない表面的な形態的操作に陥ったプランが横行し辟易しています。このような計画は、19世紀の古典的なボザールの計画と大して代わり映えがなく、まったくの時代遅れというべきでしょうか。都市計画はグラフィック重視のパターンを組み合わせることではありません。都

⑱

⑱—ボリス・ジョンソン前市長により発案されたオリンピック会場のシンボル、アルセロール・ミッタル・オービット（高さ114.5m）。現代アーティスト、アニッシュ・カプーアと世界的な構造家、セシル・バルモンドによる設計で展望機能をもつ。

⑲—ロンドン・レガシー開発公社内にあるオリンピック・レガシーの模型

⑳—メイン・スタジアムとオリンピコポリス

市計画とは現状と将来像との関係を定義づけることです。マスタープランによって都市にヒエラルキーをつくり出すことです。つまり、優先順位といえば良いでしょうか。最初に着工される要素や建物について、それを建てる意味を定義し、それを建てることによって、次にどのような建物が建てられるかについて、明確に示すことです。アーバン・デザイナーの職務は、魅力的な形態やパターンをデザインするのではなく、クライアントのために将来のシナリオづくりをすることです。

プロダクトではなく、プロセスが重要

藍谷──建物を建てるうえでの優先順位をつくるということですね。それにより、波及効果も違ってくるわけですね。

BA──プロジェクトのライフサイクル、つまり寿命のなかで起こりうる変更に、どのくらい対応できるかに、プロジェクトの成否が委ねられています。巨大プロジェクトのマスタープランは、すべてが実現するまでにかなり長い期間が必要です。開発を獲得するためだけにつくった無謀な計画、極めて個人的な計画や形態的な束縛に囚われたものは、実現させるのが極めて困難です。巨大規模のプロジェクトを開始するにあたり、どの場所に最初の布石を敷くかの決定を行うことは、25年後に行う開発場所が正反対の場所に来ることを定義するようなもので、とても難しい作業です。最初の開発を実施する際に、全体計画に対する変更や改善を許容しうる柔軟性を持ち、さらに遂行性を確証できる提言が必要となります。

⑲

⑳

藍谷──確かに始まりがあれば終わりがあります。最初に投入するプロジェクトによって、最後の開発場所が決まるという考えは興味深いですね。多少の変更は許容するにせよ、一つのシナリオに沿って、段階的に開発が進んでいくわけですね。その最初の布石というのは、やはり、以降の開発の成否を握っている訳ですね。

BA──私たちのマスタープランでは、特異で横暴な幾何学形を根拠とする計画を拒否し、ある意味、非公式性の重視、すなわち形式を排除した無限の可能性を受け入れています。特に初期段階における恣意的なプロジェクトの進行や、特異な形態を強いることを避けています。つまり、プロジェクトの実現における規範的な形態的制約を排除している訳です。そうでなければ、結局のところ、将来的に建築表現の可能性を制限するだけでなく、妥協を強いるからです。代わりに私たちは、形式だったパターンの集合体よりはむしろ、個々の多様なデザインによる反応、デザインのコラー

ジュを受け入れたいと思っています。個々のデザインをコラージュすることに寛容で、それらすべてを吸収するような計画を模索しています。

マスタープランは建物ではない

藍谷――やはり建築設計とマスタープランは、完全に違ったデザイン・プロセスが必要だということですね。

BA――その通りです。マスタープランを計画するというのは、建物の設計とはまったく異なります。そして、これには明快な回答があります。建築設計においては、建物の一つ一つの要素は、全体を構成する上で論理的で、かつ合理的である必要があり、幾何学を交えた集合体として成り立っています。しかし、マスタープランにおいては、多くの人々の長い年月の結晶によって計画が実現します。アーバン・デザイナーが、長期にわたる実現プロセスにおいて、一つの形態的な美意識に固執することは、多くの問題を投げかけます。形態的な制約条件がある下で、プロジェクトに携わる建築家は、プロジェクト自体に魅力を感じていないのではないでしょうか。つまり、マスタープランを建築設計のように計画することが間違っているという証です。

良いマスタープランとは、街路や街区から構成される、いわゆる都市構造の中に、個々の建築物をある意味や役割をもってデザインする許容性があることです。このような都市構造を構築することが望ましく、この点に関して、マスタープランが提供できることは、街区における建物の形態など全容がはっきりしない段階で、その代用となる都市の構造を浮き上がらせることです。そうすれば、マスタープランの枠組みの中で、設計を進め、評価を行うことが可能になります。さらに、実施プロセスの際、必然的に出てくる要望の変更や、社会的、経済的な状況の変化に応じて、柔軟に修正や改善を受け入れる余地を残すことが極めて重要です。私たちがマスタープランを作成する際、自らに制約条件を課しています。この制約条件とは、実践的なもので、審美的なものではありません。そして、特に注意していることは、マスタープランが出来る限り生産性を高め、実用的になることです。

㉑

㉒

㉑―オリンピック開催中は、IOCの規定によりノース・グリニッジ・アリーナに名称変更されたO2アリーナ。器械体操などの会場となる。

㉒―ロンドンのシンボル「タワーブリッジ」にも五輪の輪が架けられ機運が高まる。

マスタープラン作成の方法論

藍谷――マスタープランを作成する際の方法論というか、規則について教えてください。

BA――まず、アライズ・アンド・モリソンではマスタープランを作成する際に、建物を設計するようにデザインするという誘惑を断ち切っています。つまり、概念的にしろ、幾何学にしろ、そうすることによって、何らかの制約を強いる形態的な枠組みを作り出すことになります。そうなる可能性を出来る限り避けているのです。このような手法は、計画を始める初期段階でも、実際に建設が始まった施工時にも、まったく役に立たないからです。というのも、段階的に物事を決定するときの障害になるだけでなく、柔軟な発想や、選択オプションの可能性を縮めてしまうからです。

次に、常に将来的に建てられる個々の建物が、混乱なく調和し、実現に移れるような明確で包括的な階層構造を持つ都市の骨格を模索しています。要するに、マスタープランに基づいて、建物にある正面と背面といった表裏を考慮し、明確に建物の配置計画ができる都市構造の存在が必要なのです。

最後に、都市というのは躍動感あふれる生命体のようなものです。マスタープランにおいて計画されたいかなる建物であっても破壊、あるいは、新しい建物に建て替わることを容認しなければなりません。この大原則に反する、あらゆる制約条件は、マスタープランの段階で排除するべきです。

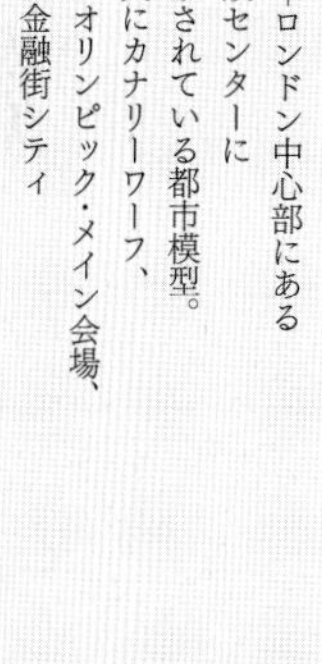
㉓―ロンドン中心部にある建設センターに展示されている都市模型。中央にカナリーワーフ、右がオリンピック・メイン会場、左が金融街シティ

★注3―初期のマスタープラン・チームは、アライズ・アンド・モリソン、HOK Sport Venue Event、EDAW、FOAからなるが、現在、アライズ・アンド・モリソン以外の3社は、スポーツ施設専門のHOK Sport Venue EventはPopulousに改組、FOAはFMAとAZPAに分裂、ランドスケープのEDAWは、総合エンジニア企業トップのAECOMに吸収合併されている。

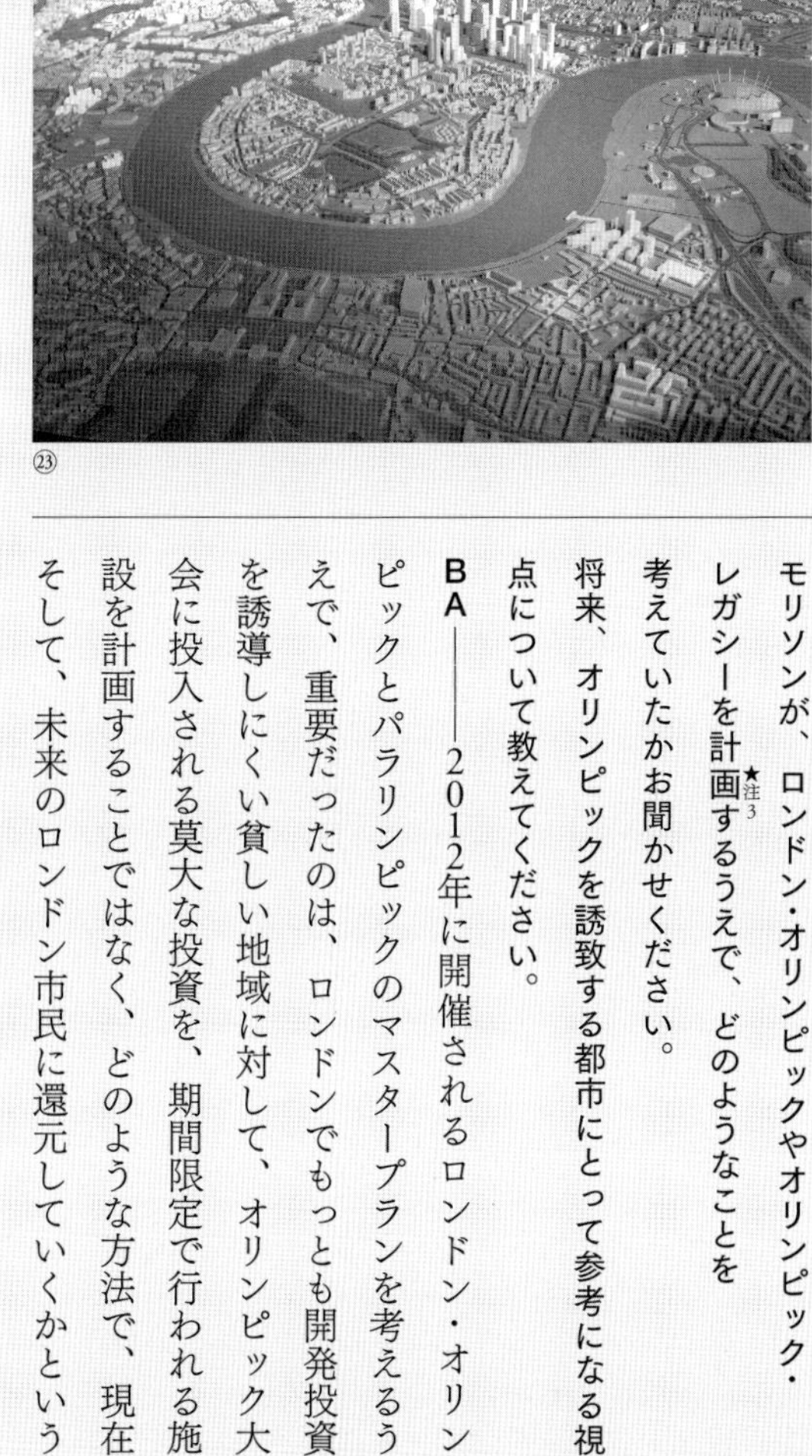
㉓

オリンピックを契機とした ロンドン東部開発の戦略

藍谷――今、お伺いしたマスタープランの重要性は、都市を計画するうえで、デザイナーだけでなく、ステークホルダーとなる行政や市民が知っておくべき重要な示唆に富んだものでした。では、アライズ・アンド・モリソンが、ロンドン・オリンピックやオリンピック・レガシーを計画[★注3]するうえで、どのようなことを考えていたかお聞かせください。将来、オリンピックを誘致する都市にとって参考になる視点について教えてください。

BA――2012年に開催されるロンドン・オリンピックとパラリンピックのマスタープランを考えるうえで、重要だったのは、ロンドンでもっとも開発投資を誘導しにくい貧しい地域に対して、オリンピック大会に投入される莫大な投資を、期間限定で行われる施設を計画することではなく、どのような方法で、現在、そして、未来のロンドン市民に還元していくかという

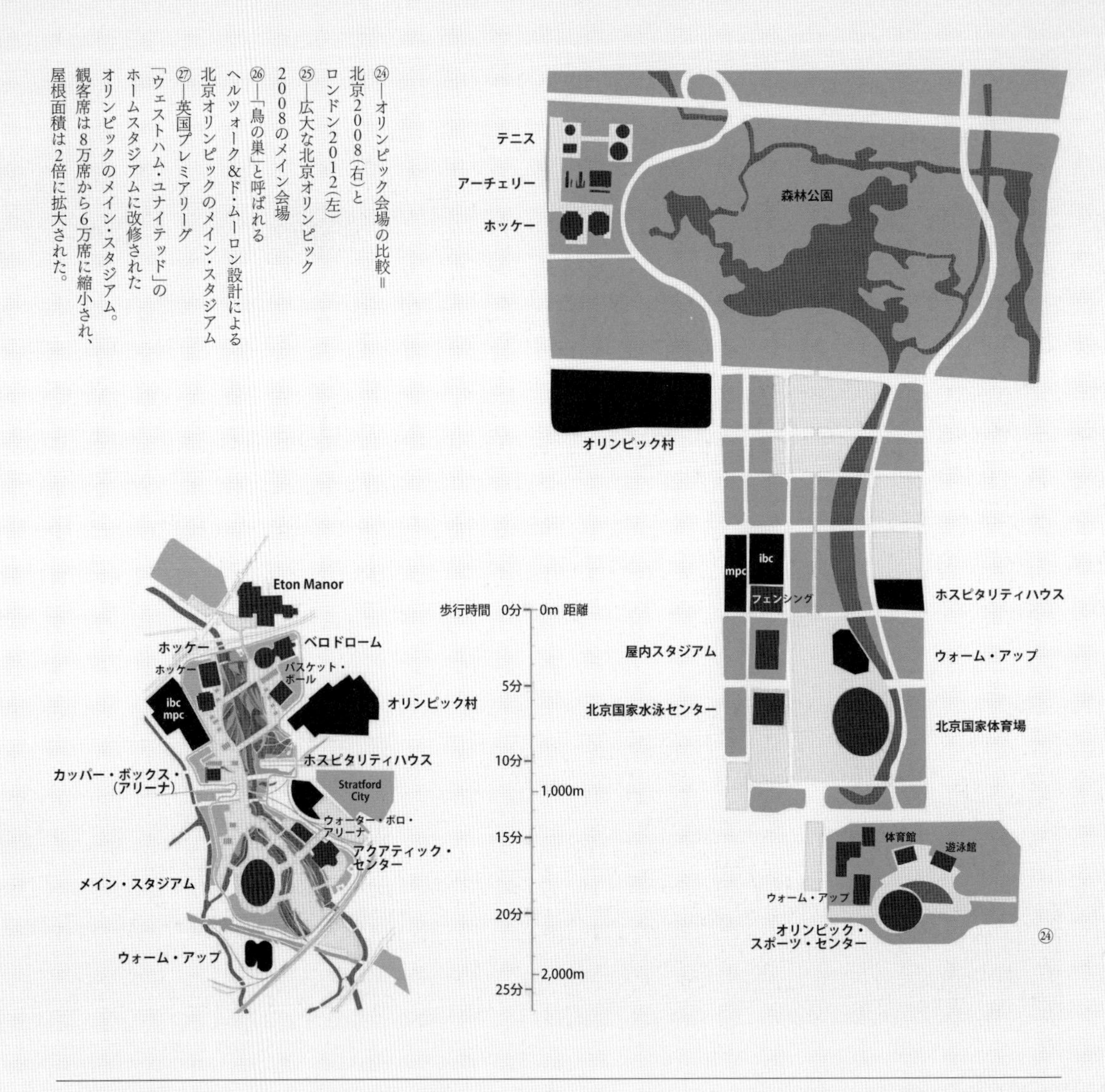

㉔—オリンピック会場の比較＝
北京２００８(右)と
ロンドン２０１２(左)

㉕—広大な北京オリンピック
２００８のメイン会場

㉖—「鳥の巣」と呼ばれる
ヘルツォーク＆ド・ムーロン設計による
北京オリンピックのメイン・スタジアム

㉗—英国プレミアリーグ
「ウェストハム・ユナイテッド」の
ホームスタジアムに改修された
オリンピックのメイン・スタジアム。
観客席は８万席から６万席に縮小され、
屋根面積は２倍に拡大された。

ことでした。

藍谷——オリンピックを契機に東ロンドン地区を開発するという戦略ですね。

ＢＡ——そうです。ロンドン・オリンピックのマスタープランの骨子(肝)は、非常にシンプルなダイアグラムから出来ています。真ん中に、広々としたコンコースが広がっていて、その周りをメイン・スタジアム、アクアティック・センター(水泳場)、ベロドローム(自転車競技場)、さらにホッケーやハンドボール、水球、バスケットボールのためのカッパー・ボックス(アリーナ)が輪のように取り囲んでいます。その周りにあるのは、すべて仮設構造物でオリンピック大会を支えています。この配置計画は、２００８年の北京オリンピック計画に似ています。しかし、ロンドンの方は競技場間の距離が短く、密接にクラスター化されているので驚くほどコンパクトに出来ています。これは、競技のための新しい建設工事を出来る限り少なくするという、ロンドン・オリンピックの目指すコンパクト・オリンピックという大原則を反映したものです。今後、この傾向はさらに続いていくのではないでしょうか。というのも、オリンピックを開催するに当たり、次の候補地がどのような場所であっても、大会を運営するための規模や予算がどのくらい必要かは、常に世間の強い関心の眼が注がれるからです。

㉕

㉗

㉖

藍谷——確かに、2週間、3週間のオリンピックのために、莫大な予算をかけて新設の競技場を量産するというのは、オリンピック後の経営破綻の原因になってますよね。アテネの場合はひどかったし、リオもわずか1年以内で使われなくなった施設もありますよね。

北京オリンピックの会場にも行きましたが、途方もない大きさでした。地下鉄が、オリンピック公園の中央を走る大通りに直結しているのは、便利ですが歩いて周れるのは、鳥の巣と呼ばれるメイン・スタジアムと北京国家水泳センターぐらいで、残りの部分はタクシーで移動しました。それでも結構、時間がかかりました。もちろん、北部にある森林公園は広大で、市民の憩いの場となっていましたが。

BA——オリンピック競技会場をコンパクトにすることで、いろいろな都市にオリンピックを招致する機会が訪れます。この調子で大会予算が増大しつづけると、開催できるのは大会予算を捻出できる世界的な大都市だけに限られます。ロンドンにおいては、オリンピック大会を招致することは、大会自体の運営、企画作成など莫大な投資を要しました。しかし、それ以上に、オリンピック大会中の多様な運営資金を遥かに凌ぐ予算が、オリンピック大会後のレガシー・パークを築くことに投入されています。この投資はオリンピッ

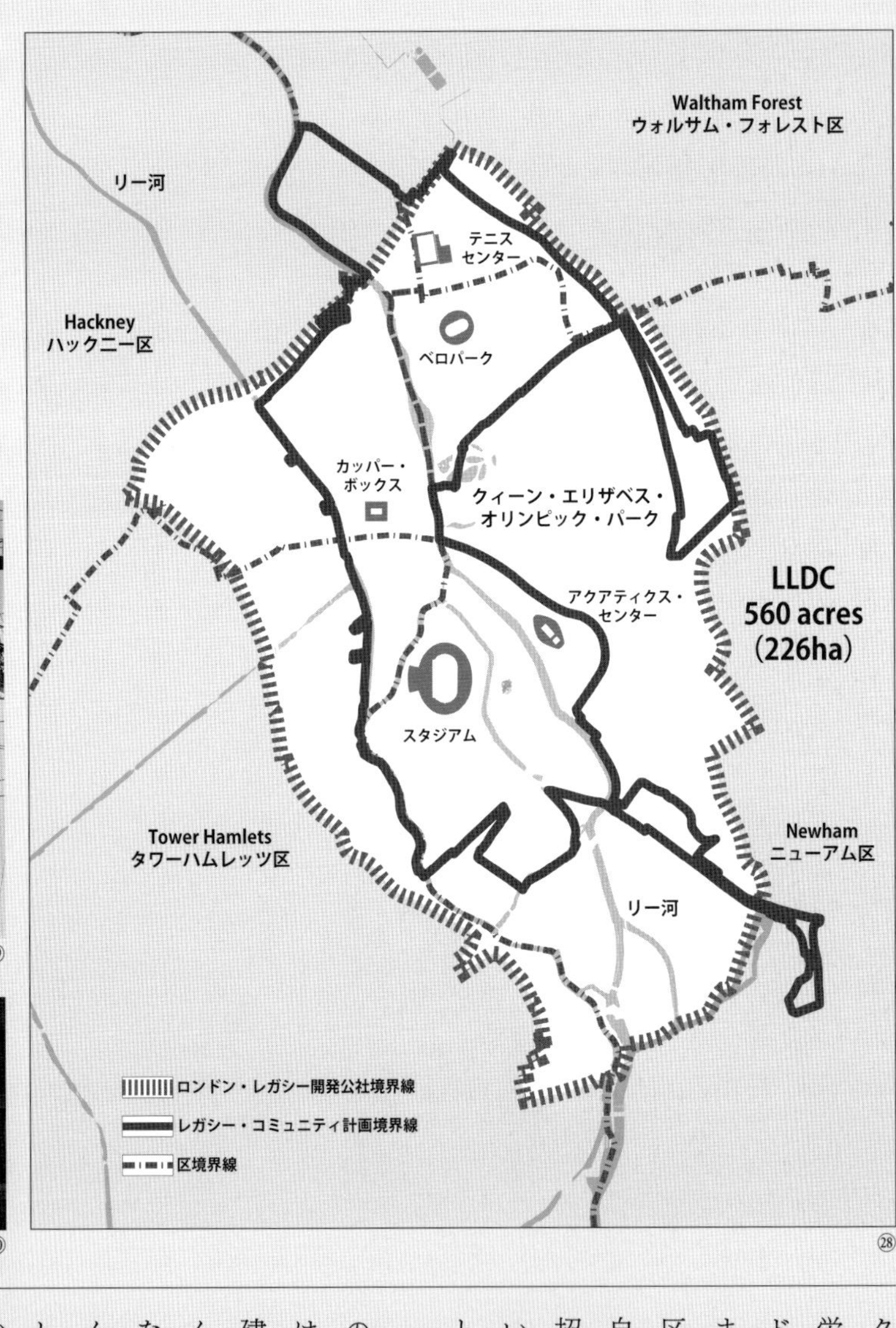

㉘—大ロンドン市の4つの区にまたがるLLDC（ロンドン・レガシー開発公社）所有のオリンピック・レガシー区域。面積＝226ha（560acre）

㉙—既存の電線やユーティリティを全て集約し地中化する。

㉚—集約されたユーティリティを配管する地中トンネル

クのメイン会場となる東ロンドン全体の持続性ある繁栄や利益につながらなければなりません。実際、ロンドンにおいて、メイン会場は、もっとも貧困層の集まるニューアム区、タワーハムレッツ区、ハックニー区、そして、ウォルサム・フォレスト区という4つの自治区を跨るように広がります。オリンピック大会の招致は、都市開発を考えるうえで、通常ではありえない短期間に、莫大な投資が注がれます。開催地域にとって、驚異的な重要性をもつイベントだったのです。

とはいえ、オリンピック候補地になる以前でも、この地域がまったく土地開発から見捨てられていた訳ではありません。新しい事業が立ち上がったり、新しい建物が建てられたりもしています。しかし、そのほとんどは、限定的で営利的なものばかりでした。全体的な都市戦略など二の次で、まったく眼中にありませんでした。しかし、ロンドン・オリンピックを契機として、刷新的で包括的なアプローチによる地域改革が始まりました。以前はバラバラに起こっていた開発が、ひとつの統括された全体計画としてリー河渓谷の開発として取り組まれたのです。例えば、オリンピック大会に必要な電力源として、地上に張り巡らされた無数の電線を一本の地下道に埋設することも実現しました。オリンピックがなければ、このようなインフラ整備は、まず起こってないでしょう。ロンドン・オリンピックを契機としたひとつのまちづくりこそが、オリンピック・レガシーの最大の焦点でした。最大3万人の居住者を想定した5つの住宅街をオリンピック・パークと両端に連なる既存のコミュニティをつなぐ架け橋のように計画しています。

藍谷――既存の地区とつなげる5つの住宅街をレガシーとして計画するのは、クイーン・エリザベス・オリンピック・パークだけでなく、ひとつの都市をつくるということですね。そのための開発資金を捻出するというのは、やはり英国流というか、狡猾さを感じます。

BA――いまだに人口増加が著しく、住宅問題はロンドンにおける恒常的な課題です。特に低所得者住居の供給は喫緊の課題です。さて、住宅街の基本形は、全体構成と位置関係によりますが、ロンドンにある典型的な2〜4階建ての低層住宅（テラス・ハウス）をモデルにしています。そして、公共交通の駅などがある交通の要衝には、高密度な都市街区を計画しています。オリンピック・レガシー（遺産計画）では、全体計画の一環として、それぞれの地区の特性を反映するデザイン・ガイドラインを作成するとともに、川、道路、公園地が、各地区を縫い合わせるように計画しています。

藍谷――メイン会場となったリー河沿いの工業地域は、軽工業とはいえ、土壌汚染の対策もあり、工事を始めるま

㉛―地盤改良工事が始まったリー河沿いの工業地帯（2007年）
㉜―冷蔵庫廃棄場
㉝―自動車廃棄場
㉞―リー河を横断する配管

でに地盤改良にかなりの労力を要したそうですね。

BA——1年くらいかけて、土壌改良を行っています。地表から1m以上、深いところでは4mほど、土を採取し洗浄した後で埋め戻しています。その時に、止水シートを埋設することで、有害物質の浸透を食い止める措置も行っています。オリンピック大会のために選定された場所は、工業地として利用されていたリー河沿いの渓谷で、広さは226haあります。これを見るとわかりますが、リー河は常にロンドンの東端部として認識されていて、リー河を境界に東部地域への拡張や都市開発が行われてきました。しかし、リー河沿いの渓谷は、すっぽりと開発の波から抜け落ちているのです。というのも、低湿地帯なので建物建設も困難を極めます。開発に不向きなうえ、常に洪水の危機にも瀕しています。道路網の整備が不十分なため通過交通にも支障を来すからです。それ故に、この地域は、大都市ロンドンの裏側として、表舞台には登場しない、ありとあらゆる雑多なものが集まってきました。それらすべては、もちろん都市に必要なものですが、例えば、バスや地下鉄の操車場、鉄道引込線、下水処理場、ガスタンク、発電所や変電所、倉庫街、物流センター、自動車専用道路、廃棄物置場や処理場といった具合です。オリンピック候補地のすぐ南側には、18世紀に建てられた製造工場が集積しています。

㉟

オリンピック・パークを軸に既存都市を縫い合わせる

藍谷——まさに都市の裏側というか、エッジ(周縁部)だった訳ですね。

BA——リー河渓谷の歴史は、常に大都市ロンドンの実利的な要求の犠牲になっていたと言えるかもしれません。都市の裏舞台としての機能を満たすために建設された建物や道路は、皮肉にも、全体としては、断片化した相互の関連性が脆弱な点在化が激しい地区へと成り下がっています。多くの幹線道が建設されたにも関わらず、東側から西側、あるいは西側から東側へと移動できる幹線道路は、たったの1本しかありません。それ故に、ロンドン・オリンピックを招致するにあたり、新しい橋や道路をつくることで、オリンピック大会後のオリンピック・レガシーの基盤となる周辺地域をつなぎあわせる交通ネットワーク構築に力を注ぎました。

ロンドン・オリンピックの敷地は、工場、交通網、インフラ設備などが複雑に絡み合った特性から、最適な回答を導き出すことは、大変な作業でした。正確な図面を描くことで、敷地の現状、すなわち問題点が浮かび上がりました。しかも、関係者全員が問題点を共有することにも役立っています。オリンピック前の

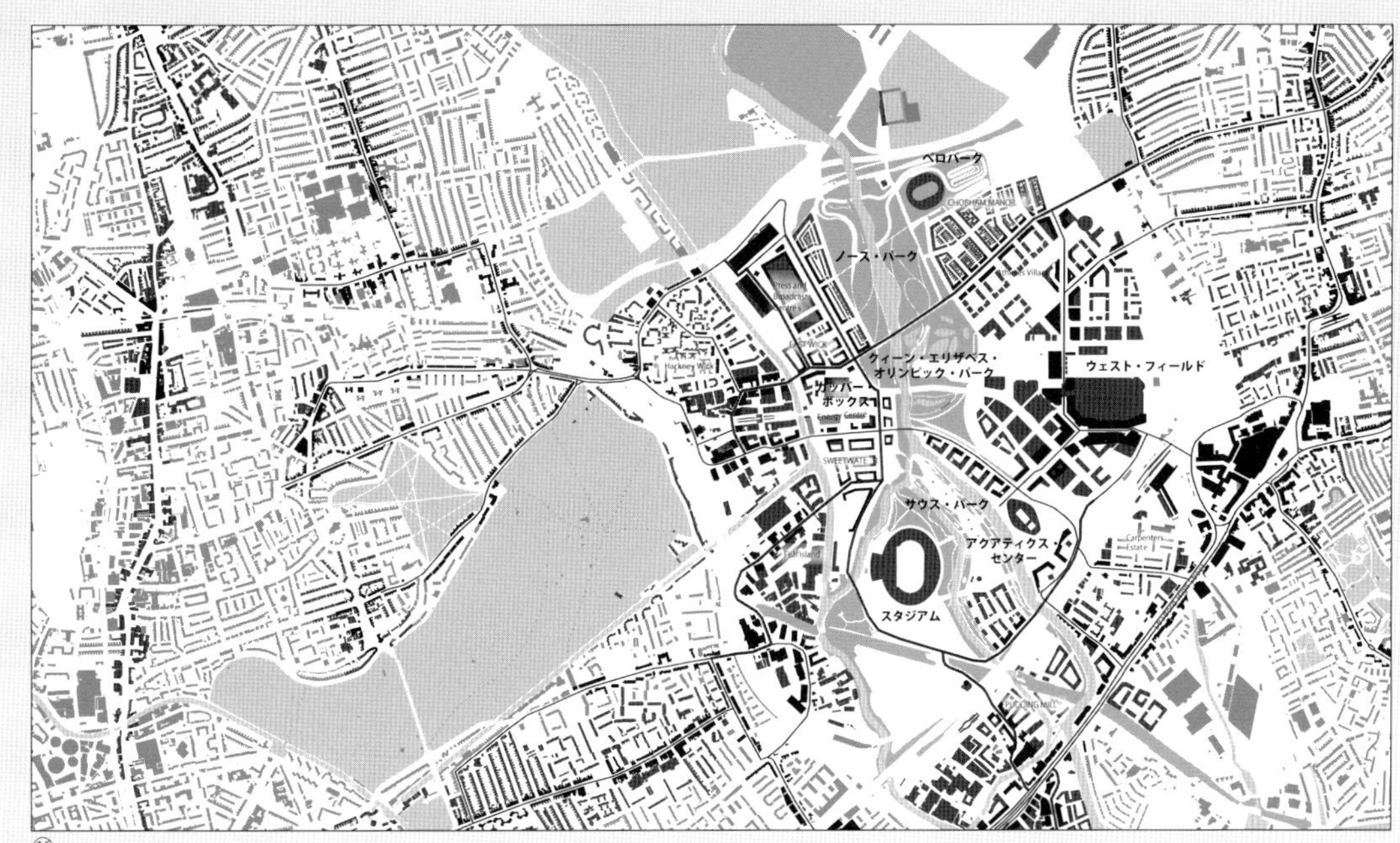

㊱

㉟—土壌改良中のオリンピック・サイト
㊱—オリンピック・パークを軸に
既存都市を縫い合わせる
㊲—オリンピック・パークに隣接する地区
㊳—ユーティリティ、交通体系の整備

㊲

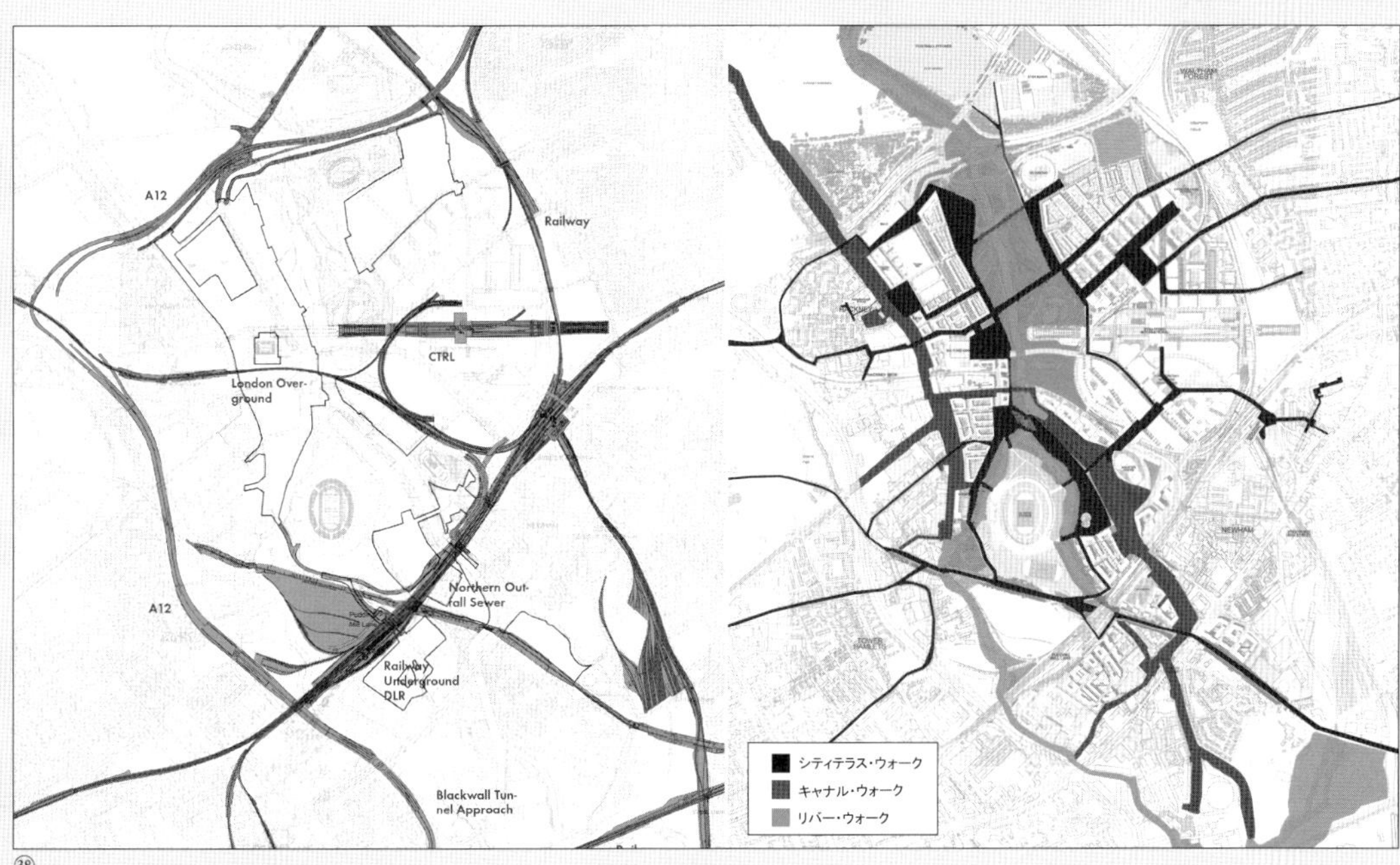

㊳

㊴

㊵

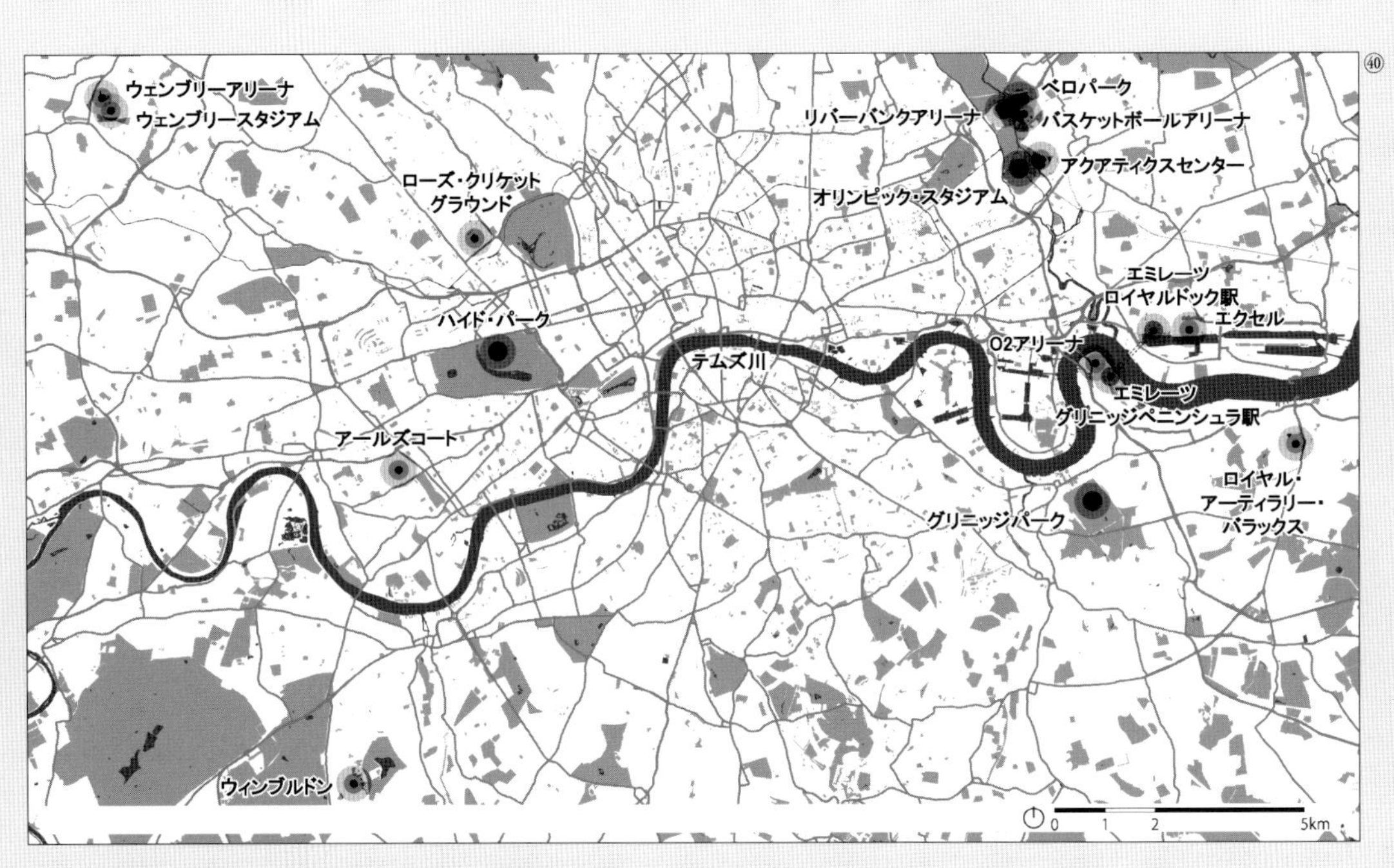

㊴—交通の要衝となるストラトフォード駅とオリンピック・パーク

㊵—ロンドン・オリンピック2012の主な会場

㊶—都市と田園をつなぐ南北ルートをリー河沿いに整備する。

㊷—ロンドン交通局がロンドン・オリンピック2012開催のために開発したグリニッジとドックランズを結ぶロープウェイによる新交通システム(2010年)。建設に当たってはアラブ首長国連邦ドバイに本社を置くエミレーツ航空が命名権を取得し、エミレーツ・エア・ラインと名付ける。

㊸—ノース・グリニッジ・アリーナとカナリーワーフ

リー河渓谷とオリンピック・レガシーをみると、オリンピック・パークを境に東側地区と西側地区においてのつながり具合が見て取れます。もともと東西地区が完全に分断されていましたが、オリンピック・レガシーにより、オリンピック・パークを介して東西を横断する多くのルートを計画することで、東西の行き来を改善しています。

藍谷——確かに南北に走るリー河を軸に、東西の既存の都市が縫い合わされています。そのリー河は、ロンドン北部の郊外から南下し、テムズ川にぶつかります。ちょうどカナリーワーフやリチャード・ロジャースによるミレニアム・ドーム(現=The O2)の東側です。ドームを含め、王立ヴィクトリア埠頭にあるコンベンションセンター「エクセル・ロンドン」は、オリンピックの競技会場にもなっていました。

㊶

㊷

㊸

その横には、ロンドン市内からもっとも近いロンドンシティ空港もあり、今後、ますます東部地区の開発が期待されるエリアです。

BA——まったくその通りで、オリンピックを契機に違った可能性も広がっています。テムズ川とぶつかるリー河には、従来から大都市ロンドンと田園風景が広がる後背地とを南北に結ぶバイクパス(自転車道)や遊歩道としての可能性がありました。しかし、工業地区としての用途が、これまでそのような可能性を妨げていました。オリンピック・パークとともに、都市と田園をつなぐ南北のルートが、初めてロンドンに出現します。

交通の要衝という地の利を最大限に活用する

藍谷——ロンドン交通局は、サイクル・スーパーハイウェイという構想を掲げ、ダウンタウンと郊外を高速バイクパスで結ぶ道路網を整備しています。今は、スタンダーにスポンサーや色も変わりましたが、2010年からバイクシェアも始めています。新しいレジャーパスとして、人気を集めそうですね。

BA——今、幹線道路網のつながりが弱いと言いましたが、この建設用地には、都市開発を進めるうえで驚くべき潜在能力の高さがあったのです。オリンピック大会開催が決定する時点で3本の地下鉄線、2本の鉄道線が整備されていたのです。この公共交通によるアクセスの良さ、利便性の高さは、レガシー・パークを進めるうえでも、最大の武器になっています。さらにドックランズ・ライト・レールが延伸され、ヨーロッパ大陸とイギリスを繋ぐユーロスターの国際ストラトフォード駅も整備されました。大陸間高速鉄道の停車駅、そして、近い将来、開通予定の新交通システム「クロスレール」★注4の停車駅というように交通拠点としての重要性がさらに高まることを考えると、ストラトフォード都市構想はロンドン・オリンピックに先行して着実に地盤を固めていた訳です。ウエストフィールド・ストラトフォード・シティという大型ショッピングモールがオリンピックに先駆けてオープンしたのも相乗効果になっています。ストラトフォードには、オリンピック期間中、1万5千人のスポーツ選手を収容する選手村も計画されました。選手村は、オリンピック終了後、住宅街へと転用されています。

藍谷——なるほど、投資を呼び込めない、荒れ果てた土地だった訳ですが、交通の要衝という確実なインフラ整備が整っていた訳ですね。

BA——その通りです。オリンピック・メイン会場の候補地は、人里離された無人の孤島という訳ではなく、しっかりと都市の文脈に組み込まれていたのです。実際、ストラトフォードは、ロンドンの都市戦略において、段階的に都市の中枢機能を東部地区に移行していく都市開発プロジェクトの主要な場所に位置づけられていました。このロンドン東部地区への移行は、1980年代に起こったドックランズの再開発に端を発しています。そして、その兆候を確実なものにしたのが、カナリーワーフに出来た新しい金融街でした。歴史的にみると、リー河は、まさにロンドン大都市の東の果て(イースト・エンド)でした。都市のエッジであり、都市と郊外の境界線でもあったのです。今となっては、すっかり大都市の一部として飲み込まれていますが。

藍谷——サッチャー政権の目玉的な政策「エンタープライズ・ゾーン」ですね。私が働いていたSOMがカナリーワーフのマスタープランを作成しているので、よく知っています。アライズ・アンド・モリソンは、カナリーワーフ横のウッズ・ワーフのマスタープランを手掛けていますよね。テムズ川沿いはエンタープライズ・ゾーンを契機として、リバーフロント開発が目白押しです。今後、その傾向は助長しそうですね。

BA——オリンピック・パークは、まったく異なる

㊹

㊺

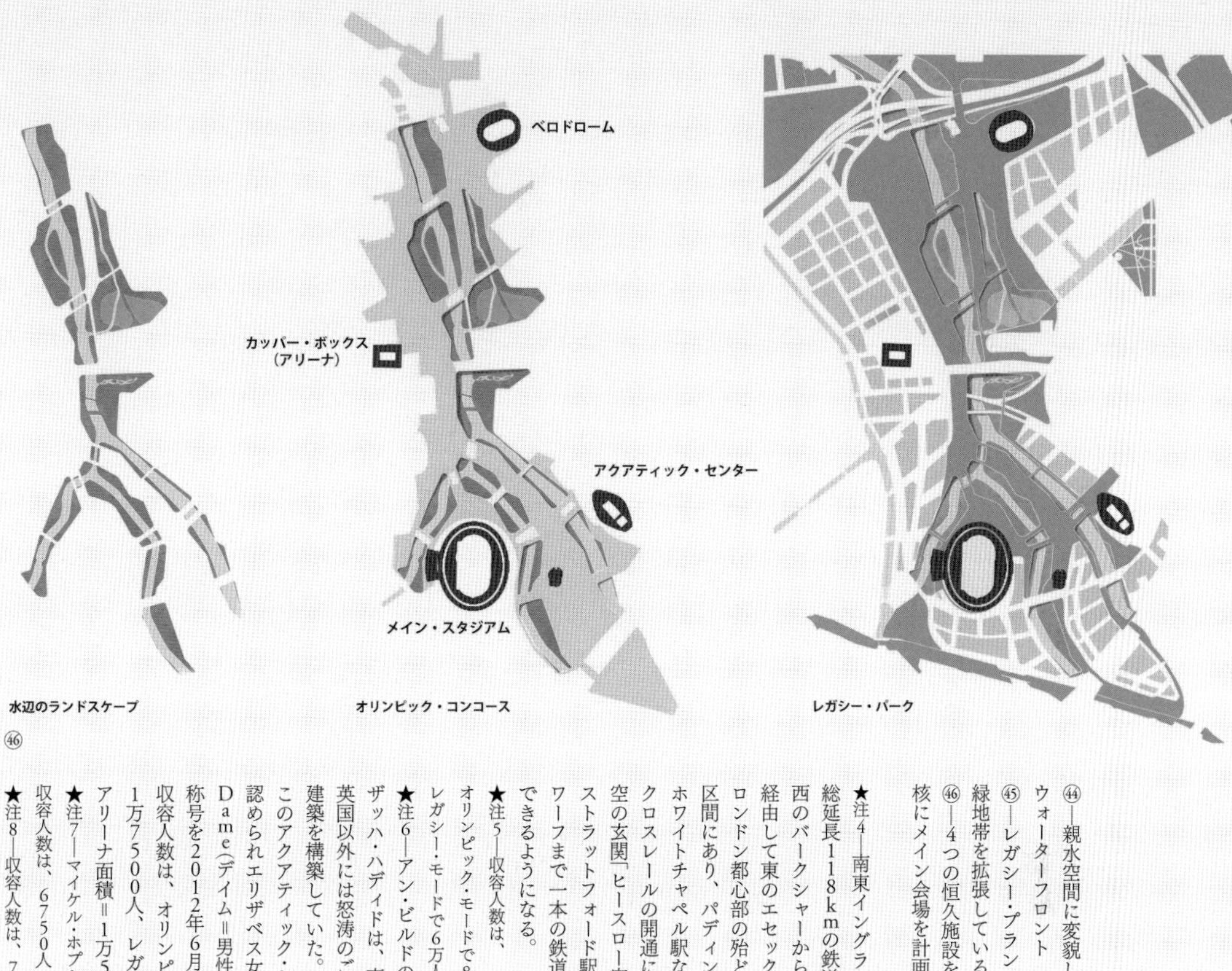

㊻

㊹—親水空間に変貌したウォーターフロント
㊺—レガシー・プランでは、緑地帯を拡張している。
㊻—4つの恒久施設を核にメイン会場を計画している。

★注4—南東イングランドで建設中の総延長118kmの鉄道路線である。西のバークシャーから大ロンドン市を経由して東のエセックスを結ぶ。ロンドン都心部の殆どはトンネル区間にあり、パディントン駅、ホワイトチャペル駅などを通過する。クロスレールの開通により、空の玄関「ヒースロー空港」からストラットフォード駅やカナリーワーフまで一本の鉄道でアクセスできるようになる。
★注5—収容人数は、オリンピック・モードで8万人、レガシー・モードで6万人。
★注6—アン・ビルドの女王と言われたザッハ・ハディドは、事務所のある英国以外には怒涛のごとく建築を構築していた。このアクアティック・センターの功績が認められエリザベス女王からDame（デイム＝男性でいうところのSir）の称号を2012年6月に授与された。収容人数は、オリンピック・モードで1万7500人、レガシー・モードで2500人。アリーナ面積＝1万5950㎡
★注7—マイケル・ホプキンス設計。収容人数は、6750人
★注8—収容人数は、7000人

2つの地形を巧みに活かして構成しています。蛇行するリー河を軸に設計した低層部はオリンピック・パーク全体を縦断しています。そして、各競技施設に取り囲まれるように設計した公共のプラットホームが上層部を構成しています。このプラットホームの規模は、オリンピック期間中、1回のイベントで予測される最大規模の14万人を想定して計画しました。オリンピック終了後、このプラットホームは大幅に縮小されています。舗装された道路の大部分は、芝生や植樹により緑化しています。こうすることによって、スポーツの祭典として、世界中から人が集まるときには、オリンピック施設として、大会終了後は、周辺で暮らす人や働く人、地元コミュニティのための憩いの場へと編集しています。スポーツ施設に関しては、メイン・スタジアム[★注5]、アクアティック・センター[★注6]、ベロドローム[★注7]、そして、カッパー・ボックス[★注8]（アリーナ）の4施設だけが恒久施設として残っています。レガシーでは4つの施設を核にしたまちづくりをオリンピック・パークと一体化した計画で進めています。

藍谷——4つの恒久施設を中心にレガシーのまちづくりと言うことですが、この4つの施設でも大会中とレガシーで、収容人数の改変を行っています。プラットホーム自体、縮小しているというのは驚きですね。

BA——厳密にはベロドローム以外の3施設で縮

小化を実施しています。ザッハのアクアティック・センターはそうでもないですが、メイン・スタジアムは、所有者候補が転々と変わって大変でした。レガシー・マスタープランでは、住宅街に重点をおいた新しい街区計画を進めるうえで、周辺にある既存の都市とオリンピック公園を結びつけることを大原則としています。それは、オリンピック・パークから既存のまちへ、あるいは、既存のまちからオリンピック・パークへと、双方向において明快な連続性を追求しています。新しく移り住む人にとっても、以前から周辺地区に住んでいる人にとっても、大事なことです。

オリンピック・レガシーを周辺とは切り離した存在と捉え、孤立した地区として計画することは間違った考えです。周辺地域まで考慮してこそ、再生計画は意味を成すのです。レガシー・マスタープランを進めることに並行して、外周部に接する地区において、それぞれ別々の「フリンジ・マスタープラン（外周部のマスタープラン）」が、進められています。オリンピック・レガシーの開発と同時進行させることで周辺地区が恩恵を受けるような計画を進めています。

㊼—ロンドン・オリンピックおよびパラリンピックの会場マスタープラン（2012年）

㊽—オリンピック・レガシー・マスタープラン（2030年）

★インフラとなる道路網を維持したうえで、大会時に、仮設の施設が建設されていた場所に、大会後の恒久施設を計画している。

⑭

⑮

⑯

⑭—新しい交通の要衝、オリンピック・パークへの入り口「ストラトフォード駅」
⑯—オリンピック開催時の様子
⑮—ウエストハム・ユナイテッドのホームスタジアムへと至る道

オリンピックからレガシーへ

藍谷——フリンジ・マスタープランですか。ヘンリー8世による地主貴族が主体となった土地開発以降、ロンドンの都市開発は、常に中心部にスクエア、サーカス、オーバル、クレセントなどの広場をつくり、その周りに建物を配置する街区計画が主流でした。中心こそ重要で、エッジの部分は領域が曖昧になり、どちらかというと放置されています。オリンピック・レガシーでも住宅街区では、この方式を採用していますが、フリンジに脚光を当てていることが斬新ですね。

BA——マスタープランの大事なことは、どうやって既存のコンテクストとつなげるかと言うことです。そのためには、エッジの部分の扱いが大変重要になります。不連続な土地を再び接続するというプロセスは、簡単なものでありません。オリンピック大会が終わった後、1年以上かけて、すべての仮設構造物を撤去しました。同様に、不要になったインフラ設備もすべて撤去しています。撤去作業がすべて終わったあとで、恒久的な目的で建てられたスポーツ施設が再び利用され始めました。大会終了から1年後の2013年夏

52―英国における自転車競技人口の増加に寄与するベロドローム
53―ベロドロームとBMXトラック、背後に練習場
54―仮設構造物のバスケットボール・アリーナ
55―4つの恒久施設の一つ「カッパー・ボックス」。主にハンドボールの会場となる。

に一部のエリアが開放されましたが、オリンピック・パーク全体が一般にオープンになったのは2014年になってからです。2014年の時点では、まだまだオリンピック・レガシーの開発が動く前だったので、巨大な空地に囲まれた陸の孤島のような感じでした。オリンピック後の都市改造における計画上の最大の難関というか本質的課題は、どのようにして魅力的なルートや道路を確保し、周りにある既存の都市とつなぎ合わせてデザインするかということでした。どうやってオリンピック・パークに人を呼び寄せ、利用してもらうかというのは、運営上の厳しい試練でした。

藍谷――――オリンピック・パークには何度か足を運んでいますが、ロンドンにあるハイド・パークやリージェンツ・パークといった既存の公園とは、まったく異質の公園という印象をもっています。というのも、オリンピック跡地という特徴から、スポーツ施設が園内に配置されているため、ジョギングや散歩をする人の他に、自転車で走り去っていく人を多く見かけます。ベロドロームが目的地となって、競輪選手のような本格的な恰好で走る人が目立ちます。

BA――――ロンドンでは、自転車で移動する人が年々増えています。ロンドン・オリンピックを機に自転車

㊻—ロンドン・オリンピック2012の主な会場

の競技人口も増え、リオ・オリンピックではメダル・ラッシュに沸きました。仮設の用途を組み込むことで、現在の用途に結びついています。想定外の出来事や一時的な出来事は、都市を形成するうえで、重要な要素になっていると思います。将来的なオリンピック・レガシーを作成するにあたり、一時的、暫定的な利用法をプログラムに組み込むことは、周辺地区を含んだオリンピック・パークにおける恒久的な新しい建物を計画するうえで必要な、物理的、社会的、経済的な特徴を掴み取ることに寄与します。暫定的な処置は、一般的に穴埋め的、その場しのぎの対策と受け止められていますが、実在する都市のほとんどは、最初に掲げた都市像や将来ビジョンによって建設された訳ではありません。現状を見る限り、仮設用途という段階的変遷を経ることで、オリンピック・パークは、ロンドンの一部となり得たのではないでしょうか。

藍谷——ロンドン東部地区には、大きな公園がなかったので、それだけでも、市民にとっては嬉しいことですね。しかも、新しい住宅街や商業・文化地区もつくられるのだから、これほどオリンピックを活かした都市再生は、近年、稀にみる成功事例だと思っています。やはり、英国流というか狡猾です。

b

a

(57)—オリンピック・モードとレガシー・モード
a—将来的な縮小工事を想定した分解可能な構造体（オリンピック・スタジアム）
b—工事中の屋根
c—外観イメージ図（オリンピック・モード）
d—断面図（オリンピック・モード）
e—外観イメージ図（レガシー・モード）
f—断面図（レガシー・モード）
g—1階平面図（オリンピック・モード）
h—流線形の屋根
i—1階平面図（レガシー・モード）

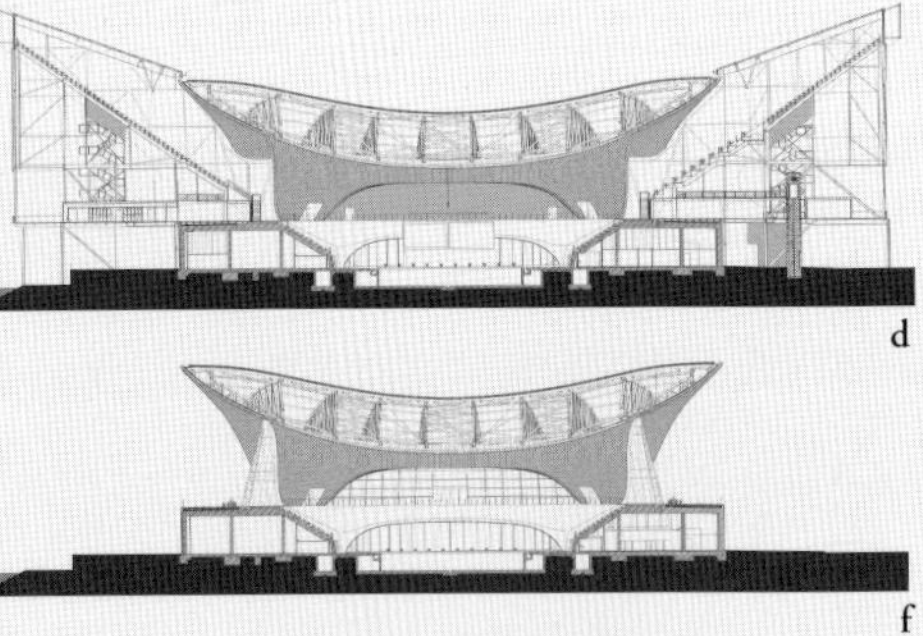
d

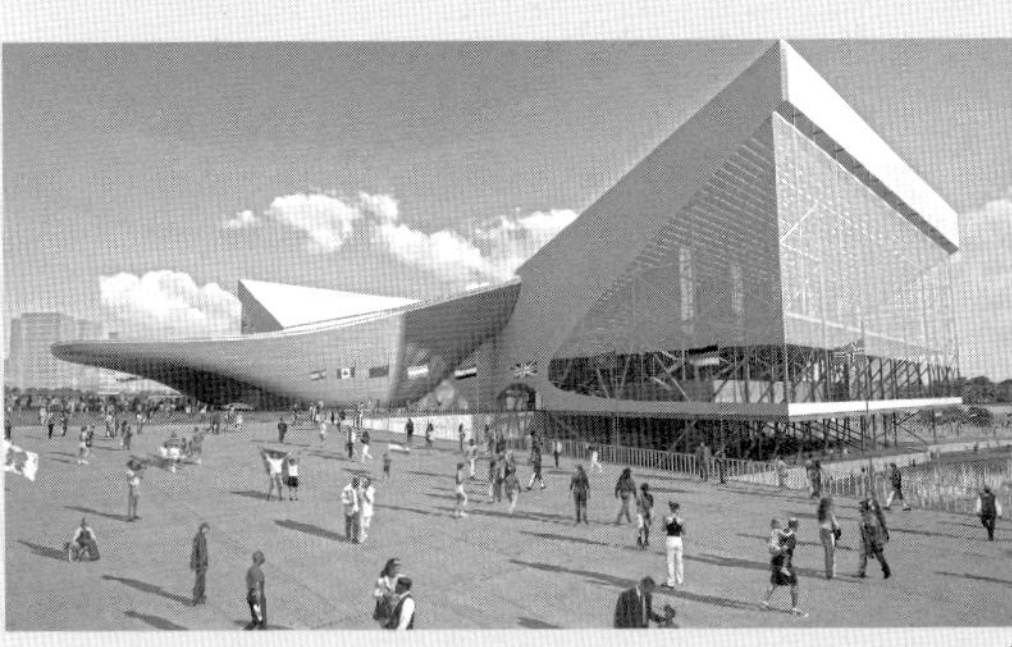
c

f

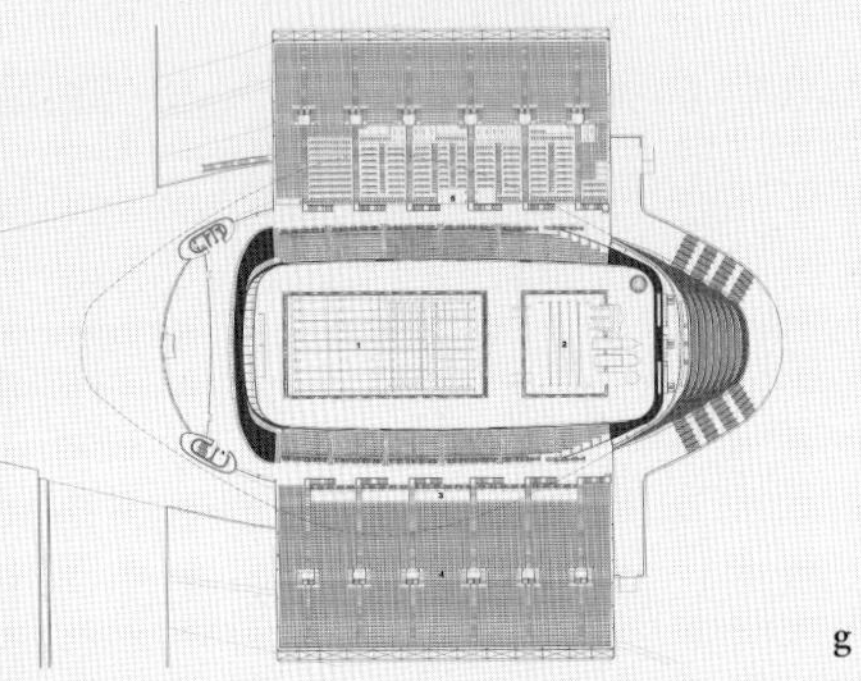
g

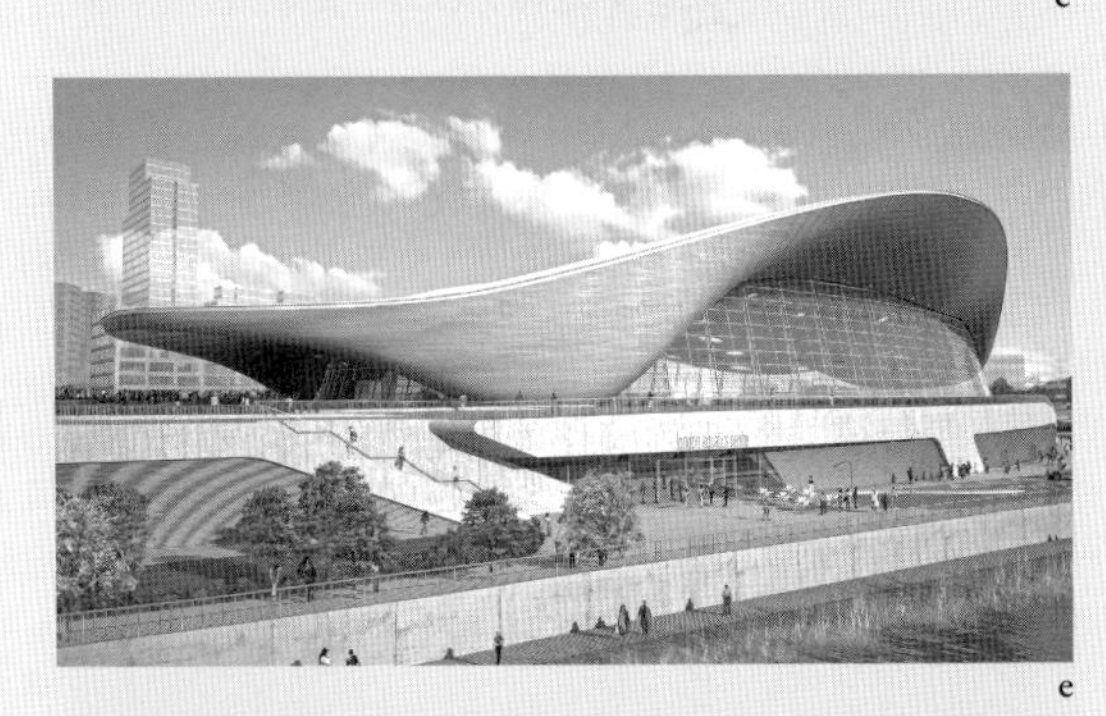
e

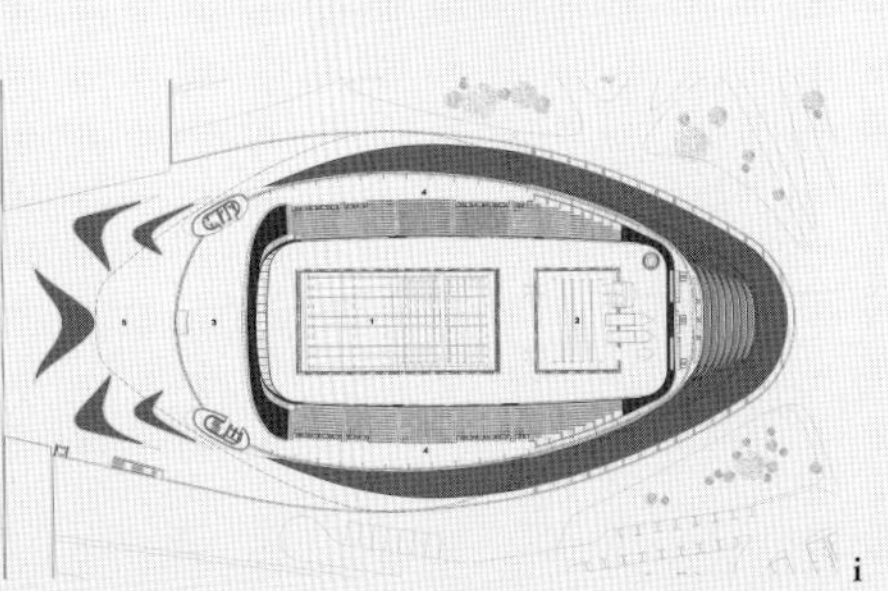
i

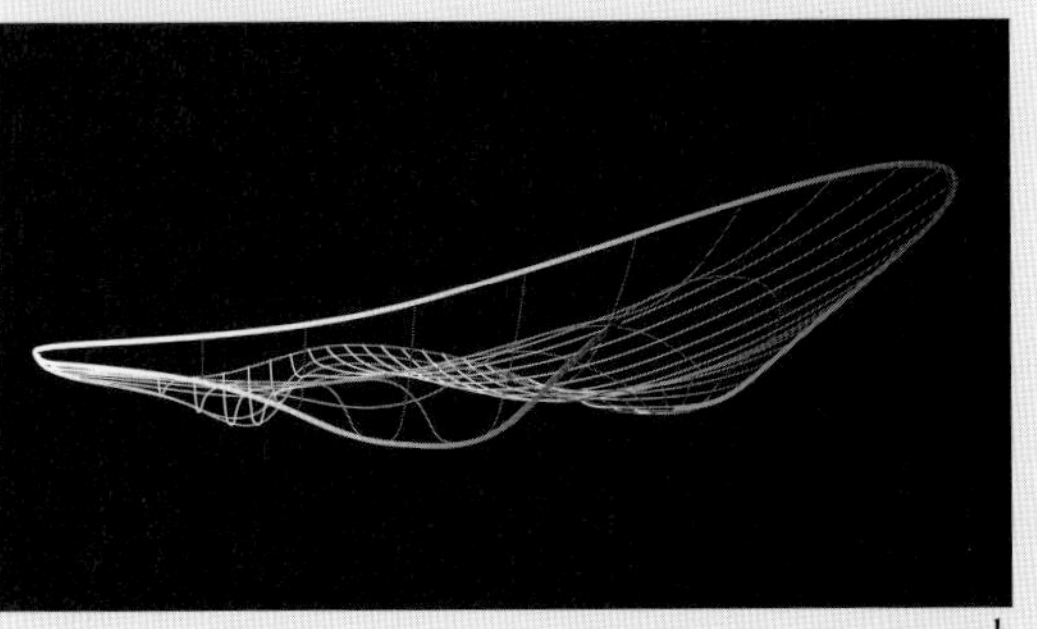
h

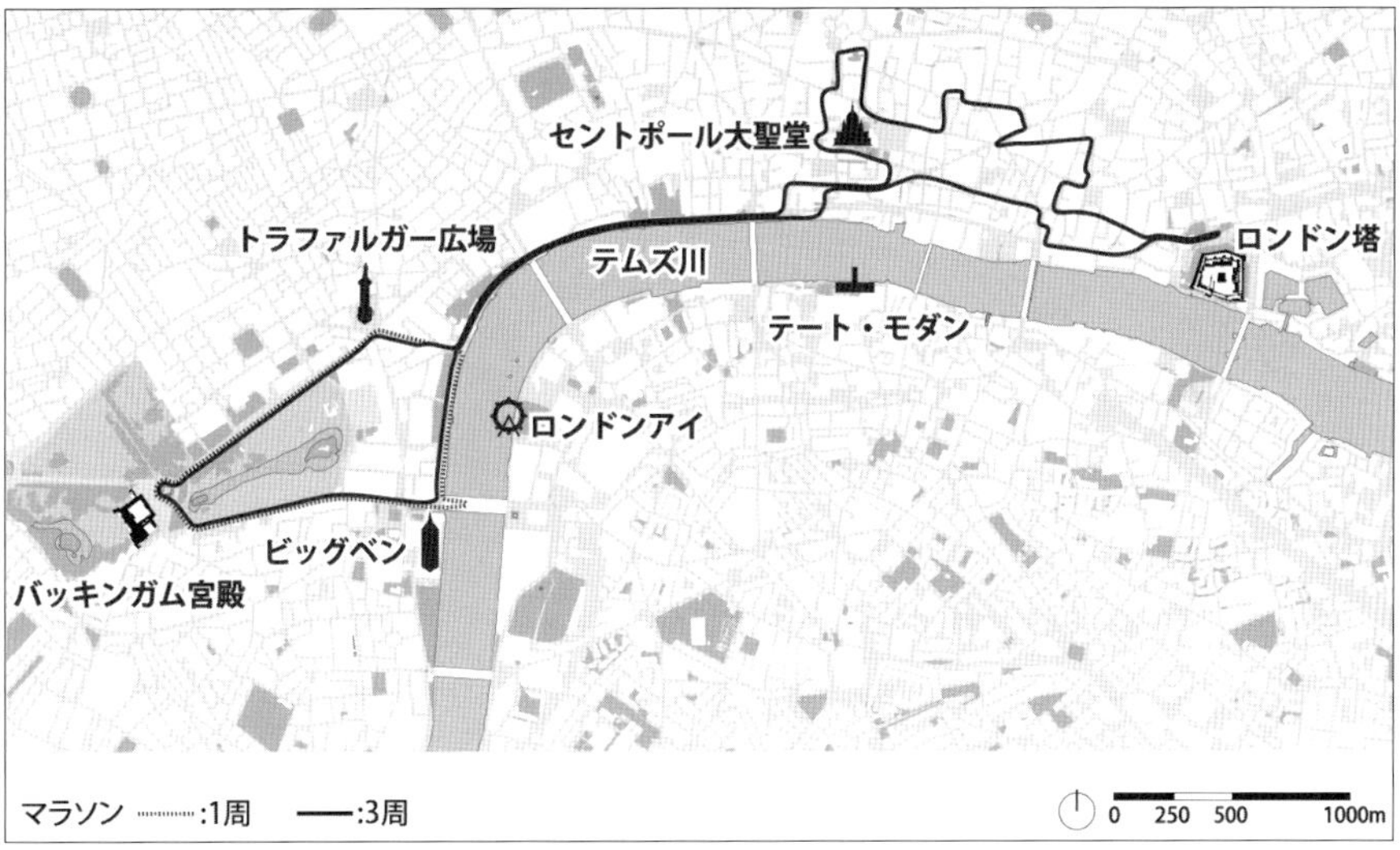

58—ロンドンの名所・旧跡を繋ぎ合わせるマラソンのコース

メディアを駆使した コンパクト・オリンピック

ロンドン・オリンピックのメイン会場は、東部地区の再開発を目的にリー河沿いの工業地帯に建設された。そして、英国フットボールの殿堂「ウェンブリースタジアム」、テニスの聖地「ウィンブルドン」、O2アリーナ、エクセルなど既存の施設をフル稼働することで建設費を大幅に抑えている。メイン会場にある4つの恒久施設ですら、大会終了後には、規模を縮小する計画がなされ、ほとんどの新築施設は仮設構造物だった。では、世界が受けたロンドン・オリンピック2012の印象は、仮設物や既存の建物を多用したチープなものだったかというとまったく違う。映像を通して発信されるオリンピックの光景は、開会式から世界中の度肝を抜いた。まず、英国先史の開拓から始まる演出、そして、産業革命により都市化が始まる様子を圧倒的なパフォーマンスで見せつけた。溶鉱炉から流れ出るマグマのような鉄の輪が、宙に舞い五輪を形成するというものだった。

さらに、オリンピックのメイン会場は、東部の貧困地帯を切り開いて開発しているが、大英帝国の栄華を誇る都市文化である、いわゆる「ロンドン名物」の建築物の映像が、随所に投げ込まれてくる。その最たるものが、ロンドン・マラソンとトライアスロンのコース設定である。マラソンのゴール地点は、通常、メイン・スタジアムが選ばれるケースが多い。しかし、ロンドンでは、英国王室の王宮「バッキンガム宮殿」のあるザ・マルという大通りをスタート地／ゴール地に選び、トラファルガーの海戦で、仏ナポレオン軍を撃破したホレーショ・ネルソン提督率いるイギリス艦隊の勝利を記念した「トラファルガー広場」、ウェールズ公妃ダイアナと王位継承権者ウェールズ公チャールズが挙式を挙げたことでも知られ、ロンドン大火（1666年）の後、クリストファー・レン卿によって設計された英国人最愛の建築「セント・ポール大聖堂」、旧証券取引上のある「バンクの交差点」、監獄として幾人もの要人が処刑されたことで知られる「ロンドン塔」そして、時計台が有名な英国議事堂の「ビッグ・ベン」などを縫い繋ぐようにコースを設定している。しかも、同じルートを3周するという稀なコースである。グネグネと都心を潜り抜けるコースは、大会記録はまず出ないだろうと予想されていた。しかし、マラソン中継の背景に、たびたび登場するロンドンの顔でもある有名建築物は、ロンドン・オリンピック2012が世界の中心都市で開催されているという印象を世界中に証明した。一方、トライアスロンは、ハイド・パークをメイン会場に、同じく「バッキンガム宮殿」を起点にしている。

オリンピックによる都市「オリンピコポリス」

ロンドン市長は、2005年のオリンピック招致から数えて3人目となる。当時の首相トニー・ブレアや、元陸上中距離の金メダリストで招致委員会会長のセバスチャン・コー、2002年日韓共催のサッカー・ワールドカップでイングランド・チームを率いたデビット・ベッカムなどを巻き込み招致活動に尽力したケン・リヴィングストンは、ロンドンにオリンピックをもたらした最大の功労者と称えられている。リヴィングストンは、ロンドン・オリンピックを、ロンドン東部地区の都市再生への起爆剤と位置づけ、ロンドン市内にある既存のスポーツ施設を有効活用すること、リー河渓谷沿いのブラウン・フィールドをオリンピック・パークとして再生させることなど、コンパクト・オリンピックを高らかに宣言することで招致合戦を優位に導いた。次に保守党のボリス・ジョンソン（在任期間＝2008～2016）が市長になると、スポーツ・パークだけでは不十分とし文化的要素の必要性を訴えた。そして、再び労働党のサディク・カーン（在任期間＝2016～現職）が市長に選出されると従来よりも低所得者住宅の供給に重きを置き、現在に至っている。政権が変わると共に、政策も目まぐるしく変わり、オリンピック・レガシーも、政権交代に奔走されている感は否めない。

1851年、ロンドン万国博覧会は、ヴィクトリア女王の夫アルバート公によって開催された。ハイド・パークに建てられたクリスタル・パレス（水晶宮）はジョセフ・パクストンによる設計で、鉄とガラスでつくられた幅500mを超える巨大なパビリオンは、メイン会場として多くの入場者を迎え入れ、博覧会は大成功を収めた。この収益を利用してハイド・パークの南側に教育・文化施設を集めた地区「アルバートポリス」が建設された。ギリシャ語で都市国家を意味するポリスとの造語で、すなわちアルバート

(60)

(59)

(59)—トライアスロンの会場にもなったハイド・パーク
(60)—アルバートポリスのシンボル「ロイヤル・アルバート・ホール」
(61)—複合文化施設集積地「オリンピコポリス」のイメージ図
(62)—オリンピコポリスに建設予定の文化施設のイメージ図

公がつくった都市という意味になる。ヴィクトリア・アンド・アルバート博物館、サイエンス・ミュージアム、ロンドン自然史博物館、インペリアル・カレッジ・ロンドンなど世界最高水準の文化施設や教育機関が集積している。アルバート公の名を冠するロイヤル・アルバート・ホールも、この一画に軒を連ねている。このロンドン最高峰のコンサート・ホールは、バレー、オペラ、クラシック、ロック、ポップスなど数々の舞踏家、音楽家、アーティストなどにとって最高の舞台であり、5000人を収容する。

19世紀にアルバート公が築いた「アルバートポリス」に触発され、ボリス・ジョンソンは、レガシー・パークにオリンピックによる都市「オリンピコポリス」をつくろうと企てた。ちょうど、ザッハ・ハディドが設計したアクアティック・センターに隣接する半島状の敷地に、ヴィクトリア・アンド・アルバート博物館、サドラーズ・ウェルズ劇場、ロンドン・カレッジ・オブ・ファッションなどの教育・文化施設が集まる。さらにユニヴァーシティ・カレッジ・ロンドン（UCL＝ロンドン大学）の第2キャンパスも建設予定で3000人の学生を受け入れる。そしてヴィクトリア・アンド・アルバート博物館では、世界最大級の科学、産業、技術、芸術、自然史の博物館群・教育研究機関複合体、スミソニアン博物館とのコラボレーションも進められている。「アルバートポリス」に引けを取らない豪華な顔ぶれである。

61

62

カタリスト的視点

大都市ロンドンでは、常に、どこかで新しい開発が起こっている。再開発によってエリアの価値を高めることによって、注目を集める流行の場所が、刻々と移動していると言えば適切だろうか。長い年月の中、流行の場所は1巡どころか、何周も同じ場所を巡っている感すらある。しかし、大規模な再開発を行うには既存の都市域では限界がある。19世紀の産業革命以降、ロンドンの人口は急激に増加している。都市圏も格段に拡大し、大都市間や郊外をつなぐ鉄道網が整備される頃には、シティとウエスト・エンドの一帯は建物で埋め尽くされていた。そのため、鉄道駅は既存市街地の外周を囲むように建設されている。ヴィクトリア駅、パディントン駅、ユーストン駅、セント・パンクラス駅、キングスクロス駅、リバプール駅、ロンドンブリッジ駅、ウォータールー駅からなる8つのターミナル駅を拠点に鉄道網が発達している。これらの駅に隣接する鉄道操車場を再開発する動きも、ほぼ一段落している。

オリンピックのメイン会場となったストラトフォード駅は、この8つのターミナル駅に準ずる交通の拠点として期待される。欧州大陸間高速鉄道のユーロスターが、英仏海峡トンネル（ドーバー海峡）を通ってイギリスと大陸ヨーロッパを結んだ際、1994年、暫定的に、テムズ川南岸のウォータールー駅が英国側の発着駅として開業した。ニコラス・グリムショーによるハイテク建築の駅舎がロンドンへの玄関口としてデザインされた。しかし、途中区間で在来線を走行するために、英国内で速度を上げることが叶わなかった。ホットラインのロンドン-パリ間の移動時間を短縮するため専用の高速を建設し、南側からのアプローチを都市圏を東側から迂回するアプローチに変更した。その中継駅としてストラトフォード駅が位置づけられ、2007年、発着駅はセント・パンクラス駅に移行された。一転、セント・パンクラス駅と隣接するキングスクロス駅では、大規模再開発事業が進行し、麻薬の密売人や売春婦が屯していた治安の悪いエリアは一掃され、投資家が熱いまなざしを注ぐエリアへと変貌している。

このように、大量の人や物が移動する鉄道網の移転は、新しい地に、莫大な影響を与える。ロンドン・オリンピックでは、すでに整備されていた鉄道網の利点を最大限に活用し、ストラトフォード駅を拠点にオリンピック・パークを招致することで、ブラウン・フィールドの再生と、新都市としての拠点整備を短期間に実現している。

このほか、オリンピックを契機とした都市再生では、1992年のバルセロナ・オリンピックが、都市と地中海を分断していた工業地帯にオリンピック選手村を誘致することで、その後、都市と海外沿いの一体的な開発に成功している例が注目を集めている。2008年の北京オリンピックでは、市場開放を行った中国の世界進出を国内外に知らしめるPRの場として躍進した。時代をさかのぼる1964年には、東京オリンピックでは、戦後復興を進める日本における高度経済成長の姿を世界中に知らしめた。そして、オリンピックを契機に、首都高速道路の整備、東京―大阪間の新幹線の整備など、飛躍的な成長を遂げている。2020年の東京オリンピックは、日本にどのようなレガシーを残すのだろうか。

第2章

アイデア・ストア（大ロンドン市タワーハムレッツ区）

ロンドン貧困地区にある既存図書館の統廃合し、教育効果による都市再生をめざす。

アイデア・ストア
公共図書館
生涯学習プログラム
ラーニングセンター
教育プログラム
地域密着型

2 アイデア・ストア（大ロンドン市タワーハムレッツ区）

アイデア・ストア

**ロンドンのイースト・エンドは移民を中心に貧困層が多数住む地域である。
教育レベルが低く、地区の犯罪率が高いことも問題視されていた。
そこで、既存の図書館と成人教育センターなどの公共施設を統廃合し、
さらに、住民のアクセスを考慮した再編を行うことで、地区の再生に取り組んでいる。
刷新的な新図書館構想「アイデア・ストア」を掲げることで、地区の教育改革、
ひいては、地区の都市再生に乗り出した。**

はじめに——移民が過半数を占めるタワーハムレッツ区

タワーハムレッツ区は、金融街シティの東に隣接する人口23万8千人のロンドン自治区のひとつで、歴史的に治安が悪く、ロンドン有数の貧困層が居住する地区として知られている。区人口の15%がパキスタン人、22%がバングラデシュ人など住民の半数が黒人やアジア系移民で占められる。地区の抱える課題である治安の改善、そして、教育レベルの向上や、就業のためのスキルアップにおいて、住民のニーズに応える形で誕生したのがアイデア・ストアである。アイデア・ストアとは、新しい「アイデア」を売る店という意味で、実際に商品を売っている訳ではないが、利用者のことをカスタマー（顧客）と呼び、カスタマーのニーズに応えることを第一とし、クラーク（店員）のトレーニングを徹底している。

現在、5つあるアイデア・ストアの中で最大規模を誇るアイデア・ストア・ホワイトチャペルはタワーハムレッツ区全体の図書館本部として機能している。ホワイトチャペルと言えば、一般には、1888年の8月から11月に発生した「切り裂きジャック事件」がよく知られている。喉を掻き切るという残忍な手口で中年の売春婦を次々と殺害した猟奇的殺人事件の真犯人は、いまだ明らかになっていない。現場に残された凶器や切断された遺体の状態から医師あるいは肉屋とも推測されている。その憶測は、王室関係者や貴族、あるいは精神障害者とまで広がるも、真相は解明されず迷宮入りしている。犯人が見つからないという神秘性からか、この事件は小説や映画の中で、度々、モチーフとして登場している。

さて時を、栄華を極めた大英帝国時代に遡ると、タワーハムレッツ区のテムズ川　沿いには多くの港湾施設が建設されていた。ロンドンブリッジから東側地区はドックランズと呼ばれ、その中心にあったのが西インド諸島との貿易を主とした西インド会社によるウエスト・インディア埠頭である。しかし、18世紀から19世紀にかけて世界中に植民地を建設することで太陽の沈まぬ国と称された大英帝国も20世紀に入る

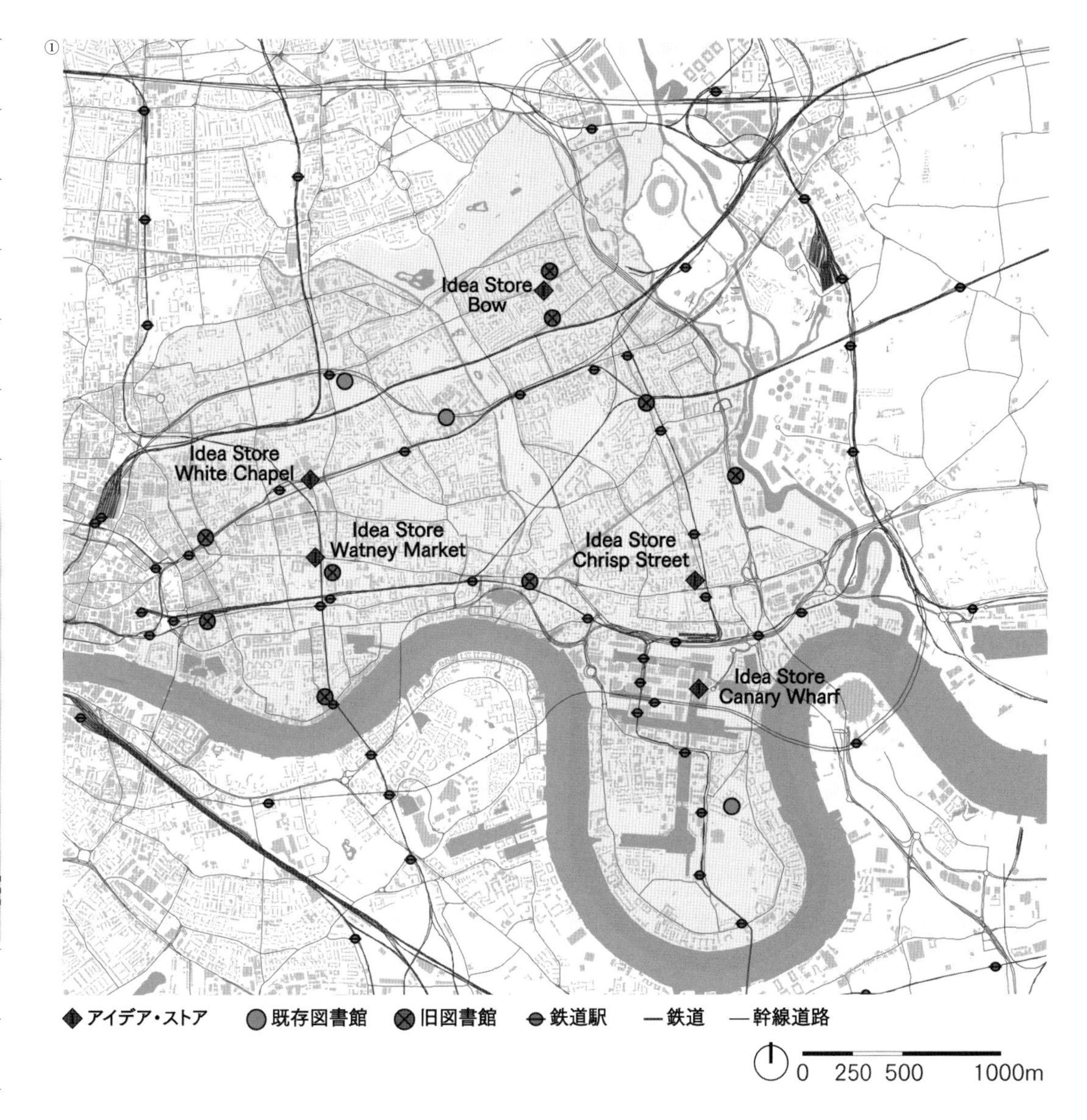

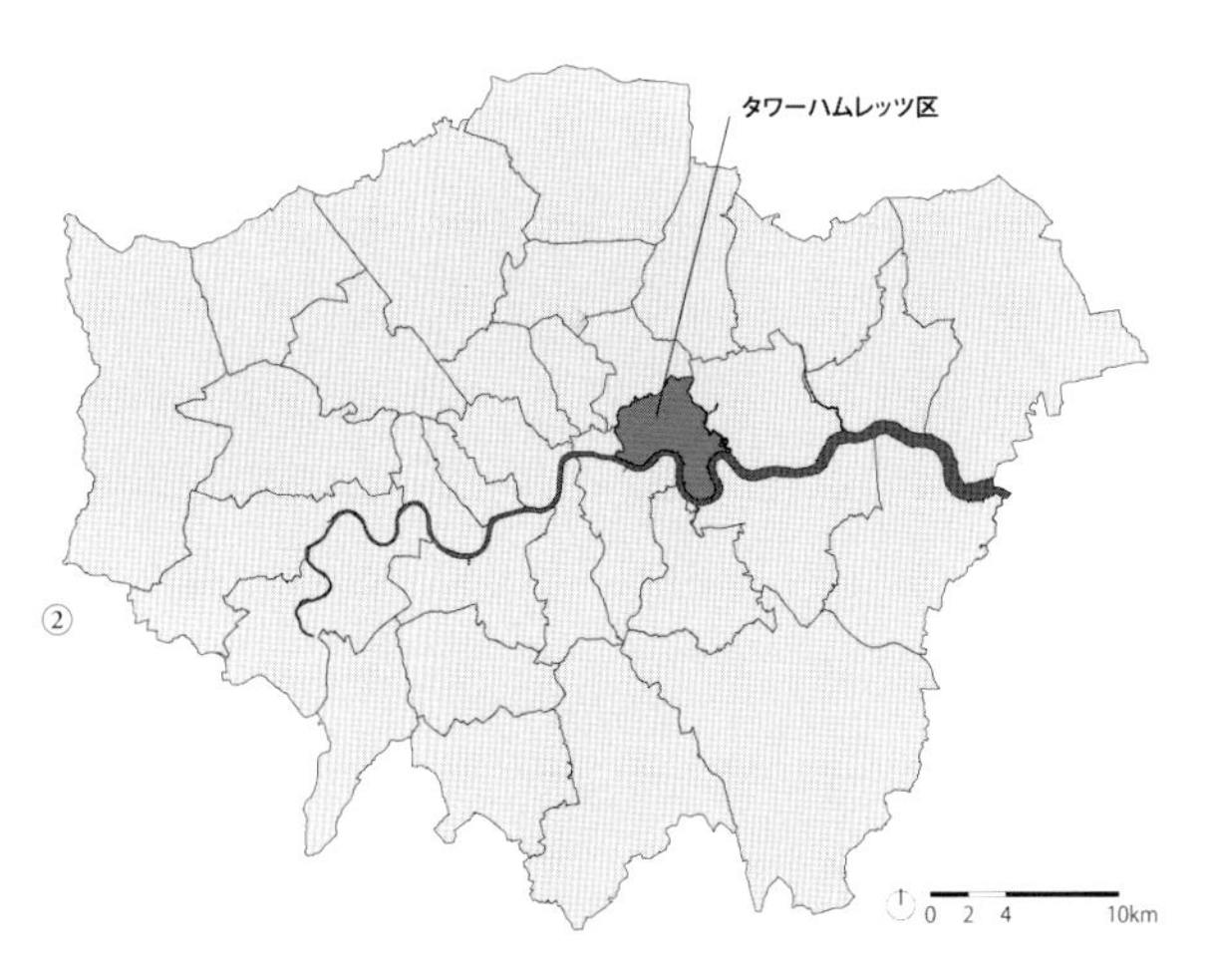

①―タワーハムレッツ区全域に再編中の5つのアイデア・ストアと既存の3つの図書館、統廃合により閉鎖した旧図書館の位置関係。
アイデア・ストアは公共交通機関である地下鉄やドックランズ・ライトレール、幹線道路沿いに立地している。

②―ロンドン都市圏において、東部に位置するタワーハムレッツ区は、金融街シティの東に隣接する人口23万8千人のロンドン自治区のひとつで、歴史的に治安が悪く、ロンドン有数の貧困層が居住する地区として知られている。
都市の中央を西から東に流れるのがテムズ河である。

③―大ロンドン市において、政策的に、将来的な都市開発は東ロンドン地域にシフトしている。その中心にあるのが、カナリーワーフの再開発で、金融副都心として位置づけられている。

と往時の勢いを失っていく。さらに自動車交通の発達や、海運における輸送体系がコンテナ船に移行すると既存の埠頭が手狭になり、ティルボリーなどのテムズ川下流地域にコンテナターミナルが建設される。これによりドックランズの衰退化が顕著になり、1980年代にはすべてのドックが閉鎖され、失業者が街に溢れるようになる。

サッチャー政権時に、廃墟となったドックラ

ンズの救済策としてエンタープライズ・ゾーン（企業誘致地域）が設定され、経済特区が設けられた。これにより埠頭やテムズ川沿いの倉庫や工場などを再利用したリノベーションや大規模再開発事業が推進される。とりわけ、ドックランズ再開発の目玉となったのが、金融副都心のカナリーワーフである。金融街シティにおいて古い建物を改修したものに不便を感じていた銀行や証券などの多国籍企業は、近代的な超高層ビルによる金融街の建設を望むようになり、開放感のあるガラス張りで柱の少ない広々とした大空間建築を求めていた。その期待に応える形で、ウエスト・インディア埠頭を中心にカナダの投資会社オリンピア・アンド・ヨークによって金融副都心としての再開発事業が行われた。当時、世界最大級の再開発業（34ha）のマスタープランを担当したのは、私が建築家として１９９９年から２００７年まで勤務したアメリカの組織設計事務所スキッドモア・オーウィングズ・アンド・メリル社（通称＝SOM）である。しかし、順風満帆に見られたカナリーワーフ再開発も、経営破綻の憂き目を味わっている。致命的な打撃を与えたのは当初予定していた地下鉄ジュブリー線の開通が遅れたためである。カナリーワーフと市内をつなぐ交通機関がドックランズ・ライトレール（通称＝DLR）だけでは、著しく不足していたからだ。その後、オリンピア・アンド・ヨークは、別の投資家グループと共に、カナリーワーフ開発公社（現＝カナリーワーフ・グループ）を結成し、整備を再開する。地下鉄ジュブリー線が開通する２０００年のミレニアム以降は、通勤者の輸送能力が確保されることで復調しリーマンショック（２００８年）により一時的に景気後退をしながらも２０１２年のロンドン・オリンピックの成功などの恩恵も受け、今日に至っている。近年では、金融副都心を取り囲むように富裕層向けの超高層コンドミニアムやテムズ川沿いの複合的な再開発が加速している。このようにタワーハムレッツ区は、貧困にあえぐ多くの移民と金融街で働く富裕層が混在する大ロンドン市の中でも特異な地区となっている。

キーパーソンに聞く▼▼▼
藍谷鋼一郎×セルジオ・ドグリアーニ〈アイデア・ストア副代表〉

藍谷——まずタワーハムレッツ区におけるアイデア・ストアの成り立ちについてお聞きしたい。

セルジオ・ドグリアーニ（SD）——タワーハムレッツ区は、ロンドンでもっとも荒廃した地域のひとつなんだ。失業率が高く、資格をもたないまま学校を卒業する学生が多い。しかも、40％くらいが高校を中退してる状況だから、就業の機会も乏しいし、給料の高い良い職にも就けない。そんな貧しい住民とは対照的に、カナリーワーフという金融副都心があって、そこには10万人が通勤している。カナリーワーフで働く人たちは所得の高い人たちさ。まちを歩いたらわかるけど、この辺にはバングラデシュ、パキスタン、ソマリア、中国、ベトナムなど多くの移民が住んでいるよ。カナリーワーフにいくと全然、雰囲気が変わる。

アイデア・ストアでは学歴やスキルがないために、貧困層から抜け出せない人たちに、学ぶ機会を与えることを目的に、様々なプログラムを提供しているよ。もちろん、趣味や娯楽を楽しむクラブみたいなものや、新しいことに挑戦できるようなプログラムも沢山ある。例えば、クッキングスクール、ダンス教室、ヨガ教室といった具合に。

④

アイデア・ストア設立までの経緯

藍谷——アイデア・ストアは従来型の図書館とラーニングセンターを融合したものですね。

SD——アイデア・ストアの誕生は、1998年の住民へのヒアリング調査から始まり、その調査でわかったことをまとめた結果を参考につくられたんだ。当時、区の文化教育長と図書館長が、なんでタワーハムレッツの図書館利用率が全英で最低レベルなのか頭を悩めていた。図書館利用率は住民全体のわずか18％に満たなかった。当時、英国の平均が55％だったから、それよりもかなり低かった。だけど、この区には13か所の図書館があったから、図書館の数が少なかった訳では決してなかった。むしろ、英国の他の地域より多くの図書館があったんだ。

藍谷――では何が問題だったのでしょう。

SD――その当時は、それがわからなかった。だから、当時、珍しいことだったけど、莫大な予算をつけてマーケットリサーチを行った。だいたい2.2億円（100万ポンド）くらいかかったかな。専門のコンサルタントを雇って、住民の要望を聞いて回った。既存の図書館に欠けているもの、住民が図書館に何を求めているのか。より多くの住民の希望や不満を知るため、居住地、職業、所得、民族、宗教、年齢、性別など社会背景の異なる600人を抽出し、コンサルタントが

⑤

④―東部地区を眺める。アイデア・ストア・ホワイトチャペルは、幹線道路ホワイトチャペル・ロード沿いにあり、地下鉄ホワイトチャペル駅にも近接している。周囲にはホワイトチャペル・マーケットやセンズベリーがあり、昼夜問わず多くの人の往来で賑わっている。

⑤―現在は、ギャラリーに改装されたホワイトチャペルにある旧図書館。豪華なデザインが低所得者にとって近寄りにくい雰囲気をつくり出していた。

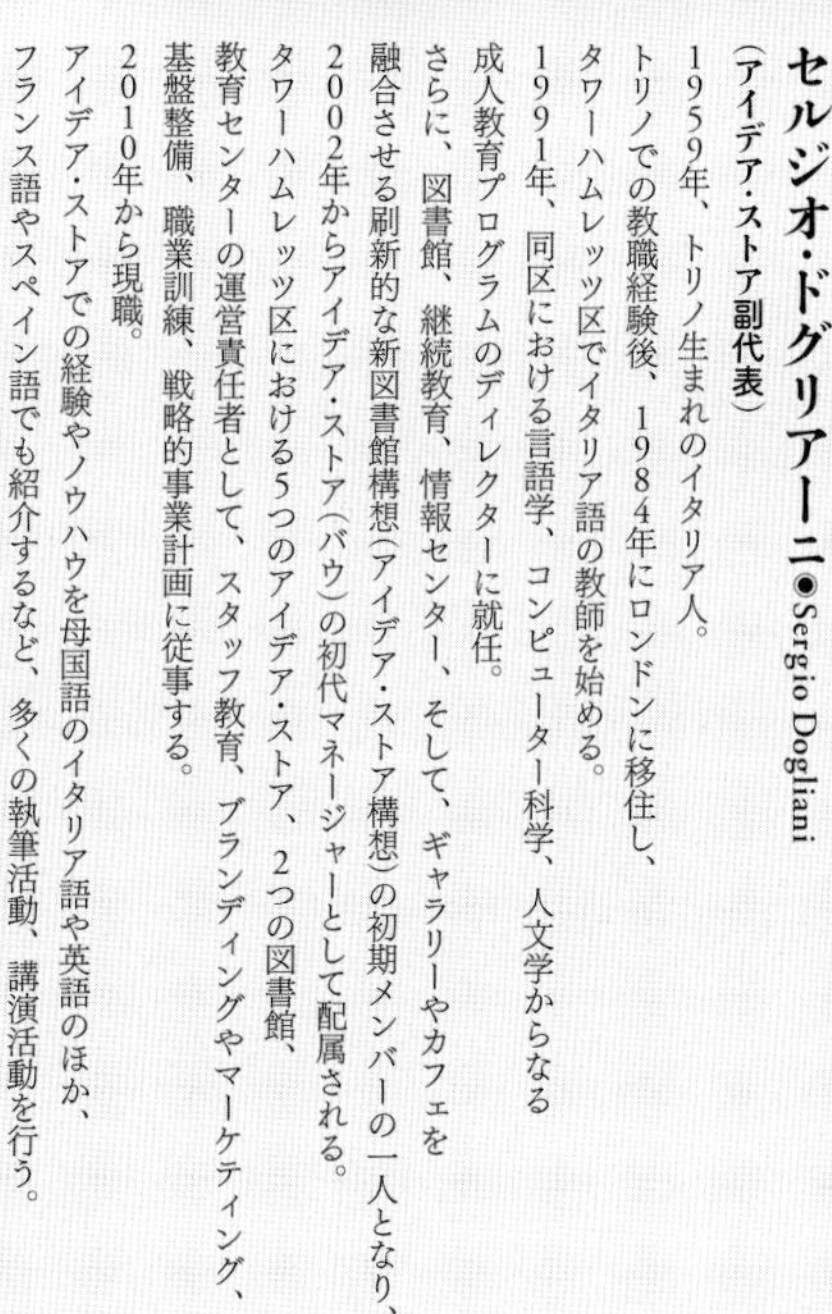

セルジオ・ドグリアーニ●Sergio Dogliani
（アイデア・ストア副代表）
1959年、トリノ生まれのイタリア人。トリノでの教職経験後、1984年にロンドンに移住し、タワーハムレッツ区でイタリア語の教師を始める。1991年、同区における言語学、コンピューター科学、人文学からなる成人教育プログラムのディレクターに就任。さらに、図書館、継続教育、情報センター、そして、ギャラリーやカフェを融合させる刷新的な新図書館構想（アイデア・ストア構想）の初期メンバーの一人となり、2002年からアイデア・ストア（バウ）の初代マネージャーとして配属される。タワーハムレッツ区における5つのアイデア・ストア、2つの図書館、教育センターの運営責任者として、スタッフ教育、ブランディングやマーケティング、基盤整備、職業訓練、戦略的事業計画に従事する。2010年から現職。
アイデア・ストアでの経験やノウハウを母国語のイタリア語や英語のほか、フランス語やスペイン語でも紹介するなど、多くの執筆活動、講演活動を行う。BBCなどのテレビ番組や各種ラジオ番組にも多数出演。

直接、家庭訪問をすることで調査を始めたんだよ。結果が出るまで1年くらいかかったかな。

藍谷――600人はすごいですね。アンケート調査では得られない実態がわかりそうですね。

SD――アンケート調査は、まったく意味がないよ。みんな忙しいし、街角で質問されても適当な答えしか聞き出せない。本質に迫れないよ。そこで、調査員は事前にアポイントをとって家庭訪問をし、お茶を飲みながら寛いだ雰囲気の中でじっくりと話を聞いている。大体、一時間くらいかけて、図書館は嫌いか。どうしたら図書館に行くようになるか。何があると図書館に行きたくなるか。という質問を投げかけるんだよ。大切な時間を割いてもらっているから、マークス&スペンサー[★注1]の商品券20ポンド（当時のレートで約4000円）をお礼に渡してね。だから真剣に答えてくれたよ。

藍谷――その調査結果、見ることができますか。

SD――それが残念なことに、オリジナルの資料が紛失してるんだよ。でも、結果をまとめたのはここにあるよ。

⑥

⑥―タワーハムレッツ区にある一般的な商店街

★注1―マークス&スペンサーは、ユダヤ系の高級ショップ

住民のニーズを集約
――図書館とラーニングセンター融合

1998年当時、英国での平均図書館利用率が55%のなか、タワーハムレッツ区の利用率は18%にまで下降していた。実に8割以上の住民が図書館を利用していないという衝撃的な数値に、もはや図書館の存在意義すら疑われる状況に陥っていた。何とか市民の利用率を上げたい当局は、1999年4月、2百万ポンド（約36億8千万円＝英1ポンドあたり、1999年184円）の資本金をもとに、図書館、ラーニングセンター（継続教育・成人教育）、情報センター、そして、ギャラリーやカフェを融合させる刷新的な新図書館構想（アイデア・ストア構想）を立ち上げ、成人教育プログラムのディレクターであったセルジオ・ドグリアーニはその初期メンバーに任命された。プロジェクト立ち上げの契機となった専門コンサルタントに委託したマーケット調査報告書は、(1)図書館に行かない理由 (2)どうすれば図書館に行きたくなるか、などを聞き取ることで、図書館離れの実態を詳細にまとめている。

その結果、98%の住民が図書館の重要性を感じているものの、図書館で受けられるサービスが時代に合っていない、欲しいサービスが受けられない、格調高い建物なので入りにくい、不便な場所にあるなど、図書館に足を運ばない様々な理由が拾い上げられている。
以下に、図書館に行かない上位5つの理由が挙がっている。

①…時間がない（50％）
②…開館時間が短い（31％）
③…興味がない（30％）
④…書籍に選択肢が少ない（30％）
⑤…環境が悪い（12％）

さらに、どうすれば図書館に行きたくなるかについて上位7つの要望が挙がっている。

①…開館時間の延長（63％）
②…買い物のついで（59％）
③…区の情報提供サービス（58％）
④…日曜日の開館（56％）
⑤…アート作品などの展示（56％）
⑥…ビデオの貸し出し（54％）
⑦…書籍の充足（41％）

以上の結果、タワーハムレッツ区のとった5つの対策は、

①…書籍購入を促進した蔵書の充足
②…パソコンやインターネットなど
IT関連への投資
③…利用者にとって便利な時間帯への延長
④…教育支援・講座の拡充
⑤…新しいメディアの貸し出しサービス

である。

⑦

⑧

⑦―タワーハムレッツ区にある日常的なマーケット風景
⑧―アイデア・ストア・ホワイトチャペルの前面道路沿いには、びっしりとマーケットの露店が軒を連ねている。

住民の足を図書館に向かわせるため

藍谷――買い物のついで、というのが面白いですね。図書館とラーニングセンター、それに情報センターやカフェの機能を融合することで、住民のニーズに応えている訳ですね。この他にも、アイデア・ストア構想を進める上で、特に力を入れた点を教えてもらえますか。

SD――住民が求めていたのは、サービス面での向上だね。読みたくなる本が少ない、でも、市場には興味のある本が出回っている。そのギャップを埋める必要が

⑩

⑨

⑫

⑪

⑨—現存するベスナル・グリーン図書館の外観
⑩—現存するキュービット・タウン図書館の外観
⑪—閉鎖された旧ライムハウス図書館の外観
⑫—現存するタワーハムレッツ地域史図書館の外観

あった。英語以外の言葉で書かれた書籍の充実という要望も多かったね。住民の半数近くが移民だから、それぞれの母国語で書かれた本を読みたがっているんだよ。

藍谷——日本語の本はありますか？

SD——それはなかったかな…。

藍谷——私がロンドン在住の2001年から2007年の間に、何度かアイデア・ストアを訪れています。その時には、まだまだインターネットの普及についていけない住民のためにパソコンへのアクセスを充実させたと伺いましたが、その需要は今でもありますか。

SD——確かに、その当時のインターネットのアクセスは、わずか3分の1の住民だけだった。だから、IT機能を拡充させることは、とても重要だった。今では、携帯やインターネットがかなり普及しているけど、アイデア・ストアのメンバーになるとネットワークを通して全英にある図書館のデータベースにアクセスできるから、ITインフラは、かなり充実しているよ。オンライン学習をやってる人もいっぱいいる。最新の就職情報を入手できるようにして欲しいというのもあったな。情報を並べるだけでなく、相談に乗ってほしいという要望もあった。

藍谷——開館時間や場所に関しても。

SD――当時の図書館は夕方、早く閉まり、週末は閉館しているというケースもあったんだ。それに、すごく小さな図書館もたくさんあった。そうだな、広さ100㎡くらい。住宅街の一画や、商店街の一画にポツンという感じ。当然、書籍量も少ないし、週に2回しかオープンしていないといった具合。それじゃー、誰も来ないよね。そして、もっとも多かったのは、日常生活の一部として図書館に立ち寄りたい、つまり、買い物などショッピングのついでに気軽に立ち寄れる場所にあると、自然と足が向かうだろうと。

「アイデア・ストア」というコンセプト

藍谷――アイデア・ストアという名前はどうやって決まりましたか?

SD――漫画の中で、何か閃いた時に、よく使うマークがあるよね。閃き、まさに、アイデアを売っている店。これがアイデア・ストアの目指すところなんだ。ここでは、スタッフのことをクラーク（店員）と呼び、利用者のことをカスタマー（顧客）と呼んでいるよ。その理由は、住民であるカスタマーの要望に十分応えるため、スタッフのトレーニングも徹底して行っている。

図書コーナーとラーニングセンターは、分離した機能ではないんだよ。「シームレス」、継ぎ目のないスムーズなサービスをスタッフ全員が心掛けている。例えば、フランス語の授業を受けたいという人が来たら、普通の図書館だったら、この資料を読んでくださいとか、何曜日の何時にクラスがあるから、そこで担当の先生に聞いてみてくださいっていう答えがほとんどじゃないかな。それじゃ、ダメなんだよ。アイデア・ストアでは、すべてのスタッフが、どんな質問でも答えれるように訓練している。1を聞けば、10の答えが返ってくるみたいに。

そうすることで、利用者は、常に新しい発見をするし、それが好奇心を刺激して、もっともっとアイデア・ストアに来たくなる。それに、アイデア・ストアではラーニングする教室のことをラボ（研究室）と呼んでいる。図書コーナーとラボを隣接させることで、「読む」ことと「学ぶ」ことがシームレスにつながっている。

読むことと学ぶことがセットになったサービス、そんなアイデアを買うことができる店、そういう意味でアイデア・ストアという名前が生まれたのさ。

⑬

⑭

⑬―アイデアが閃くイメージ
⑭―アイデア・ストアのカタログ
年間800を超えるコース、情報が掲載されている。

ショッピングとラーニングによる戦略的配置

1998年当時、タワーハムレッツ区には、13の図書館があった。しかし、住民の声にもあったように、ビクトリアン調の瀟洒で重厚なデザインは、一見、人を寄せ付けない雰囲気を醸し出し、教育水準の低い住民や低所得者にとっては、近づき難い存在だった。一方、住宅街や住宅団地、商店街の一画など、大半の人にとっては人目に付きにくい不便な立地という問題点も見つかった。

特に、立地に関しては、買い物など日常生活の延長線上に図書館があれば、利用する可能性が高まるという回答は、既存図書館の統廃合、新しい図書館「アイデア・ストア」の戦略的な場所選定に大きな示唆を与えている。さらに、これまでは、1週間当たり46時間程度の開館時間だったのが大幅に改善され、1週間毎日開館されるようになった。

具体的には、アイデア・ストアでは
月曜日から木曜日＝午前9時→午後9時
金曜日＝午前9時→午後6時

⑮—アイデア・ストア・バウの外観

⑯—アイデア・ストア・クリスプストリートの外観

⑰—アイデア・ストア・ワッタニーマーケットの外観

⑱—アイデア・ストア・カナリーワーフの外観

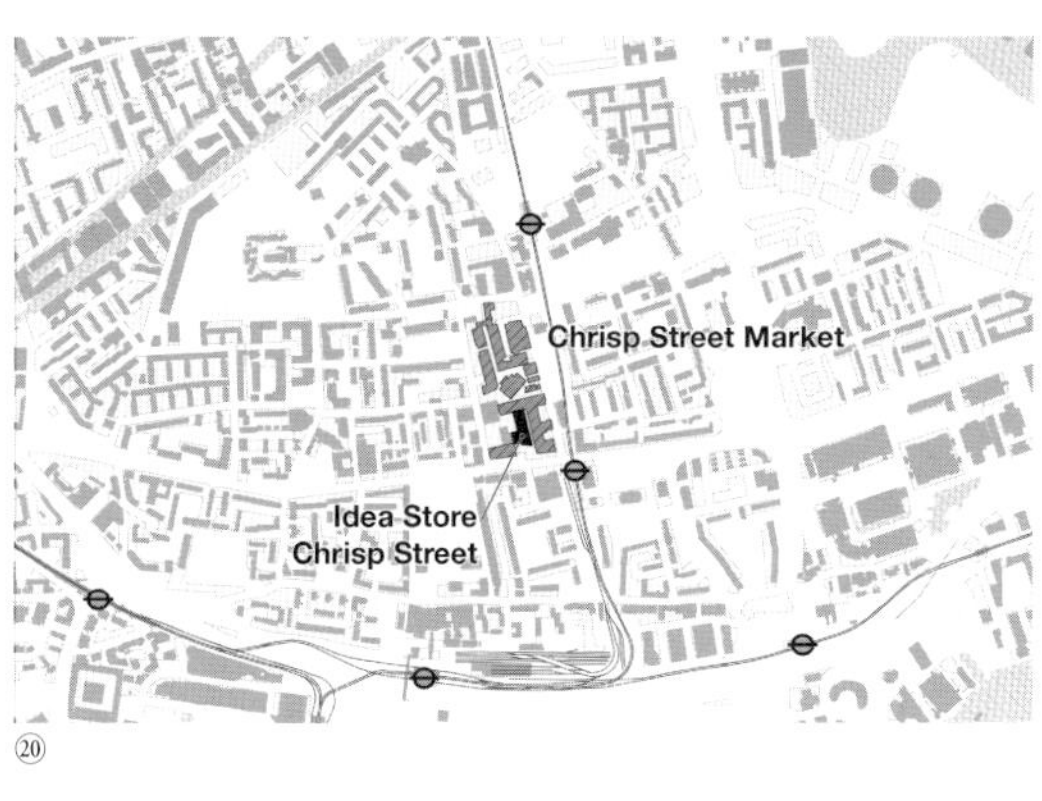

⑳

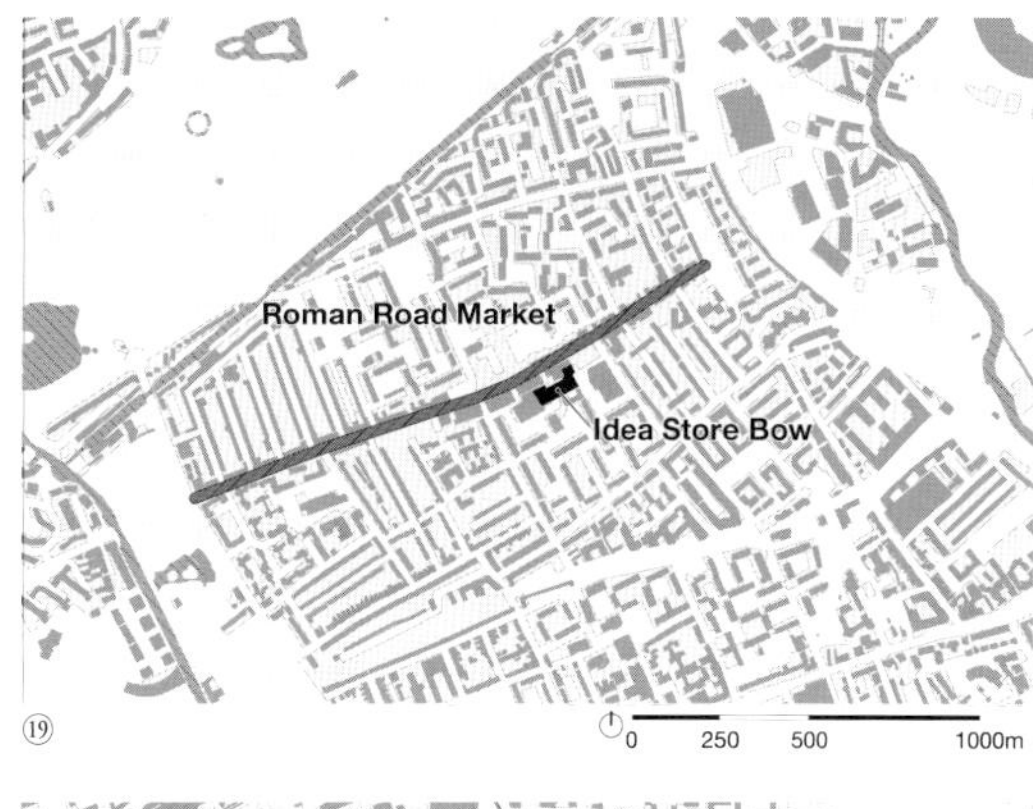

⑲

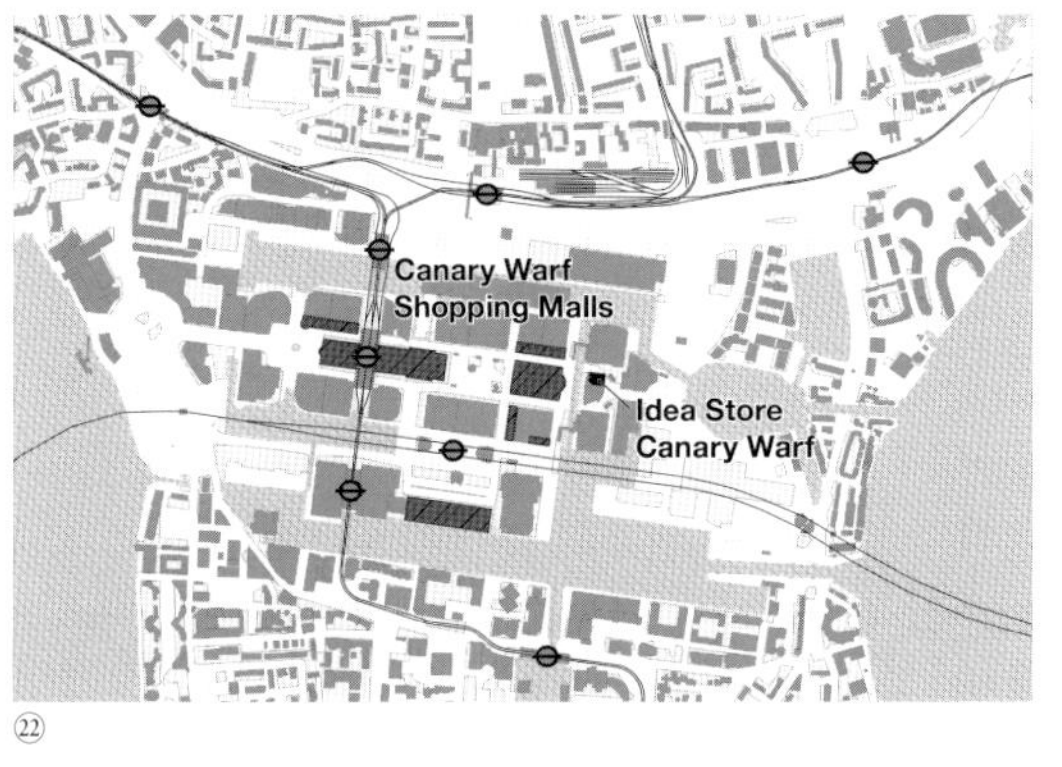

㉒

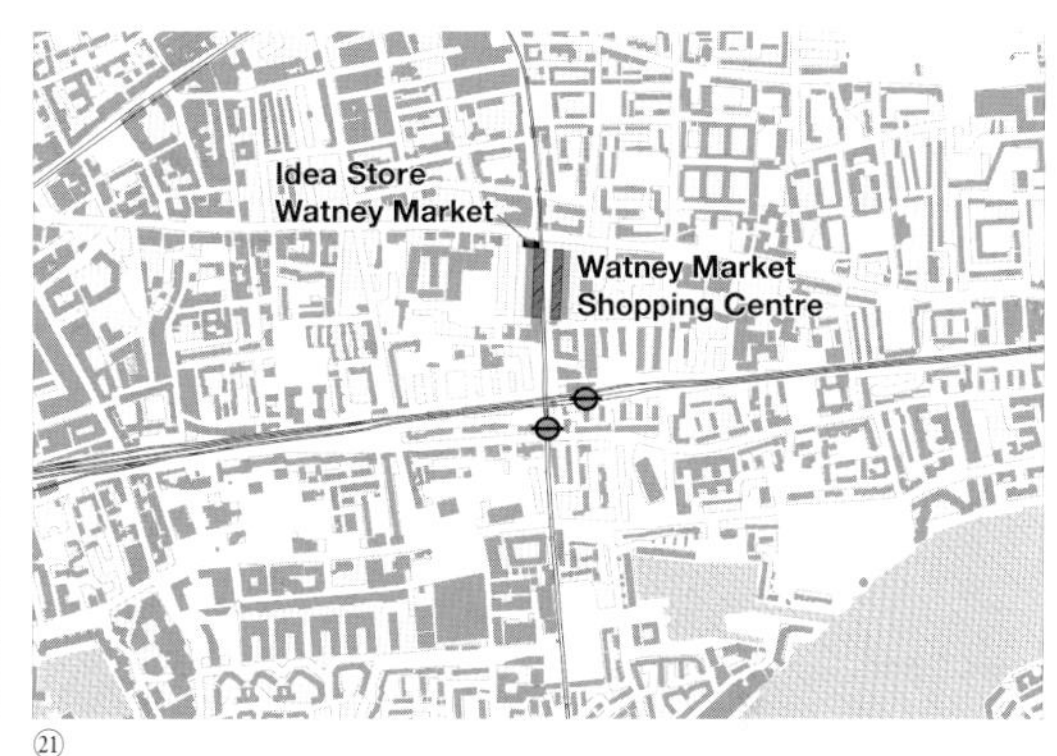

㉑

⑲—アイデア・ストア・バウはローマン・ロード・マーケットに隣接している。既存の建物を改修することで開館しているため、外観は従来型の図書館を踏襲している。
⑳—アイデア・ストア・クリスプストリート。同じく名が示す通りクリスプ・ストリート・マーケットに隣接している。
㉑—2013年にできたもっとも新しいアイデア・ストア・ワッタニーマーケット。名が示す通りワッターニー・マーケット・ショッピングセンターに隣接している。
㉒—アイデア・ストア・カナリーワーフの位置図。同じく名が示す通りカナリーワーフ・ショッピング・センターに隣接している。

土曜日＝午前9時→午後5時
日曜日（場所によって異なる）＝
午前11時→午後5時（ホワイトチャペルのケース）

このように一週間で65時間営業されるようになることで、従来の図書館で運営されていた開館時間に対して、1.4倍の割合で利用時間が延長されている。特に月曜から木曜までの平日は、夜の9時までオープンしているため、学校や仕事帰りでも十分、立ち寄ることができる。夕方以降の時間帯に多くのラーニング・プログラムが組まれていることは言うまでもない。失業率も高く、職業的スキルを得たいという要望をもつ住民に応える形で、スキルアップに向けたラーニング・プログラムを充実させる必要があったからだ。

現在、同区には5つのアイデア・ストアが運営されているが、一号店はセルジオが初代マネージャーを勤めたアイデア・ストア・バウで2002年にオープンしている。路上で繰り広げられるローマン・ロード・マーケットに隣接する。続いて、クリスプ・ストリート・マーケットに隣接するアイデア・ストア・クリスプ・ストリート（2004年）、英国を代表するスーパー

idea
idea
ラボ
パソコン
コーナー
エントランス
カフェ
事務室
サービスカウンター
受付
子供図書館
図書コーナー
ラボ
ラボ
0
4
10m

㉓

㉔

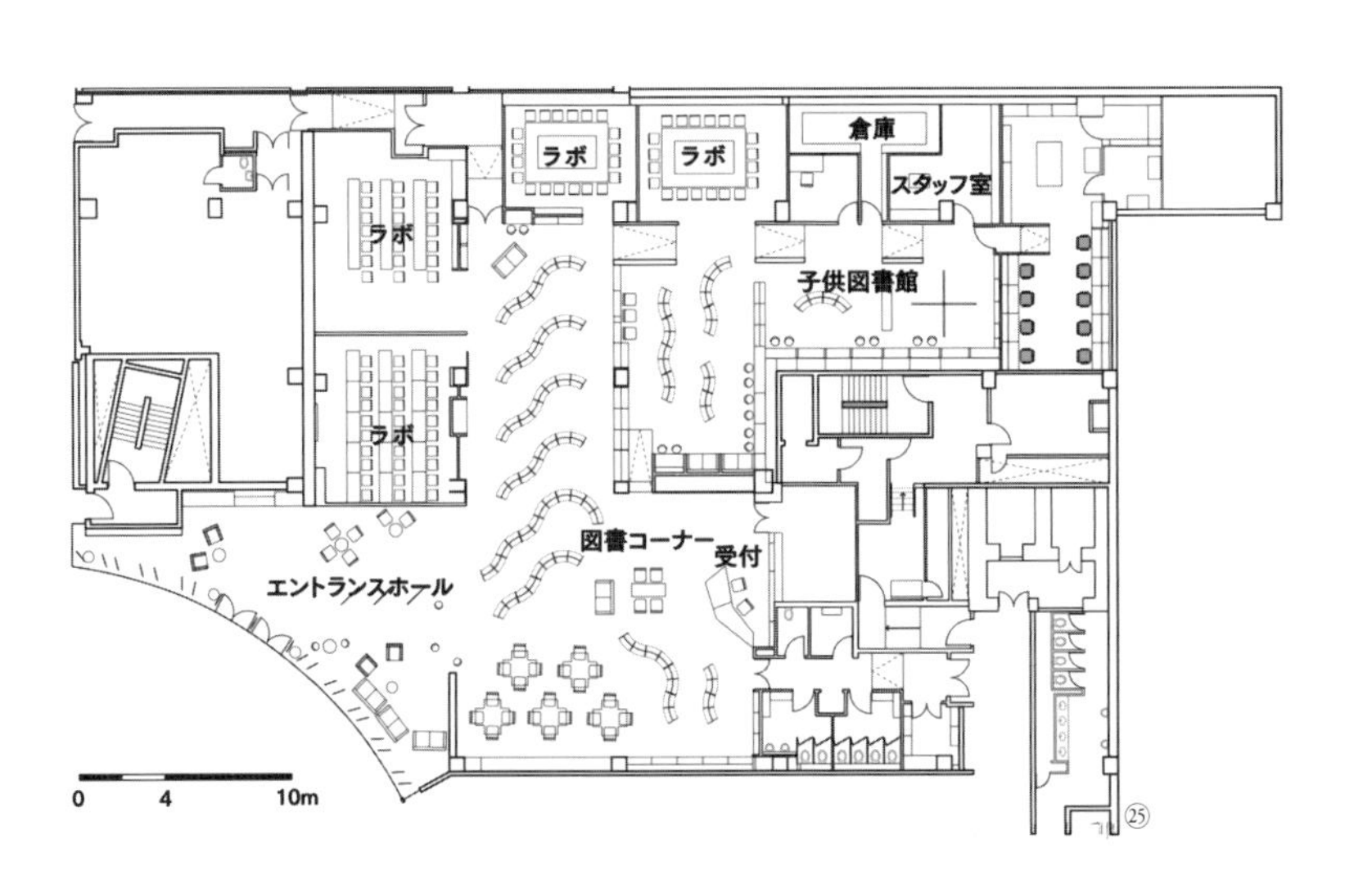
ラボ
ラボ
倉庫
スタッフ室
ラボ
子供図書館
ラボ
図書コーナー
受付
エントランスホール
0
4
10m

㉕

㉗

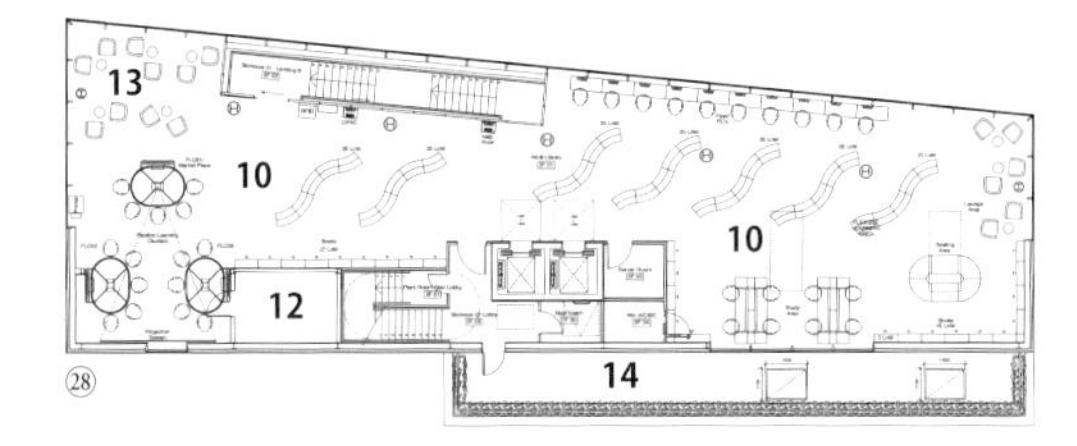

㉘

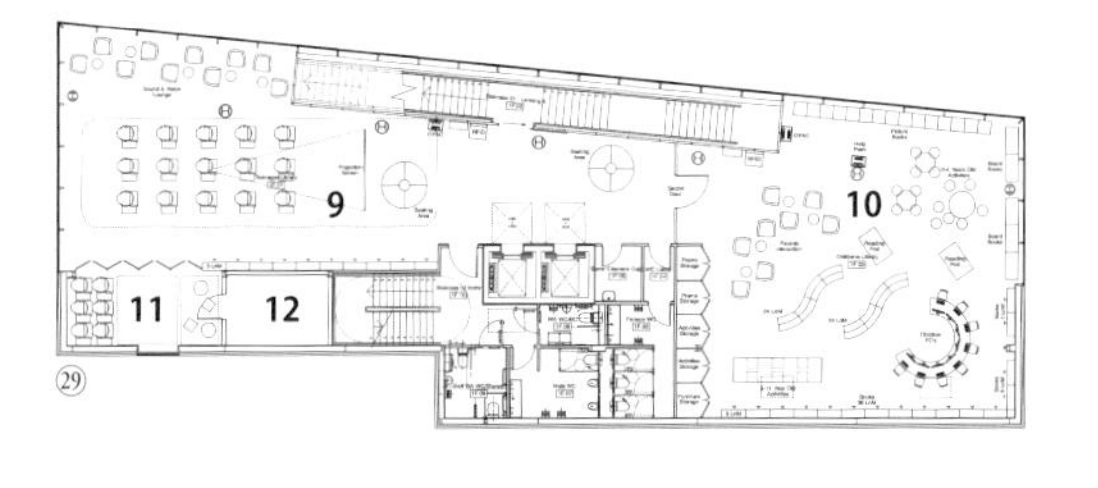

㉙

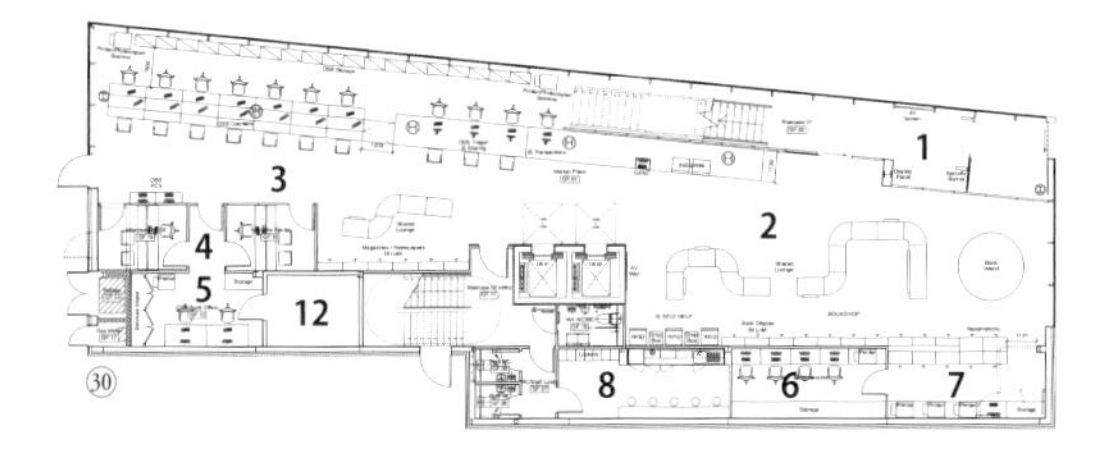

㉚

0 4 10m

1. エントランスロビー　2. 待合室　3. 情報センター　4. 相談室
5. オフィス　6. パソコン・コーナー　7. プリンター室　8. スタッフ室
9. 図書コーナー　10. 子供図書館　11. アニメーション　12. 倉庫
13. ラウンジ　14. 屋上テラス

㉖

㉓—アイデア・ストア・バウのエントランス
㉔—アイデア・ストア・バウの平面図(地上階)
㉕—アイデア・ストア・カナリーワーフの平面図(地上階)
㉖—ワッタニーマーケットのエントランス
㉗—アイデア・ストア・ワッタニーマーケットの断面図
㉘—ワッタニーマーケットの平面図(2階)
㉙—ワッタニーマーケットの平面図(1階)
㉚—ワッタニーマーケットの平面図(地上階)
㉛—アイデア・ストア・カナリーワーフのエントランス

㉛

マーケット、センズベリーに隣接する最大規模のアイデア・ストア・ホワイトチャペル(2005年)、金融副都心カナリーワーフ内にあるアイデア・ストア・カナリーワーフ(2006年)、カナリーワーフには、巨大なショッピングモール「カナリーワーフ・ショッピング・センター」があり、ストアのすぐ横には、ウェイトローズ★注2がある。そして、2013年にアイデア・ストア・ワッタニー・マーケットがオープンした。これは、名が示す通り路上に展開するワッタニー・マーケットに隣接している。最終的には7つのアイデア・ストアをオープンする予定となっている。2008年に世界的な恐慌(リーマン・ショック)があったため、5号店の開館が遅れている。その他、既存の区立図書館として、キュービット・タウン図書館、ベスナル・グリーン図書館が、ラーニングセンターとして、シャドウェル・センター、タワーハムレッツ地域史図書館という保存図書館の4館が引き続き営業し、合計9館による運営体制をとっている。

73頁の図①は、大ロンドン市におけるタワーハムレッツ区の位置関係、そして、5つのアイデア・ストアを含む9か所の図書館と閉鎖された図書館のラーニングセンターの位置関係を示したものである。それぞれのアイデア・ストアは住民の要望に応える形で、マーケットやショッピングセンターなど人が集まりやすい商業施設などに隣接するように戦略的配置計画がなされている。また、既存の図書館は統廃合することで、スタッフのバランス、書籍の充足が考慮されている。基本的に、アイデア・ストアが1つオープンすると付近の図書館が2か所、ラーニングセンターが1か所、閉館する仕組みを取っている。しかも、車でのアクセスが容易な大通りやバス、地下鉄、鉄道、DLRなど公共交通機関にアクセスしやすい場所が選ばれている。それぞれの資本提携者も多岐にわたる。

5つのアイデア・ストアの概要とその資本提携者を上の表に示した。

アイデア・ストア(開館年)	設計者	開館時間	延床面積(形式)	蔵書数 学習席・PC卓	建設費 英ポンド(日本円(千円))
アイデア・ストア・バウ(2002年5月)	ビセット・アダムズ	月-木: 9:00-21:00 金: 9:00-18:00 土: 9:00-17:00 日: 10:00-16:00	1,125㎡(改築)	55,000冊(点) 28・37	£2,000,000(376,000)
アイデア・ストア・クリスプ・ストリート(2004年7月)	アジャイ・アソーシエイツ	月-木: 9:00-21:00 金: 9:00-18:00 土: 9:00-17:00 日: 10:00-16:00	1,033㎡(新築)	53,138冊(点) 20・46	£5,000,000(990,000)
アイデア・ストア・ホワイトチャペル(2005年9月)	アジャイ・アソーシエイツ	月-木: 9:00-21:00 金: 9:00-18:00 土: 9:00-17:00 日: 11:00-17:00	3,400㎡(新築)	82,380冊(点) 134・55	£16,000,000(3,200,000)
アイデア・ストア・カナリーワーフ(2006年3月)	ディアール&アンダーソン	月-木: 9:00-21:00 金: 9:00-18:00 土: 9:00-17:00 日: 12:00-18:00	960㎡(改築)	28,461冊(点) 不明・39	£3,000,000(642,000)
アイデア・ストア・ワッタニー・マーケット(2013年5月)	ビセット・アダムズ	月-木: 9:00-21:00 金: 9:00-18:00 土: 9:00-17:00	1,300㎡(新築)	21,463冊(点) 78・41	£4,000,000(612,000)

㉜

アイデア・ストア	出資者	出資額(出資者) 英ポンド(日本円(千円))
アイデア・ストア・バウ	タワーハムレッツ区,UKオンライン,バウ・ピープル信託	
アイデア・ストア・クリスプ・ストリート	タワーハムレッツ区,UKオンライン,リーサイド・リージェネレーション,ロイズ・オブ・ロンドン・チャリティ信託	(ロイズ・オブ・ロンドン・チャリティ信託)£300,000(56,400)
アイデア・ストア・ホワイトチャペル	タワーハムレッツ区,ヨーロッパ地域開発基金,シュア・スタート・パートナーシップ,UKオンライン,タワーハムレッツ・カレッジ,ロンドン開発機構,シティサイド・リージェネレーション,センズベリーズ・ファミリー信託	(タワーハムレッツ・カレッジ)£1,000,000(188,000)
アイデア・ストア・カナリーワーフ	タワーハムレッツ区,ラーニング・アンド・スキル協議会,タワーハムレッツ・カレッジ,キャナリーワーフ・グループ,ロンドン・メトロポリタン大学,バークレー	
アイデア・ストア・ワッタニー・マーケット	タワーハムレッツ区,ビッグ宝くじ信託	(ビッグ宝くじ信託)£2,000,000(376,000)

㉝

㉜—5つのアイデア・ストアにおける基本情報=開館年、設計者、開館時間、延床面積、蔵書数やワークステーション、建設コストなど。

㉝—5つのアイデア・ストアにおける出資者と出資額

★注2—ウェイトローズは、ジョン・ルイス・パートナーシップが母体となる英国の百貨店チェーン「ジョン・ルイス」の食品部門を統括する高級スーパーマーケット。

教育による都市再生

住民との関わり方を大切にすることをモットーに、興味や関心をもてる環境(Engage)、そして、利用者のニーズを聞き、利用者自立を支援する体制(Empower)、最終的に利用者の生活を豊かにするサービス(Enrich)という3つのコンセプトを打ち出している。

もはや本だけが情報源ではない。アイデア・ストアでは旧来の書籍を貸し出す図書館から発展し、現在では一般化しているCDやDVDなどのメディア貸し出しのサービスを開業当時から提供している。他区の住民への貸出しは有料(5ポンド)だが、区の住民には無料とし、貸出期限を過ぎたものには、延滞料を課している。貸出期間は3週間で、12品目まで借りることができる。映像作品は4本までに限定され、書籍に関しては他者からのリクエストがない限り5回まで、CDやDVDは1回までオンラインで延長ができる。書籍やCD関連作品に関する延滞料金は、16歳から64歳の大人には1日1作品あたり20ペンス、最大10ポンド課せられ、65歳以上の高齢者は免除される。DVDに関する延滞料金は、16歳から64歳の大人には1日1作品あたり1ポンド、最大10ポンド課せられ、65歳以上の高齢者はその対象ではない。

㉞—アイデア・ストアにある情報検索システム
㉟—アイデア・ストア・クリスプストリートの内観

当時は区内のインターネット普及率が低く、わずか人口の31%だった。アイデア・ストアでは無料で利用できる端末機器を充実させることで、住民の施設利用率を高めることに成功している。地区の現状として、成人に必要とされる読み書きの能力を身に付けている者は全体の35%に満たないにもかかわらず、生涯学習プログラムなど成人教育の機会に参加する者はわずか5%に過ぎなかった。すなわち、教育レベルが低く、就職に必要な能力やスキルの不足から、雇用機会は限定され、しかも、就ける職は低賃金なものという負の連鎖を繰り返すばかりであった。

アイデア・ストアでは地区住民の教育・教養レベルを向上させるための生涯教育プログラムや家族学習プログラムが、世代ごとのニーズも反映させることで、充実している。大きく分けて、就業支援、健康支援、子育て支援、趣味・生涯学習の4つのテーマからなり、それらが細分化し、生活・仕事のための準備、有資格、フィットネス、健康・福祉、家族学習、ビジネス・金融、ファッション・織物、外国語・翻訳、料理、IT技術、演劇芸術、撮影技術、技術講習、視覚芸術など14コースからなる。

例を挙げれば、アロマセラピー、ヨガ教室、各種外国語を習得する語学教室、フォトショップやイラストレーターなどのソフト講習、乳幼児へのマッサージ、DJミキシング、演劇、創作ダンスやアーバンダンス、フード、衛生管理、第二外国語としての英語教育、フラワーアレンジメント、会計・経理、音楽・アニメーション、ウェブ・デザイン、アート史、手相、経営ノウハウ、仮面制作、健康食品・調理法、読み聞かせ、リラクセーション、ガーデニング、凧制作、紅茶、時間管理などがある。就業機会を増やすことを目的としたスキルアップコースや、趣味により人との交流や生活を豊かにするプログラムまで多岐にわたり、その数は800を超える。2016年には8007人が登録している。近年では、住民の健康志向に対応するため補完医療の知識をもったスタッフも充実させ対応している。タワーハムレッツ区による各種行政サービスの詳細情報もアイデア・ストアで得ることができる。

これらの仕組みを支えるためアイデア・ストアでは、資格を持つ司書のほかに、生涯学習プログラムを教えるインストラクターには有資格者を雇用し、住民の悩みや質問に気軽に相談に乗れるスタッフの教育や訓練を徹底することで様々なニーズに対応できる体制を整えている。採用者の中には、学校教師はもちろん、書店などブックショップ出身者などサービス業経験者も多くみられる。専門知識を要する司書は、裏側の執務空間での任務が大半をしめる。一方、住民へのサービスを業務とするスタッフは、常に住民と直接対話をするフロントラインでの任務が基本となる。つまり、モノだけでなく人までもが情報や知識を伝達する媒体として提供されている。スタッフは全員、アイデア・ストアのロゴが入ったトレーナーやTシャツを着ているため、一目でわかる。しかも、対人関係のスキルアップ向上を目指した社内教育が行き届いているため、親しみやすく気軽に声をかけれる雰囲気を醸し出している。これも「ストア」と呼ばれる所以である。

㊱

㊲

㊱—本棚のレイアウトにもポップなデザインが採用されている。
㊲—ヨガやダンスなど身体を使って習得する学習スペース

㊳

デイビッド・アジャイによる2つのアイデア・ストア

マーケット調査の結果をもとに、2つのアイデア・ストアの建築設計がデイビット・アジャイに依頼された。デイビット・アジャイは、1966年、外交官の息子として生まれたタンザニア出身の建築家で、イギリスを代表する美術系大学のロイヤル・カレッジ・オブ・アート（通称＝RCA）を卒業した後、ウィリアム・ラッセルの下で実務を始め、2000年に独立している。

2004年に2号店のアイデア・ストア・クリスプ・ストリート、そして、翌2005年にはフラッグシップとしてアイデア・ストアを世界中に広めたホワイトチャペル店を完成させている。当時、30代だったアジャイは英国における40歳未満のもっとも有能な建築家としての評価を得ていた。2017年には、「サー（卿）」の称号をエリザベス女王より授与されている。

まずアイデア・ストア・クリスプ・ストリートでは、地域の住民が好きな時に好きなように利用できるような工夫がされている。従来型の図

㊴

㊵

㊳―アイデア・ストア・クリスプストリートの外観
㊴―アイデア・ストア・クリスプストリート。通りから一歩下がったところに配置されているため、前庭のようなオープンスペースができ、イベントやマーケットなどのアクティビティを誘発している。
㊵―アイデア・ストア・クリスプストリート。既存のマーケットの上に2階部分を増築している。

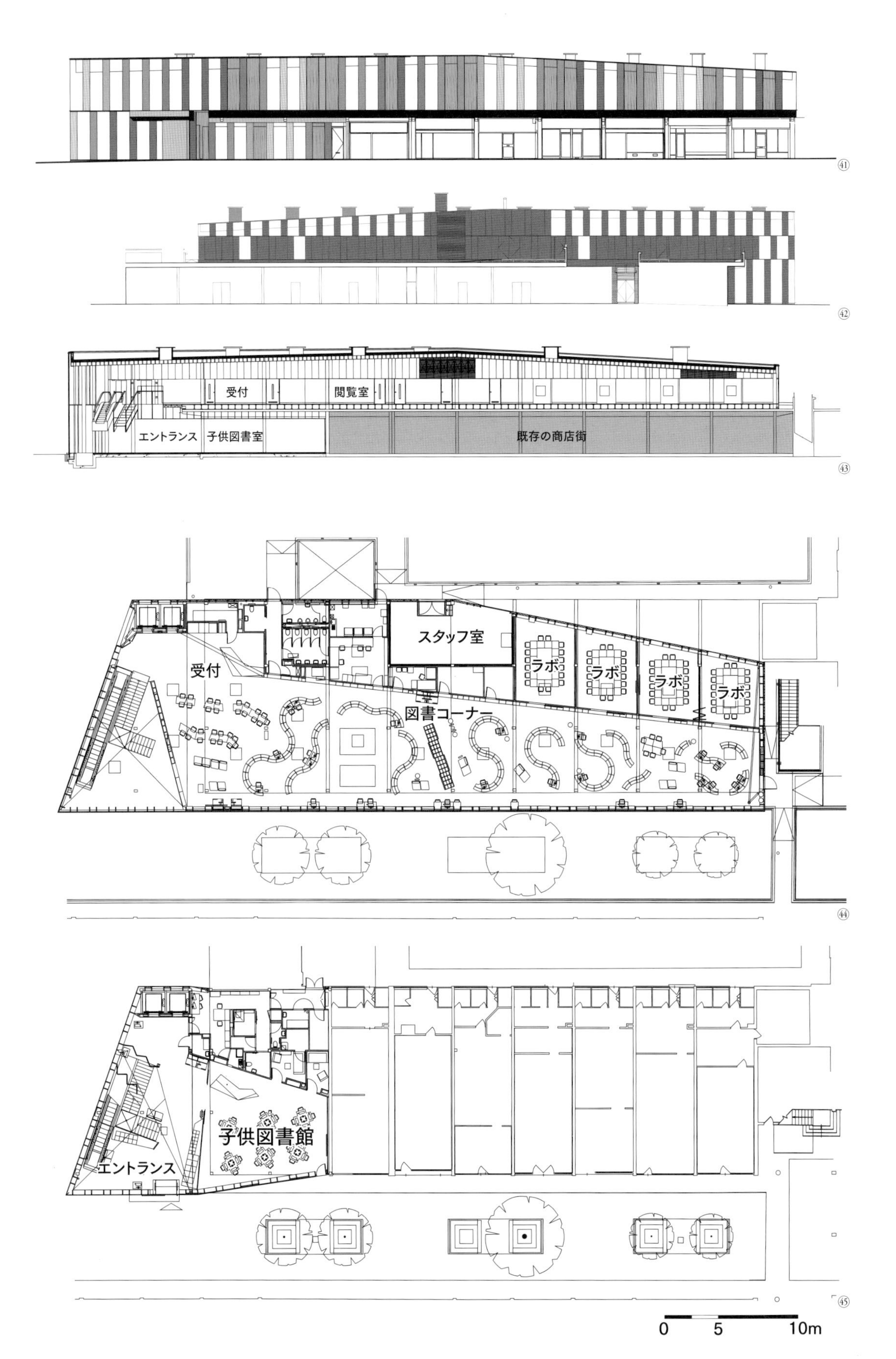

41
受付
閲覧室
エントランス
子供図書室
既存の商店街
42
43
スタッフ室
受付
ラボ
ラボ
ラボ
ラボ
図書コーナー
44
子供図書館
エントランス
45
0
5
10m

㊻

㊼

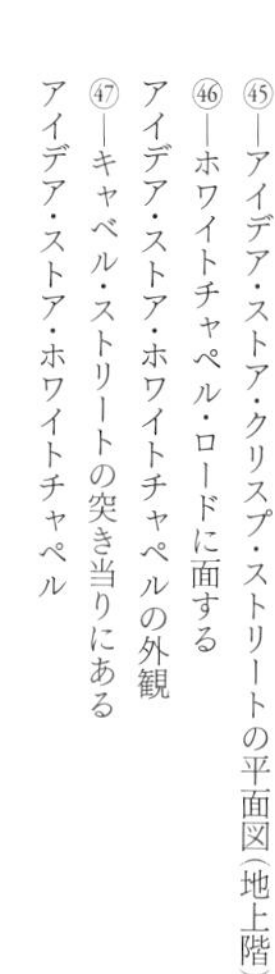
㊶―アイデア・ストア・クリスプ・ストリートの東立面図
㊷―アイデア・ストア・クリスプ・ストリートの西立面図
㊸―アイデア・ストア・クリスプ・ストリートの断面図
㊹―アイデア・ストア・クリスプ・ストリートの平面図(1階)
㊺―アイデア・ストア・クリスプ・ストリートの平面図(地上階)
㊻―ホワイトチャペル・ロードに面する
アイデア・ストア・ホワイトチャペルの外観
㊼―キャベル・ストリートの突き当りにある
アイデア・ストア・ホワイトチャペル

書館のもつ、重厚で格式高い建築様式を徹底的に排除している。つまり外観の透明性を高めることで、気軽に出入りできるようになっている。ガラスの外壁は、青と緑のカラーフィルムを挟み込んだ色ガラスと透明なガラスを交互に配している。これは、ホワイトチャペルにも共通するデザインで、タワーハムレッツ区に多く点在する露天商が雨風を凌ぐために使用している青・緑・白の縞模様のビニール材を現代建築に置き換えて表現したものである。図書館という格式や垣根を低くするため「アイデア・ストア」という名称を採用しているが、建築デザインにおいても、住民の親しみやすさや、建物へのアクセスのし易さを具現化している。

クリスプ・ストリートでは既存の商店街の上に2階部分を載せる形で設計が行われている。いわゆる増築工事である。戦後開発された低所得者向けの高層住宅と商業施設が一体化した複合施設の一画にある。この複合施設は、低層棟は駐車場と店舗が背中合わせに立ち並び、屋根となる人工地盤の上に住宅棟が配置されるという歩車分離を試みたスーパーブロックの構成になっている。同じ敷地内には、広場を利用したクリスプ・ストリート・マーケットが日常的に開催されている。最寄り駅は、オールセインツDLR駅である。

次にアイデア・ストア・ホワイトチャペルだが、5階建て[★注3]のかなり巨大な建築物である。最寄り駅はホワイトチェペル駅で、地下鉄と2007年から開業したロンドンの新しい交通システムで地上を走るロンドン・オーバーグランドが交差する。空の玄関口ヒースロー空港とロンドン市内をつなぐ新交通クロスレイルは、ホワイトチャペル駅にも停車する。今後、さらなる発展が期待されている。

クリスプ・ストリートと同じように、青と緑、そして、透明ガラスの外壁で構成されている。前面道路は、ロンドン・オリンピック2012の会場となったストラトフォード駅と金融街シティをつなぐ主要幹線で広幅員の歩道には、露天商が所狭しと軒を連ねている。高密度で雑多な雰囲気が漂うホワイトチャペル界隈には、バングラデシュやパキスタン、そして、黒人など多くの移民が通りを行きかう。旧醸造所、仕分け郵便局、1740年開業の王立ロンドン病院などが立ち並んでいる。

建物のボリュームは存在感を示すため周辺の大型建築のスケールに合わせ、外壁のディテールは小さな露店に合わせるという手法を取り入れることで風景に違和感なく溶け込んでいる。透明なガラス建築という現代建築のボキャブラリーを駆使しながらも、タワーハムレッツ区というエスニックな文脈に合わせる操作は絶妙である。裏手には、大型ショッピングセンター・センズベリーが駐車場を隔てて立地する。鉄道のホワイトチャペル駅からは徒歩2分以内という好立地の上、さらにセンズベリーに買い物に

㊽

㊽—アイデア・ストア・ホワイトチャペルのエントランス部。通りとの連続性が演出されている。建設当初、エスカレーターを図書館に使うことは、画期的だった。

㊾—アイデア・ストア・ホワイトチャペル前を行き交う人々。歩道に張り出した外壁が、人々を建築空間へと誘う。

㊿—アイデア・ストア・ホワイトチャペル4階にあるカフェ。背景に金融街シティが見える。

★注3—英国では1階を地上階と呼ぶため、最上階は4階となる。

来たついでに、立ち寄ることができる。センズベリーの駐車場は建設当時、平面駐車だったものが、現在では、クロスレイルの仮設現場として使用されている。そのため、駐車台数の増加にも対応した立体駐車場を隣接している。クロスレイル開通後は、仮設現場全体が緑豊かな公園として整備されることが計画されている。

大通りであるホワイトチャペル・ロードを駅から歩いてくるとバナー広告のようなガラス面が人々を建物内へと誘う。これは前面道路に対して、西側の外壁を張り出すことで、西からの視線を受け止める効果がある。そして、地上階部分（通常の1階部分）が開放されている外壁の内側には2層に連なるエスカレーターが設置され、1階と2階へのアクセスが歩道から直接できる仕組みになっている。ちなみに、クリスプ・ストリートにも採用されていたエスカレーターは、商業施設での使用は一般的だったが、当時、図書館で採用されるケースは非常に稀だった。残念ながら相次ぐ故障により、両方のストアでエスカレーターを利用することは叶わなかった。維持費・修理費が嵩むため停止状態にあるそうだ。

2階平面図と断面図を見ると、大通りからは

㊾

㊿

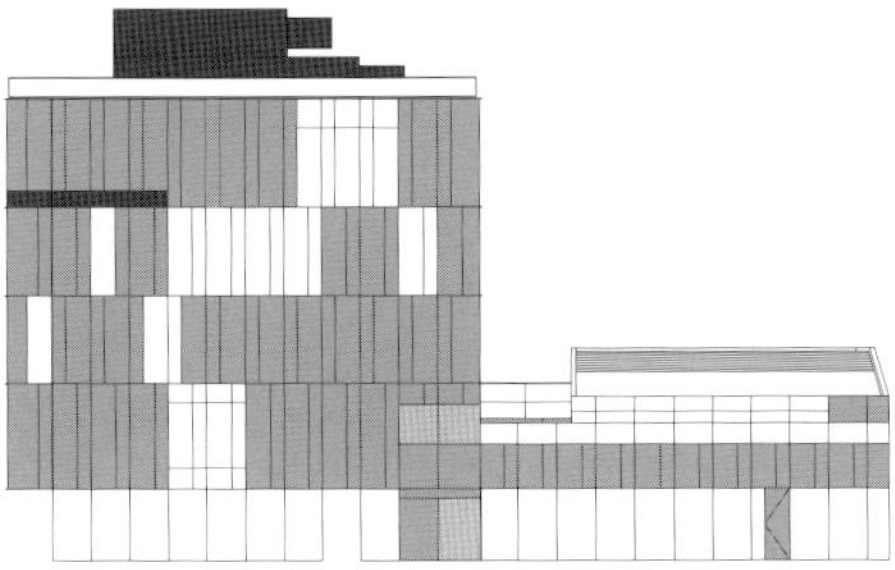

(51)

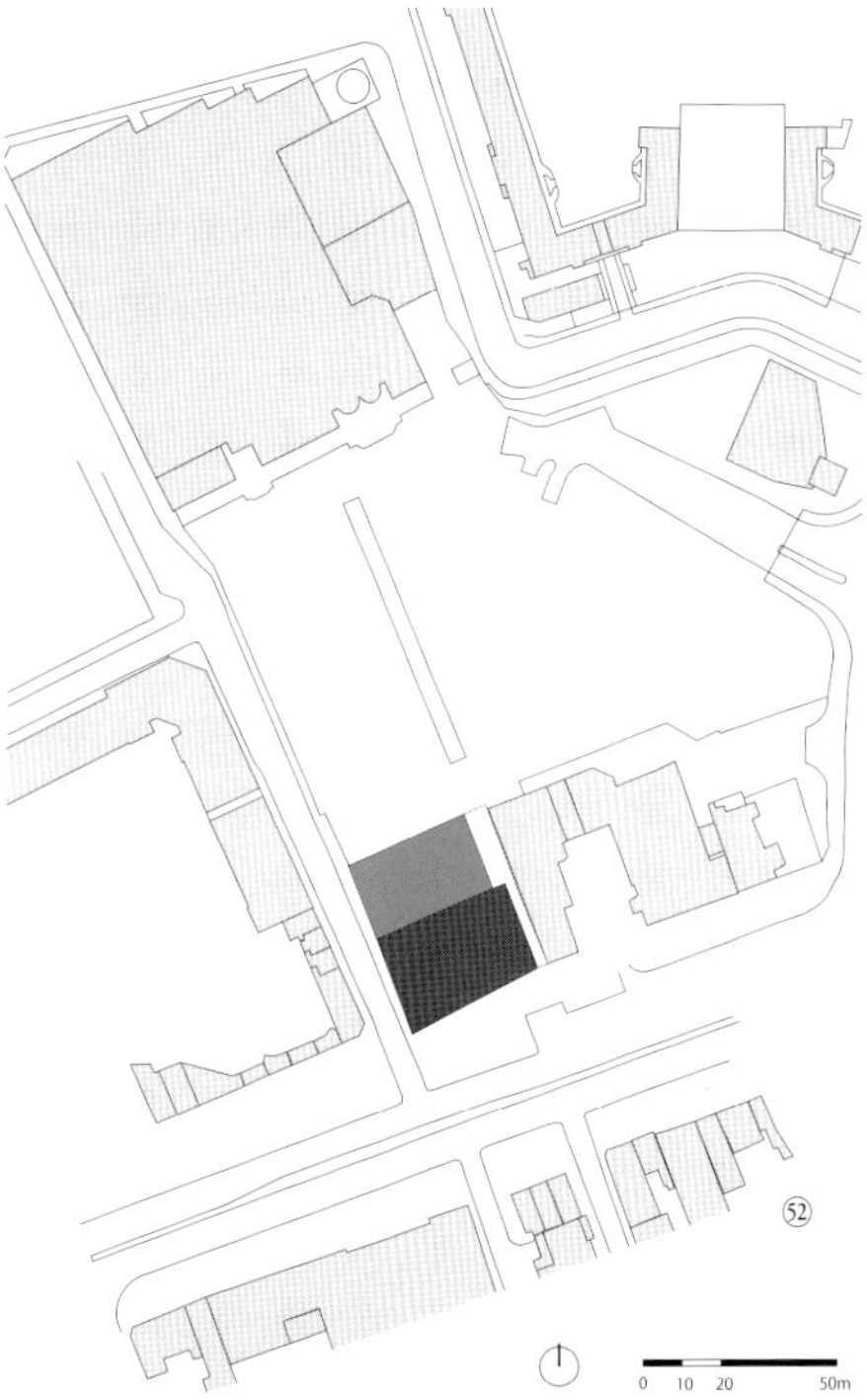

(52)

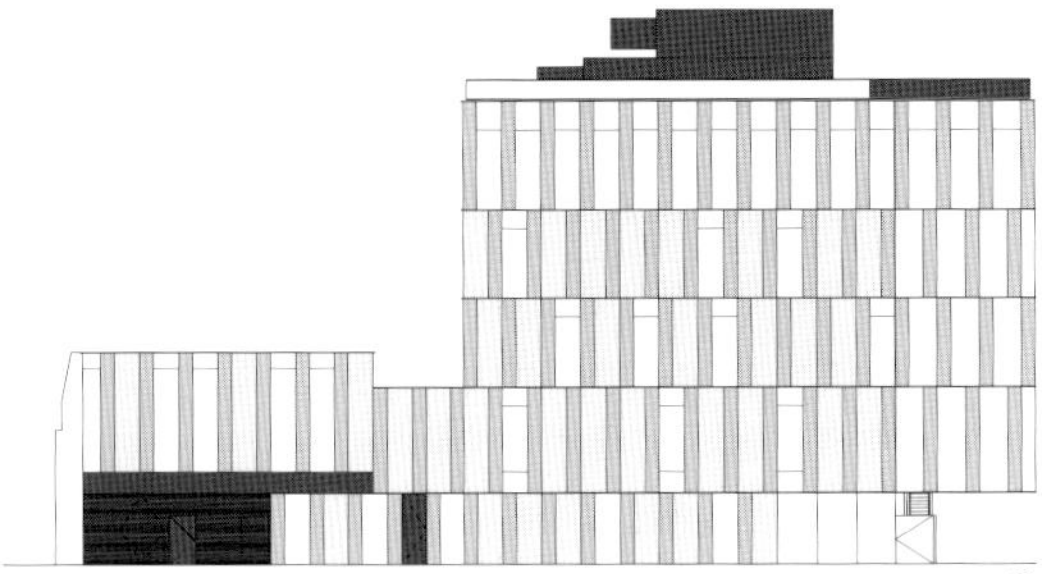

(53)

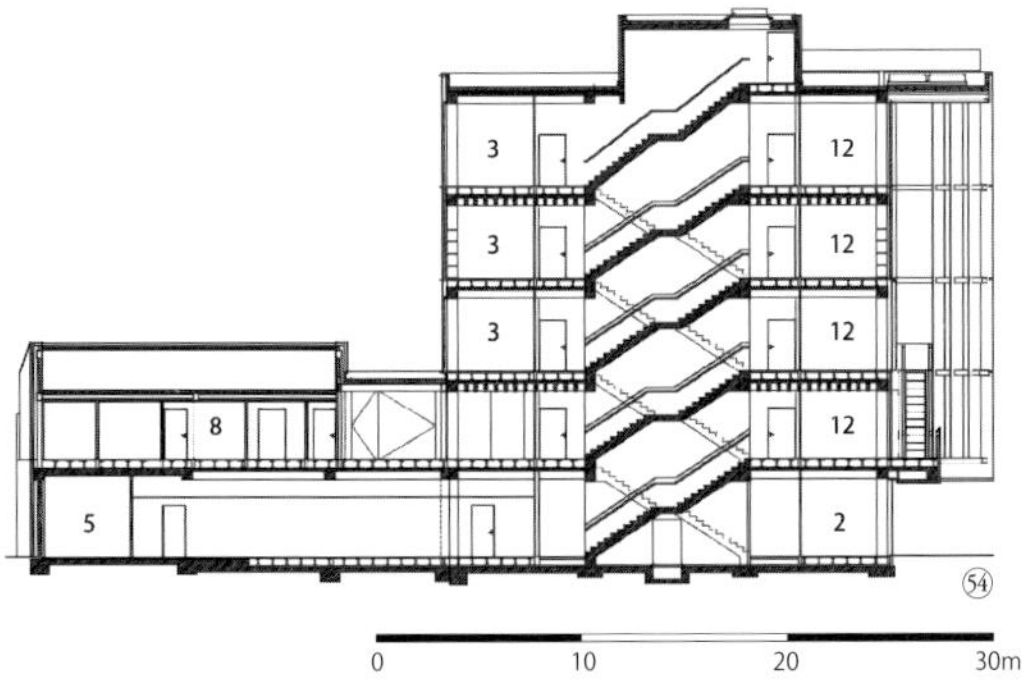

(54)

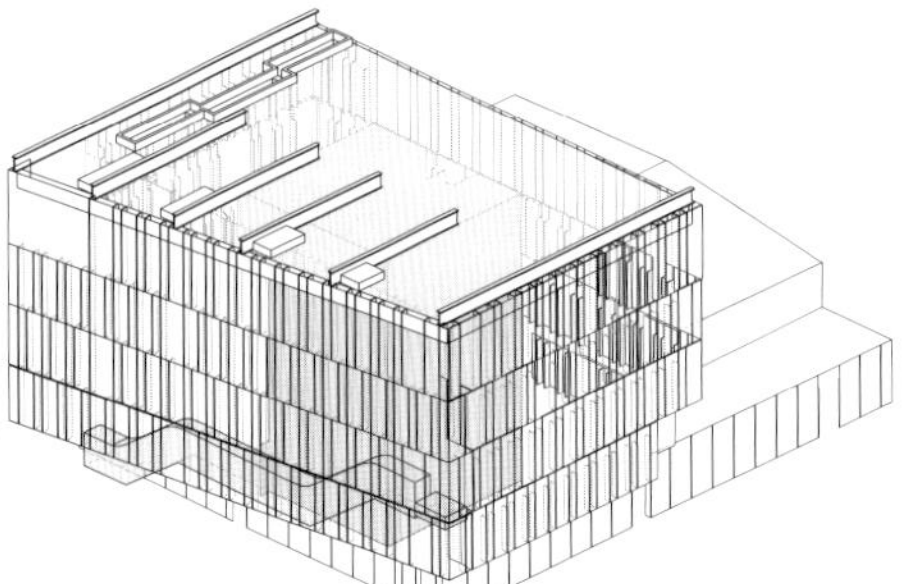

(55)

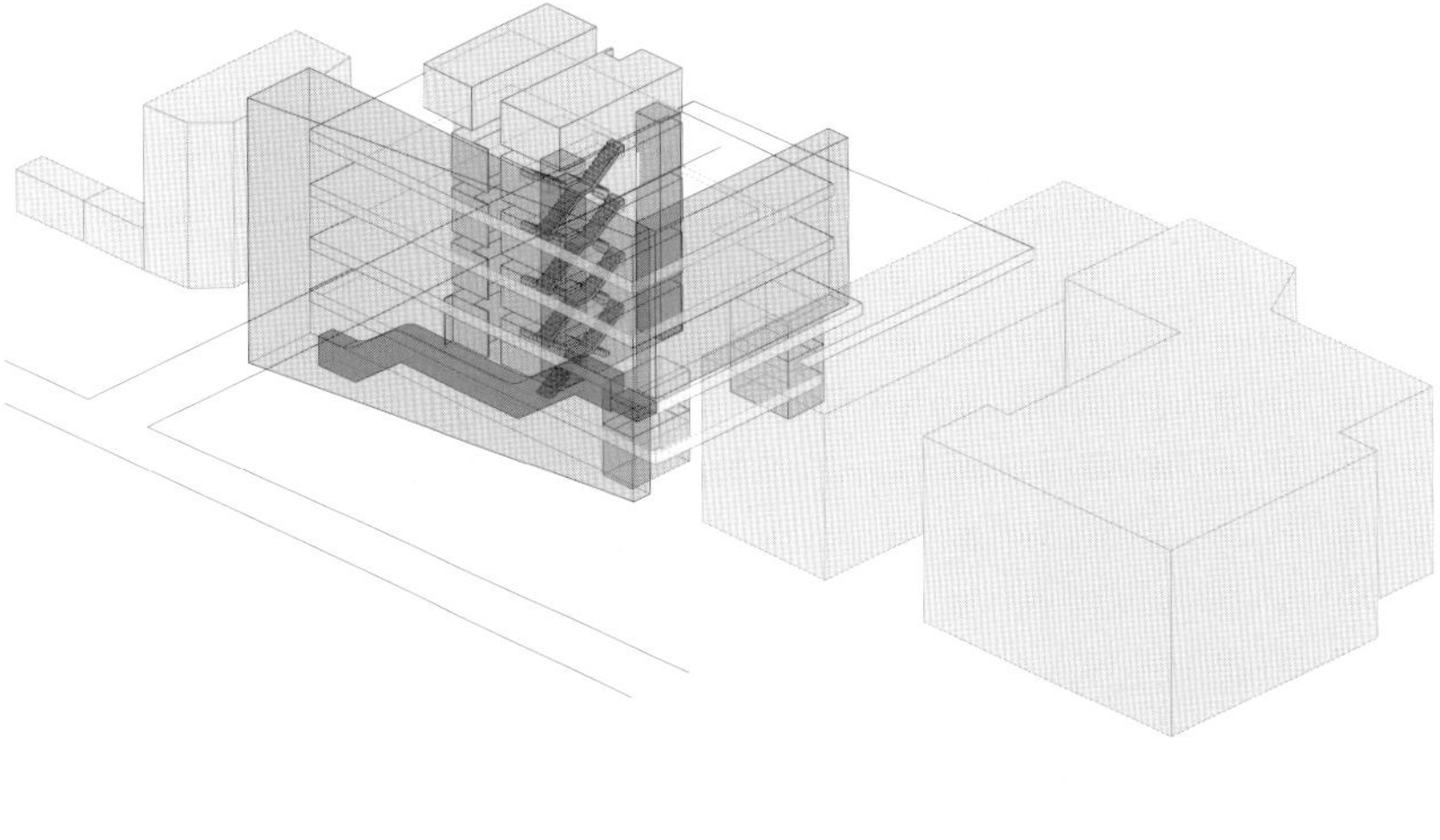

(56)

(51)―アイデア・ストア・ホワイトチャペルの東立面図
(52)―同　配置図
(53)―同　西立面図
(54)―同　断面図
(55)―同　アイソメ図（外観）
(56)―同　アイソメズ（コアと動線）
(57)―同　平面図（4階）
(58)―同　平面図（3階）
(59)―同　平面図（2階）
(60)―同　平面図（1階）
(61)―同　位置図
(62)―同　平面図（地上1階）

1. 子供図書館　2. 受付　3. 図書コーナー　4. ラボ
5. 閉架書庫　6. 情報センター　7. ダンススタジオ　8. 会議室
9. 屋上テラス　10. スタッフ室　11. カフェ　12. ギャラリー

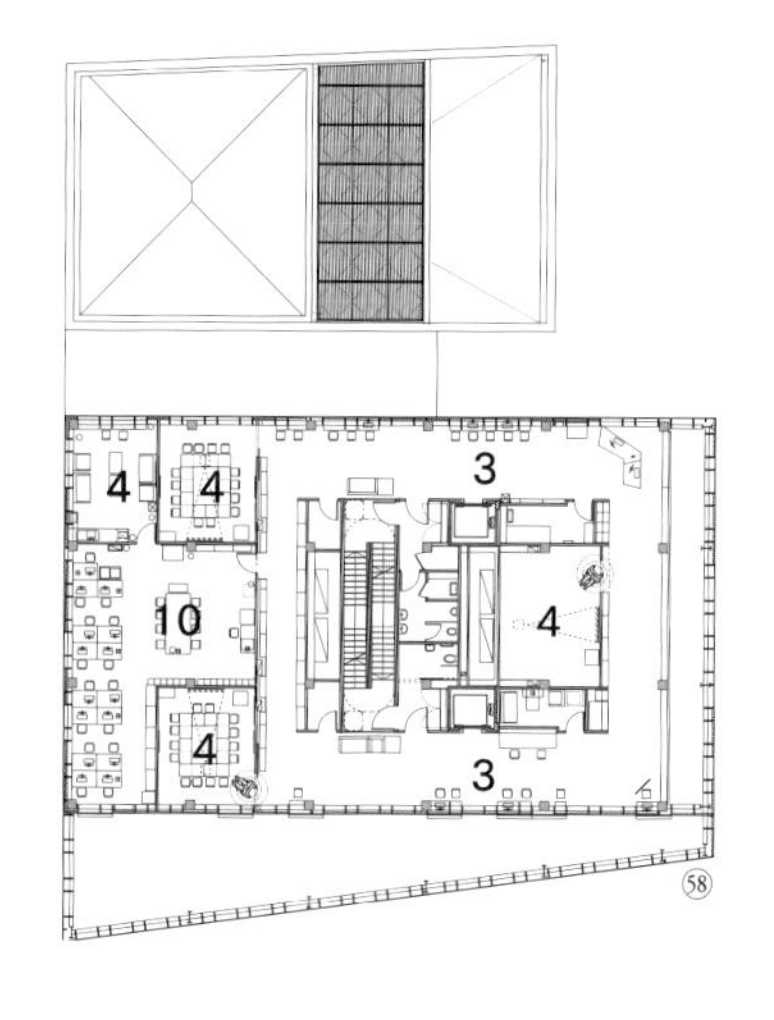

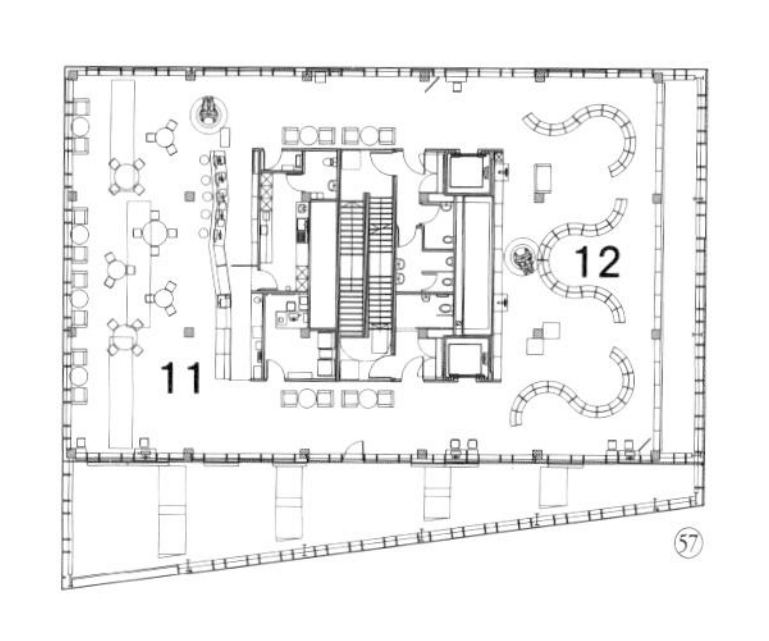

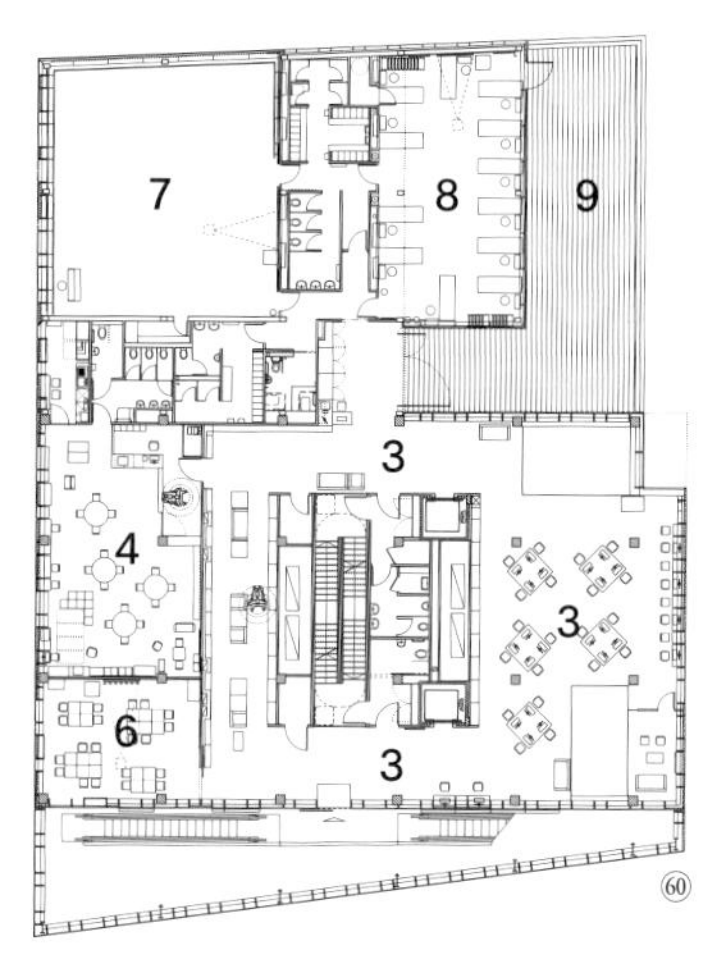

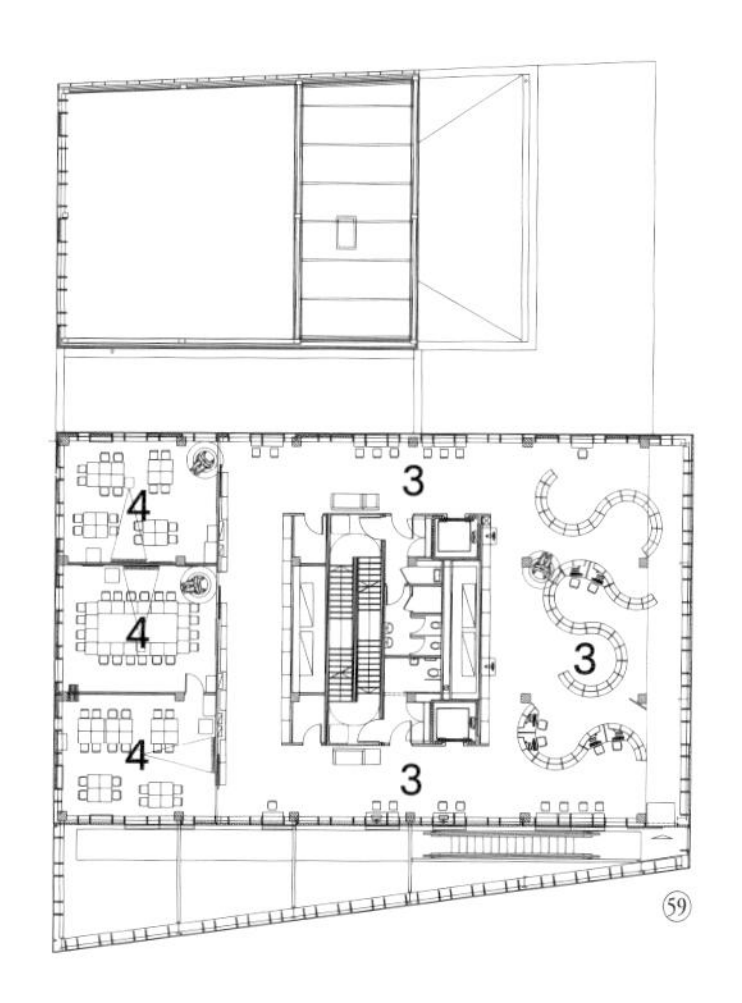

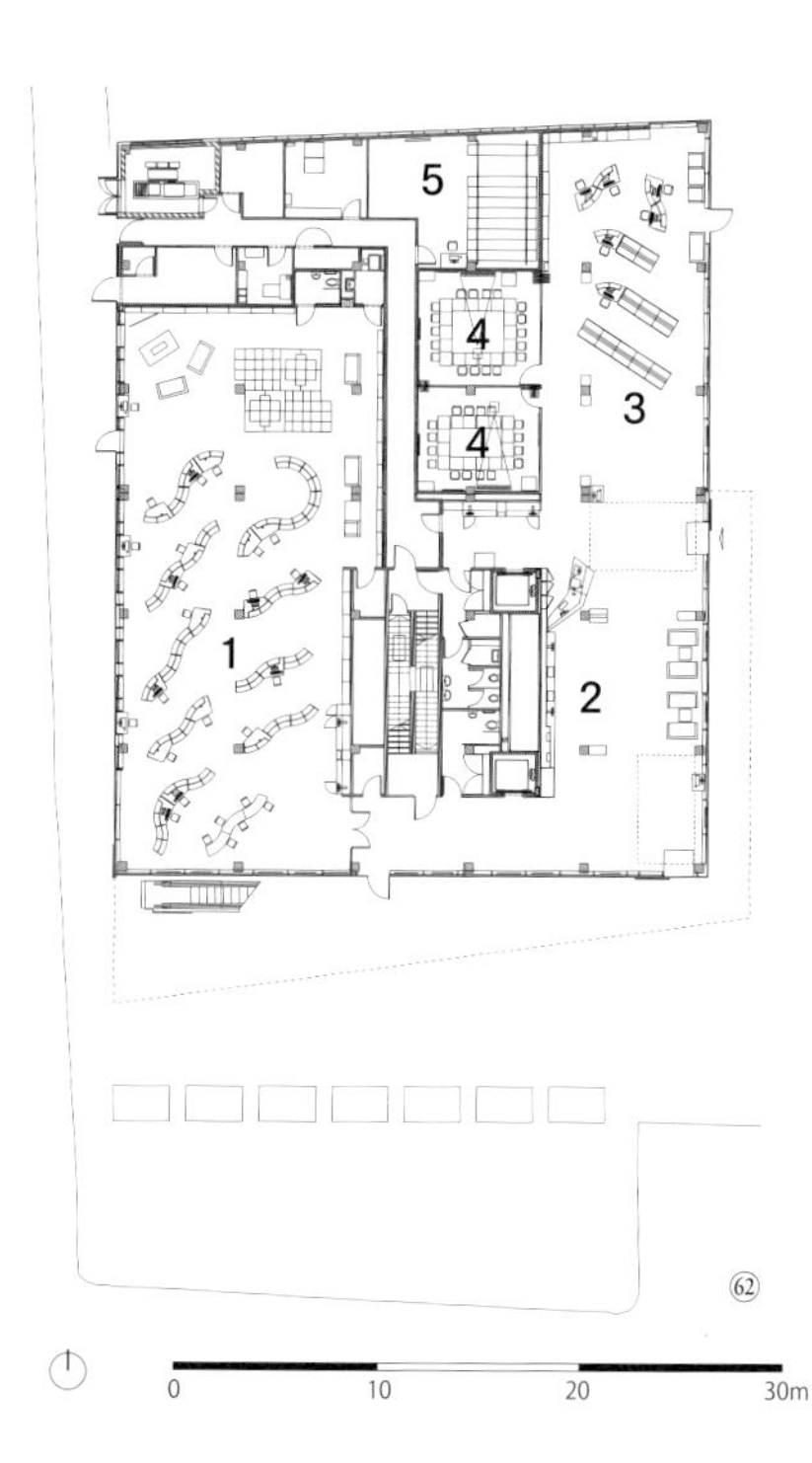

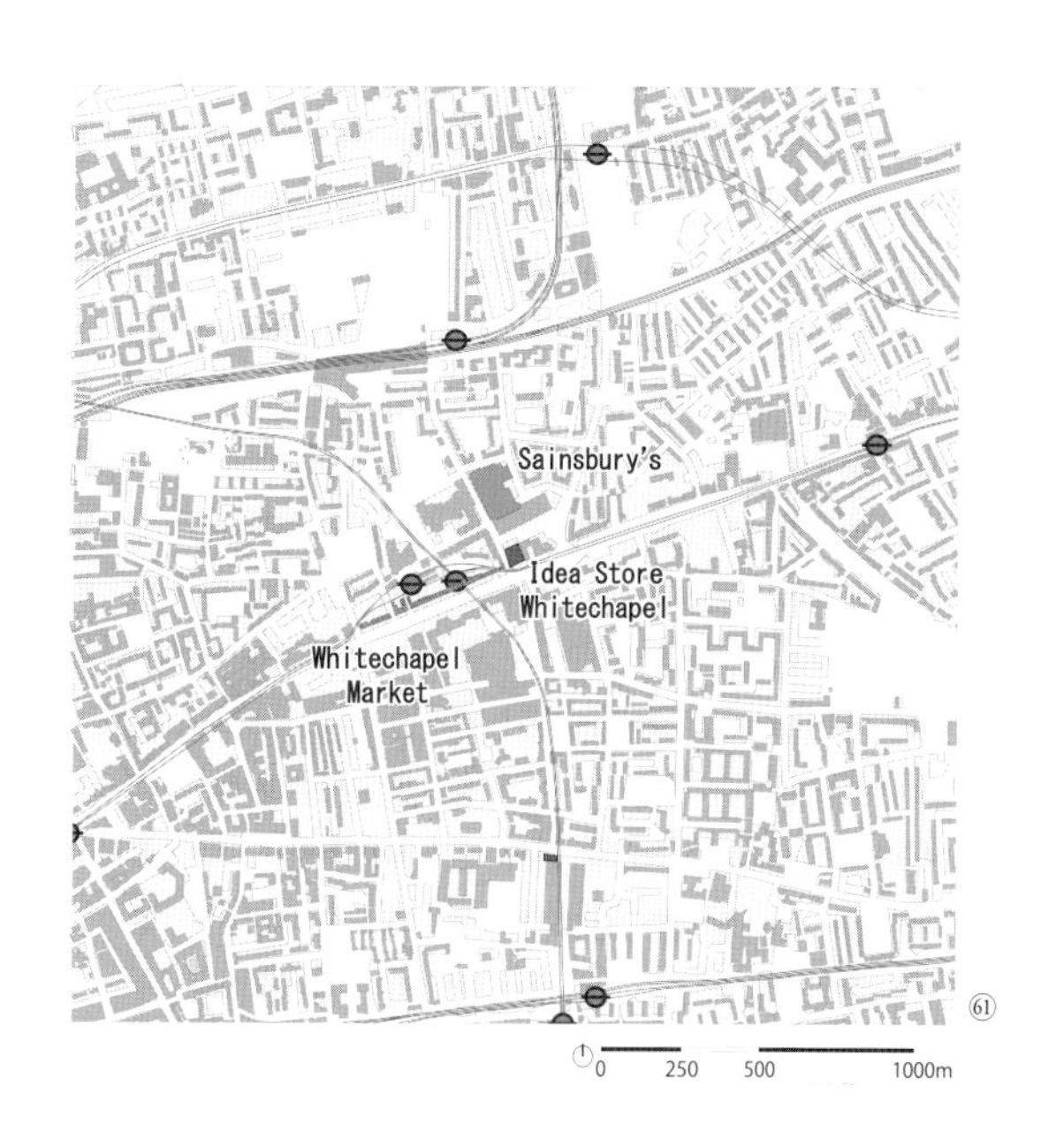

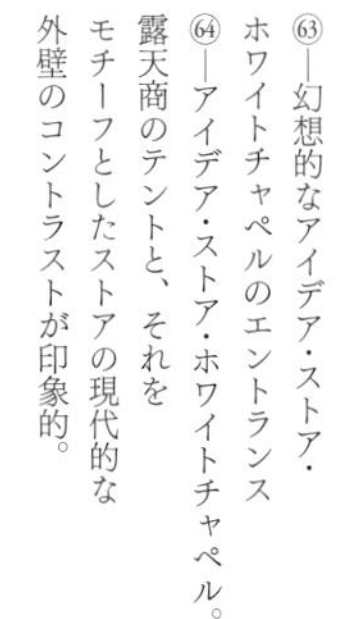

63—幻想的なアイデア・ストア・ホワイトチャペルのエントランス
64—アイデア・ストア・ホワイトチャペル。露天商のテントと、それをモチーフとしたストアの現代的な外壁のコントラストが印象的。

5層、そして裏通りからは2層になっていることが確認できる。高層部の中央には避難階段と2基のエレベーター、男女トイレから構成されるコアが配置されている。その他、豊富な品揃えのCDやDVD、インターネットによる検索コーナーや学習コーナー、図書コーナー、ラボと呼ばれるクラスルーム、託児室（子ども図書コーナー）、ダンス・スタジオ、補完医療、屋外テラスなど一般的な図書館には見られない多様な機能が満載で、カラフルでポップなデザインによる案内やラベリングが施されている。

5層吹抜けの大空間は、建物と外部空間を結びつけるアトリウムの役割を担っている。さらに建物内には、もうひとつ吹き抜け空間がある。2階から4階を結ぶアトリウムには、予算に余裕ができ次第、内部階段が作られ各階をつなぐという構想があるらしい。エレベーターでの垂直移動は、2基のエレベーターが互いに反対側の廊下にあるため、待ち時間が長くなるという問題点が指摘されている。そのため、コア内の避難階段が主な移動動線となっているらしい。機能的には若干の支障を来しているとのことだった。

インテリアには、空間の感じを和らげる木製のルーバーや緩やかな円弧を描いた家具が取り入れられている。最上階には安価な値段でボリュームのある食事やドリンクを提供するカフェや、社会人ライブラリーがある。金融街シティを眺める眺望が素晴らしい。トップライトからは柔らかな光が降り注いでいる。このトップライトは一部開閉式になっているため、気候の良い日には、爽やかな風が流れ込んでくる。この階の一画には、ソーシャル・リビングと呼ばれる大型テレビとソファーが並べられたコーナーがある。当時、テレビをもっていない住民のためのサービスとして、1日に3回BBCニュースを流していた。今でも、そのサービスは続いている。しかも、加入料の高いスカイTVも受信できるため、英国で人気のスポーツ、フットボール（日本のサッカー）などの生中継をするときは、多くの住民で賑わうらしい。一般的な英国人は、こういった場合、パブ（大衆居酒屋）に集結して奇声を上げながら観覧するが、ムスリム（イスラム教徒）の多いタワーハムレッツ区ではパブに集まることはほとんどない。宗教上の理由でアルコールを飲まないからである。

もちろん、IT対応への強い要望に応えるため、多くの部屋にパソコンが設置されている。携帯やインターネットが広く一般社会に浸透した今日に至っても、その状況はさほど変わっていないようだ。

まちに現れた波及効果

アイデア・ストアがタワーハムレッツ区に与えた影響は、図書館利用率の急激な上昇である。実際、オープン当初から図書館利用率は4倍以上に跳ね上がり、英国においては第4位、ロンドンにおいては第3位にまで浮上している。その分、ショッピングセンターへのアクセス増加などの相乗効果も期待できる。

年間利用者は、ホワイト・チャペルで60～70万人、クリスプ・ストリート、カナリワーフ

(65)

(66)

(67)

(68)

(65)—フェアフットにある旧図書館。
(66)—旧ローマンロード図書館は、店舗として改修されている。
(67)—旧セント・ジョーンズ図書館は、タウンホールとして改修されている。
(68)—旧ドルセット図書館は、地域の公民館として改修されている。

⑲

⑲—シェパード・ロブソンによる新しいクリスプ・ストリートの再開発計画(鳥観図)。アイデア・ストアを中心に残し、他の全てを再生させている。

がそれぞれ30万人、そしてワッタニーマーケットが30～40万人の規模で推移している。一方、既存の図書館では、10万人程度の利用者で推移している。

利用率の増加は、住民のスキルアップや教育レベルの向上にも繋がっている。一概にアイデア・ストアによる純粋な貢献度を証明することは難しいが、その効果として生活水準が向上していることが指摘されている。また、平日、夜9時までストアがオープンすることで、夜間における治安の改善が著しいという。犯罪率も低下している。もともとアイデア・ストアは戦略的にショッピングセンターやマーケットなど人通りの多い賑わいのある場所が選ばれている。しかし、ストア開設前のクリスプ・ストリートの荒廃振りはひどかったそうだ。浮浪者や麻薬密売人などが徘徊し、なかなか一般人が近づけない雰囲気が漂っていたそうだが、今では、非常に明るくなり、活気を取り戻している。

既存の図書館、ラーニングセンターの位置関係を分析し、交通機関によるアクセスも考慮したうえで、立地候補が挙がる。ホワイトチャペルのケースでも、慌てず、狙った場所を取得するまで建設を待っていたというから用意周到で

⑦⓪

⑦①

⑦⓪—アイデア・ストア・クリスプ・ストリート周辺の配置図（開発前）
⑦①—アイデア・ストア・クリスプ・ストリート周辺の配置図（開発後）

ある。焦って失敗するより、時間をかけて最適な場所に立地するという戦略で、第六、第七のアイデア・ストアの構想が練られている。

では、閉館された図書館やラーニングセンターは、どうなったのだろうか。もともと図書館には2つのタイプがあった。1900年代初期に建てられた瀟洒なビクトリア調の建物と簡易な小型図書館。街角の図書コーナーと言った方が適切かもしれない。前者は、建物の格調高さ故、今でも立派に存続している。機能的には美術館やギャラリーに改装されたもの、行政施設となりタウンホールとして使われているものなど様々だ。一方の街角の図書コーナーは、次の借り手が見つからず廃墟となったもの、店舗として改装されたものなど、それなりの使い方をされている。

アーバン・カタリストとしての役割では、クリスプ・ストリート一帯の都市再生計画が当局によって承認された。マスタープランを手がけたのはロンドンの大手設計事務所シェパード・ロブソンで、650世帯の住宅施設（6万5100㎡）、シネマ・コンプレックス、飲食店、ショップからなる複合商業施設（1万8500㎡）で、アイデア・ストア・クリスプ・ストリートを核とした一大再生プロジェクトである。この計画には、アイデア・ストアの増築と、クリスプ・ストリート・マーケットの半屋外化が含まれ2018年から第一期工事が始まり、2026年の完成を目指している。

カタリスト的視点

アイデア・ストアとは、その名の通り新しいアイデアが盛り沢山の「商店のような図書館」である。生涯教育プログラムを充実させることで地域における文化的・創造的な経済効果も高まっている。もちろん、就業に必要なスキルの向上がより多くの就業機会を提供し、所得の拡大に寄与していることは言うまでもない。住民の生活レベルの向上に伴い、犯罪率も減ってきている。結果として、タワーハムレッツ区は暮らしやすくて働きやすい地区であるという認識が広がりつつある。かつての治安の悪い貧困街のイメージは徐々に払拭され、負のスパイラルは、正のスパイラルへと転換している。

これに刺激を受けた英国政府では、英国内にある他の図書館をアイデア・ストア化しようとの動きが過去10年来起こっている。しかし、残念ながら現段階では、アイデア・ストアの進出はタワーハムレッツ区内に限定されている。伝統的な様式建築を好む生粋の英国人にとっては、図書館はやはりビクトリア調の豪華な建物が相応しいという根強いこだわりが障害となっているのかもしれない。とはいえ、英国内外に関わらず世界中からアイデア・ストアのシステムや運営法を視察に来る一団は後を絶たない。また、行政官と住民、あるいは住民同士をつなげるコミュニティーセンターとしての役割も期待されている。

このニーズに対応するため、専門スタッフによる簡単な館内ツアー（無料）、さらに複数のストアを見学するツアー、スタッフによるプレゼンテーションなど提供する情報量に合わせて1時間、3時間、半日、終日と複数のオプションが有料で用意されている。その背景には、アイデア・ストアを商品として世界中に売り出していく野望があるからだ。

時代の変化、ニーズをいち早く読み取り、素早く実行に移し成果を挙げるという英国人らしい英知の賜物といえる一連の取組み。しかも、施設建設の費用、そのための運営費に関する財源は、税金だけに頼らず、受講者からの授業料、スポンサーとしての民間企業、そして資本融資を受け入れている。プロジェクトに関わるすべてのものに利益を与え、付加価値を高めていくことで、持続的な成長のプロセスをビジネス化する狡猾さ。英国流の経営理念、都市戦略から学べることは計り知れない。

第3章

ハイライン（ニューヨーク）

廃線となった鉄道高架橋の空中庭園化により、食肉加工地区からファッショナブルなエンターテイメント地区へと変貌

産業遺産
鉄道貨物高架橋
ミートパッキング
ファッション
空中庭園

3 ハイライン（ニューヨーク）

ハイライン

ニューヨークにできた空中庭園ハイラインは、今や、メトロポリタン美術館やエンパイア・ステート・ビル、自由の女神を凌ぐニューヨークを代表する観光スポットになっている。ハイライン（高架線）は、大きく分けて3つの地区を縦断している。北は、鉄道操車場の上に人工地盤をつくり急ピッチで再開発が進行するハドソン・ヤード、そして、アート・ギャラリーが密集するウエスト・チェルシー地区、南は、ファッショナブルなバーやレストラン、ブティックが軒を連ねるミートパッキング地区である。公園を管理するフレンズ・オブ・ハイラインによるビッグデータを駆使した統計によると年間700万人を超える人が訪れている。

はじめに——グリッド都市ニューヨーク

マンハッタン島に超過密に発達した巨大都市ニューヨーク。人間の欲望を満たすすべての要素が、一点に凝縮されていると言っても過言ではないほど、ありとあらゆる都市現象が同時多発的に起こっている。東西方向をイースト川とハーレム川、そして、ハドソン川に囲まれた細長いマンハッタン島は、しかし、極めて画一的なグリッド構造により成立している。アメリカン・インディアンの住む場所だった島に、17世紀、オランダ人が入植し、ニューアムステルダムと名付けていた。世界有数の金融街であるウォール街などがある南端のロウアー・マンハッタンを貿易の拠点とし中世的なまちづくりが始められた。都市の成長はやがて島を北上していくが、ハウストン通り辺りから、徐々に規則正しいグリッド構造が支配的になる。そのグリッドは、200ft×800ft（約60m×240m）の大きさの街区を基本形とし、東西南北を明快に区画している。南北に走るのが日本語で「何番街」と訳されるアベニュー（Avenue）、東西に走るのが「何丁目」とされるストリート（Street）で、五番街を境界に東と西に住所表記が変わる。

その五番街と八番街に挟まれ、西59丁目から西110丁目までの南北4km、東西0.8kmという壮大な広さを誇るのが摩天楼のオアシス、セントラルパークである。セントラルパーク南西角地のコロンバス・サークルと呼ばれる円形広場を通過し、マンハッタン島を対角線上に縦断するのが、ブロードウェイである。概して単調な風景をつくりがちな格子状都市に、ダイナミックに斜めから貫入するブロードウェイは要所要所で独特の風景をつくり出している。コロンバス・サークルもその一つだが、七番街との交差点は世界中からの観光客が集まる場所として知られるタイムズ・スクエアである。建物外壁には世界的な企業の広告やディスプレイなどが設置され世界でもっとも有名な交差点の一つである。そして23丁目との交差点には、ダニエル・バーナムによる三角形の高層ビル、フラット・アイアン・ビルディングがある。バーナムは、シカゴ万博の総合ディレクターとしても知られ、シカゴ中心部で行った都市計画は、のちの都市

①—ウエスト・チェルシー地区とミートパッキング地区を一直線につなぐ空中公園「ハイライン」

美運動にも発展した。

ちなみに、ニューヨークでブティックやレストランなど店舗を構えるなら、アベニュー沿いのロケーションがストリート沿いのロケーションより圧倒的に好まれる。これは、街区において次の交差点までわずか60mと、240m歩くのでは、アクセスや見つけやすさの点で大きな差が生じるからだ。言うまでもなく、アベニューの中でも数字により場所のステイタスは大きく異なる。日本でも知られるニューヨーク五番街などは、超一流デパートや高級ショップなどが軒を連ねる一等地である。

ハイラインに隣接する十番街や十一番街は、マンハッタンでも西の端にあたり港湾施設や倉庫街などが集積する工業地区である。さて、ニューヨークを縦横無尽に走る地下鉄線は、そのほとんどが南北方向に縦断している。しかし、アッパー・ウエスト・サイド以南では、地下鉄線が八番街から東側に集中しているため、ミートパッキング地区やウエスト・チェルシー地区のある西12丁目から西30丁目へは駅を降りてから2街区以上の距離を歩くことになる。それゆえ、この地区に住むには地下鉄へのアクセスの悪さを妥協しなければならない。一方、地下鉄

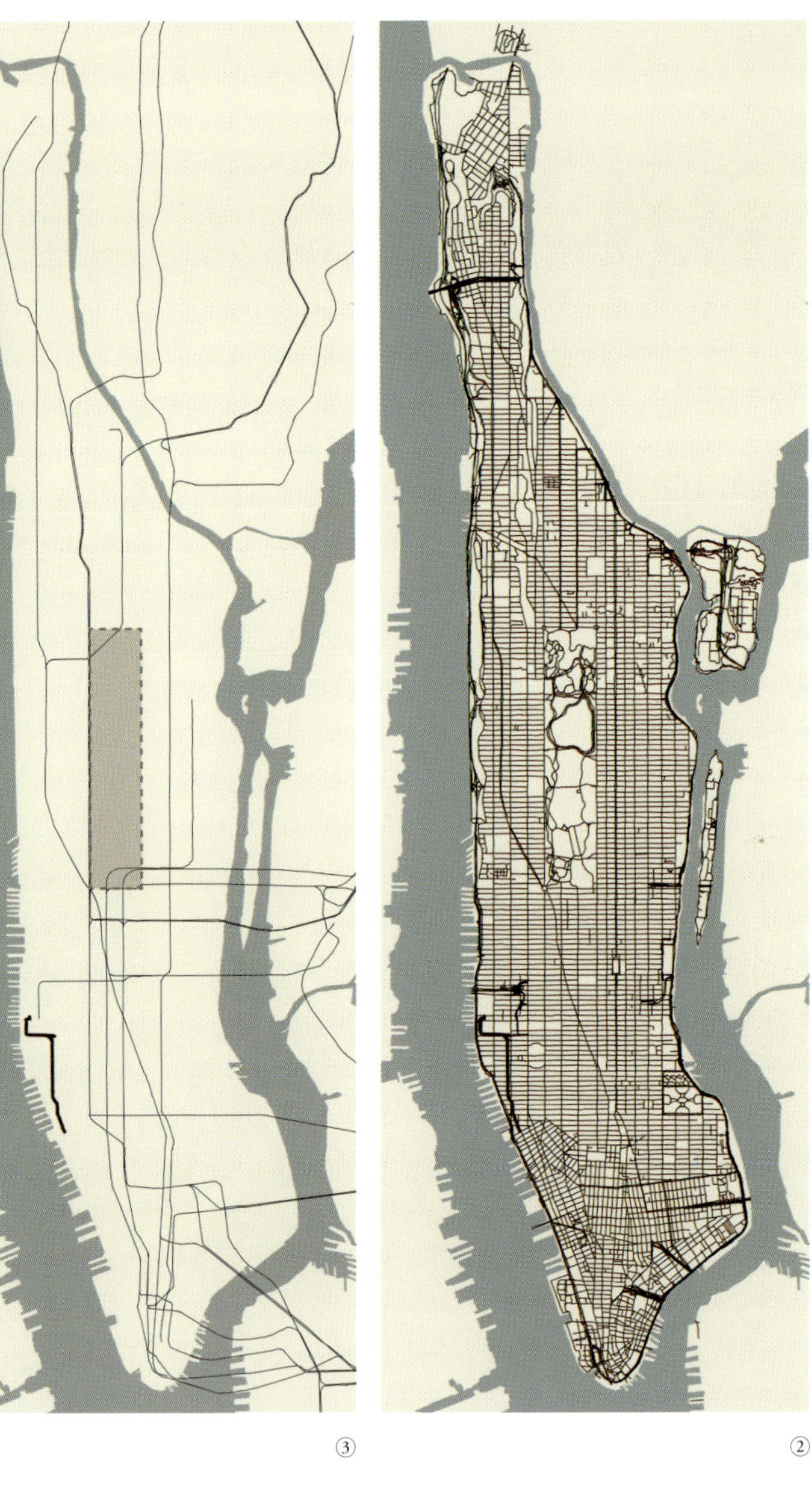

②―マンハッタン島の道路網
③―マンハッタン島の地下鉄網
④―マンハッタン島のオープン・スペースとハイライン

駅があり広幅員の14丁目、23丁目、34丁目などは、その中でもやや別格とされている。このように地下鉄網から隔離された感のある西端地区だが、2015年、地下鉄7番線が七番街41丁目にあるタイムズ・スクエア42丁目駅から十一番街34丁目に新設されたことで、34丁目ハドソン・ヤード駅に至る1マイル(約1.6㎞)が延伸された。現在、急ピッチで再開発工事が進んでいるハドソン・ヤードのちょうど北側にオープンし、タイムズ・スクエアやニューヨーク公立図書館、そして、近郊のクィーンズにあるフラッシングなど東部に広がるロングアイランドに接続する。将来的に多くの通勤者がハドソン・ヤードに流れ込むことが予想される。

⑤—建設直後のハイライン
⑥—路面を走る貨物列車による衝突事故の多発により、この辺りは「デス・アベニュー（死の街道）」と呼ばれるようになった。

高架貨物線跡を空中庭園へ――
産業遺産の発掘

1847年、ハドソン川に面するマンハッタン島西側地区は、すでに臨海工業地区として賑わっていた。そのため、貨物用の路面鉄道を敷くことがニューヨーク市より認可された。間もなく、ハドソン・リバー鉄道などが十番街と十一番街沿いにある倉庫や工場に乗り入れるようになる。しかし、1866年頃からは、車と列車の衝突事故が増え始め、1908年になると「死の街道（デス・アベニュー）」と呼ばれるほど死亡事故が多発した。貨物列車の運行に対する抗議活動が本格化する中、1920年代には、暫定的にウエスト・サイド・カウボーイズと呼ばれる騎馬誘導員が配置され事故防止活動に奔走した。列車の前を馬に乗って走りながら、歩行者への注意を勧告したが、運行を問題視する世論には逆らえず、1924年にニューヨーク市交通委員会が列車の平面交差への廃止命令を出し、1927年には、市と鉄道会社での軌道用地交換が基本合意に達している。そこで提案されたのが、カナル・ストリートから操車場のある30丁目までを高架鉄道化するというものだった。特にミートパッキング地区は、今では、ほとんどが郊外などに移転しているが、19世紀中頃から80年代まで、肉処理をする会社がひしめき合っていた。当時、アメリカ国内から運ばれてきた食肉は、一頭丸ごと、冷凍設備の整った加工場に運ばれて、解体され、ニューヨーク近郊に配送されていた。地上3階部分を貨物列車が通り、直接、建物に食肉を運び込み、一階にある冷蔵庫までエレベーターで降ろしているため、食肉を吊り下げるためのフックが、至る所で見られた。一階部分は、肉製品を雨露から保護するためのキャノピーが張り巡らされてた。今、この地区にあるキャノピーはレトロフィットなもので、歩行者中心のまちづくりに呼応し、機能は変わっても地区のDNAとして息づいているように見える。ニューヨーク在住の写真家ブライアン・ローズ（Brian Rose）は、2014年ゴールデン・セクション出版社（Golden Section Publishers, LLC）から出版された『変容・ミートパッキング地区1985+2013』の中で、1985年と2013年に撮影した同じ場所の写真を比較することで地区の変容を伝えている。

⑦

鉄道会社による高架計画は、ハイラインが産声を上げるきっかけで、1931年から建設工事が始まった。ハドソン・ヤードのある西34丁目からクラークソン・ストリートに併設するセント・ジョンズ・ターミナルまでの総延長3.6kmの大工事は、3年ほどの歳月で完成し、1933年には最初の列車が走行し翌34年、正式に開通している。貨物列車は、食品加工場の3階や保冷倉庫に直結する形で貨物を運ぶように計画さ

⑧

⑨

⑩

⑪

⑦―貨物列車がハイライン上を頻繁に行き来する。
⑧―ワシントン・ストリートと13丁目の交差点(1985年→2013年)
⑨―ガンズヴォート・ストリートとワシントン・ストリートの交差点(1985年→2017年)
⑩―西14丁目(1985年→2013年)
⑪―写真家ブライアン・ローズによる1985年と2013年に撮影したミートパッキング地区の変遷を記録した写真集＝ワシントン・ストリート(1985年)

⑫

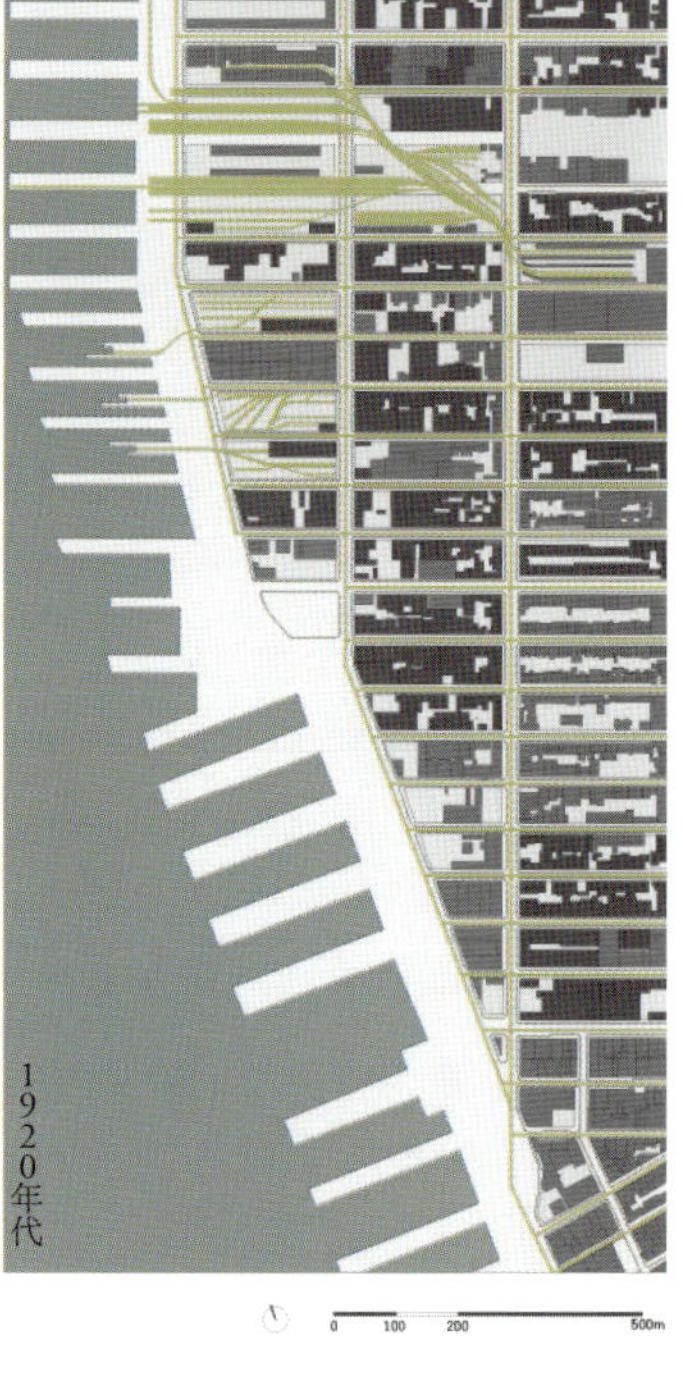
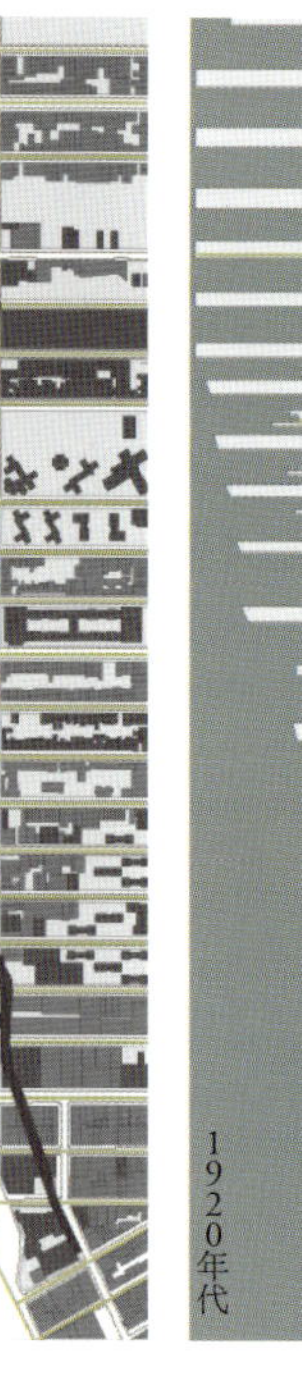
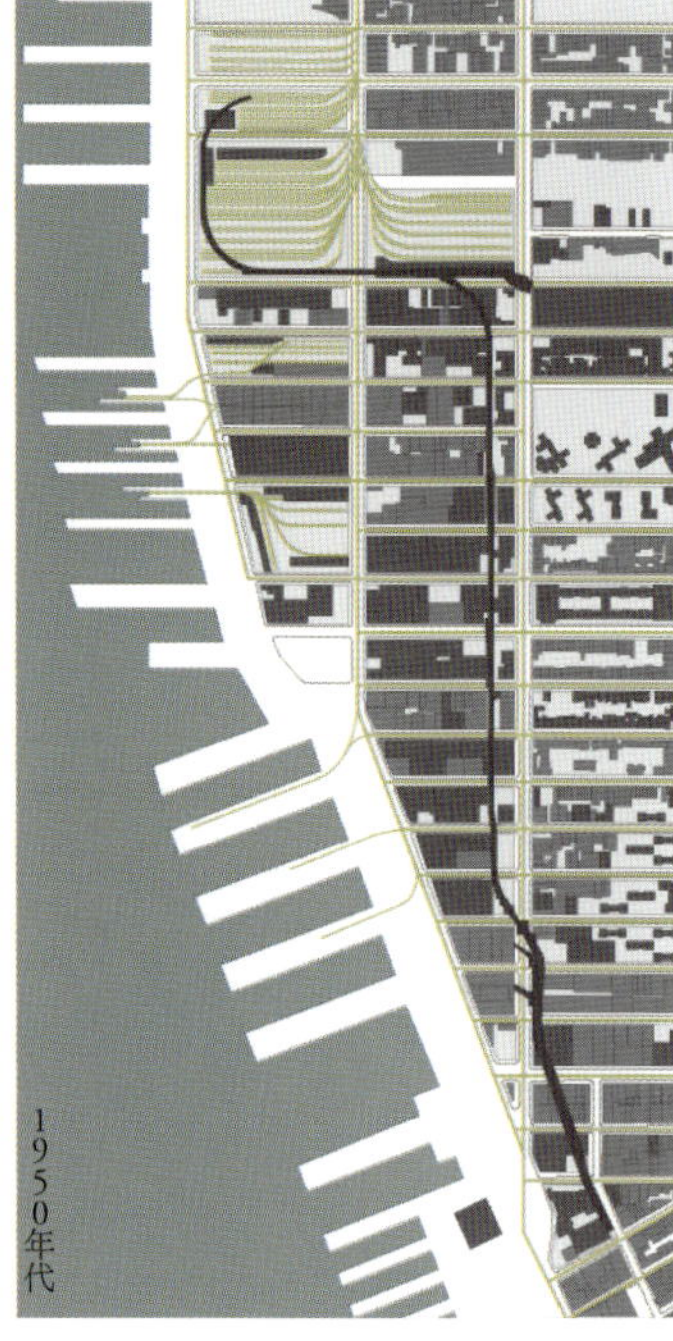
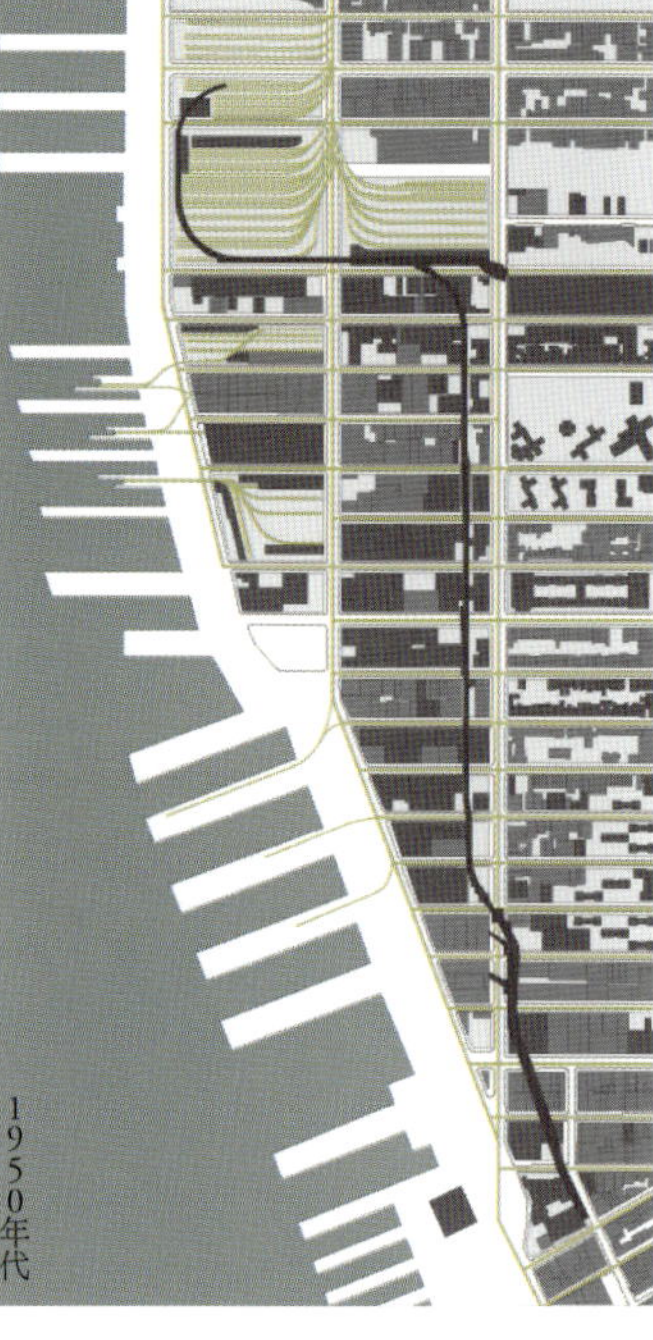

⑫―ウェスト・チェルシー地区とミートパッキング地区の変遷＝1920年代（右）、1950年代（中央）、2010年代（左）

れた。1931年のニューヨークと言えば、当時、世界一の高さ440mを誇るエンパイア・ステート・ビルが竣工した年で、続々と世界最高水準の粋を集めた構造物が誕生することで「強い国、アメリカ」をさらに印象づけている。同じくアールデコ・スタイルで1930年に完成したクライスラー・ビルディングは、1年に満たない期間で世界一の座を明け渡したことになる。これにより世界一の超高層ビル建設競争は、しばらくの間、沈静化することになった。

しかし、数々の困難を乗り越えて建設された高架鉄道が、本格的に稼働したのは1934年から1960年までの26年間と、それほど長い期間ではなかった。それは、都市間、そして、全米で発達した高速道路網が、鉄道に代わる輸送手段として台頭したからだ。トラック輸送が本格化すると倉庫や工場は郊外に移転し衰退が始まった。南端にあるセントジョンズ・パーク・ターミナルが売却されることで、バンク・ストリート以南の高架鉄道は、やがて市によって撤去された。12ブロック（約950m）が消え去ったことになる。その間、鉄道会社の再編も活発化する。鉄道会社6社が統合されることで、総合鉄道会社（通称＝コンレール）が設立され、高架鉄

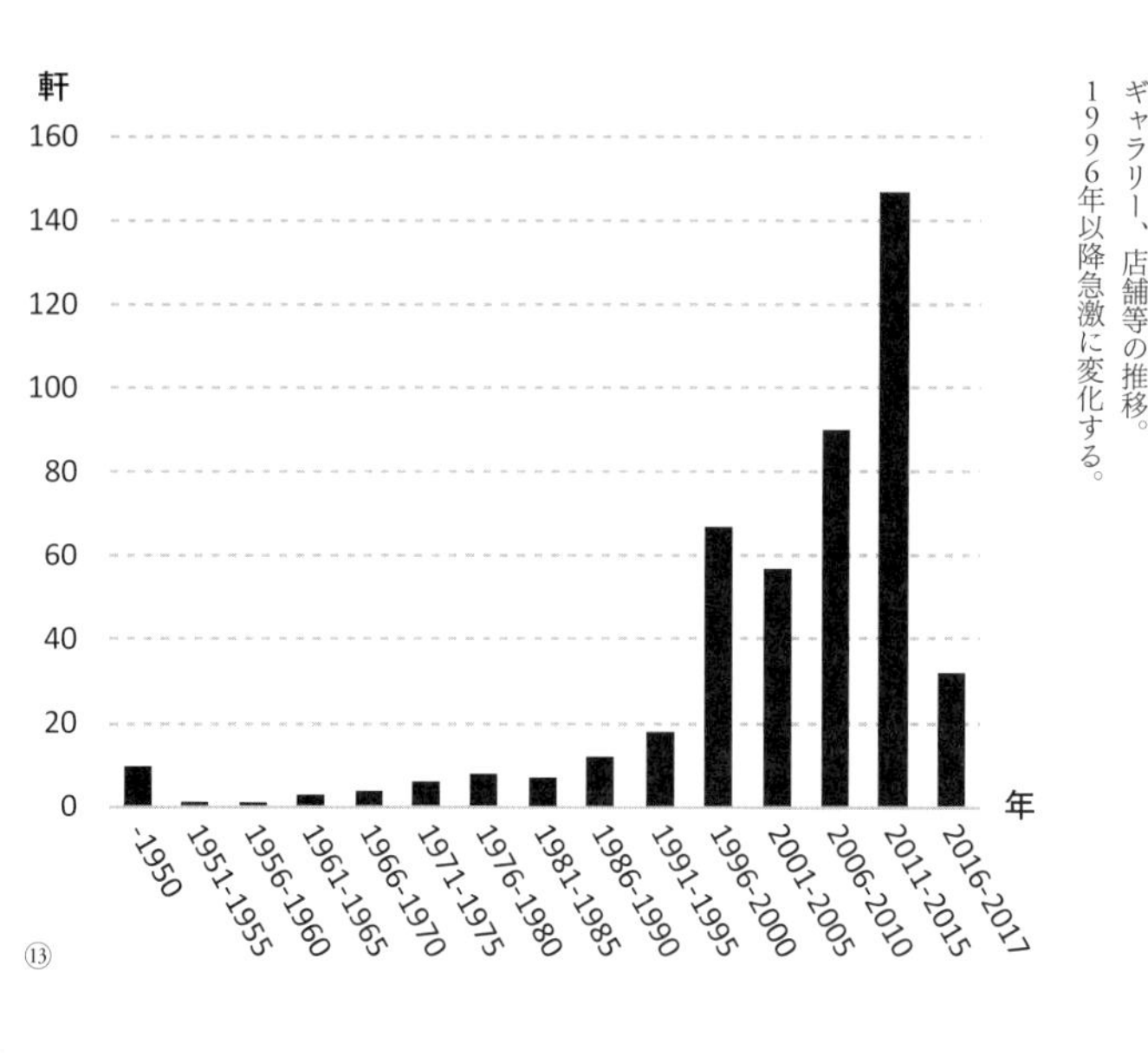

⑬

⑬—ウェスト・チェルシー地区とミートパッキング地区に出店したギャラリー、店舗等の推移。1996年以降急激に変化する。

道の所有者もこのコンレールに引き継がれる。終には、1980年、最後の列車が高架鉄道を走ることで、46年間の歴史に幕を閉じる。最後に運搬された貨物は冷凍された七面鳥だったという。1991年には解体が現在の南端、つまりガンズヴォート・ストリートまで進められた。さらに5ブロック（約320m）が消えたことになり、残る1.5マイル（約2.4km）が解体されるのも時間の問題と思われていた。解体後の跡地には新しい建物が建設され、また、周辺の産業用倉庫は住宅やオフィスとしてコンバージョンされる。そして、高架鉄道は、このように鉄道の運行休止とともに表舞台から消え去ることで、空中庭園「ハイライン」として生まれ変わる2009年までの30年余りの間、一般市民の記憶から忘れ去られることになる。

フレンズ・オブ・ハイライン

30年間の歳月は、人々の想像も及ばない変化を高架鉄道にもたらしていた。緑が深く生い茂り、風景と溶け合う空中庭園をつくり出していた。しかし実質的には廃線となっていた高架鉄道は、常に存続の危機に瀕していた。治安の悪化、犯罪の温床という環境面からの解体要求、あるいは、維持費の捻出など経済的負担からの要求、そして、地区再開発の障害となっているという投資面からの要求がその理由だった。鉄道輸送の閉鎖と共に、ウエスト・チェルシー地区、ミートパッキング地区の産業構造にも変化が現れ始める。特に、高架鉄道の走っていた十番街以西は、古くなった倉庫を改装したナイトクラブやバーなどで賑わう夜の街としての顔を持つようになる。ゾーンDK、スパイク、イーグルなどが代表格で、実態は、ゲイが多く集まるクラブだった。廃線となった高架鉄道は、クラブ帰りのゲイ・カップルが情事に励む場としても活用され、高架下は、雨露や寒さを凌ぐ売春婦や麻薬密売人などがたむろする場と化していった。

1994年1月から2001年12月までニューヨーク市長を務めた第112代ニューヨーク市長ルドルフ・ジュリアーニは、2001年、アメリカ同時多発テロ事件発生時には大統領ジョージ・W・ブッシュと共にテロリズムとの闘いを宣言するなど、凶悪犯罪の撲滅および市の治安改善に大きな成果を挙げたことで知られる。ジュリアーニは、任期中、治安改善を念頭に、高架鉄道の撤去を決定している。

一般市民からは、すっかり忘れ去られた高架鉄道だが、水面下では、ニューヨーク最後の「楽園」として投資家から熱い眼差しが注がれていた。将来的にゾーニング規制が緩和され、工業地から住宅地になることを想定した土地売買が進んでいた。その中心にダグ・サリーニという男がいた。サリーニは、チェルシー地区土地所有者連合の代表を務め、高架鉄道の撤去を声高々に訴えている。この男の主張は、「この高架鉄道が、チェルシー地区の発展の妨げになっている。汚くて目障りな構造物を撤去すれば、新しい建物を建てることができる」というものだった。現実には、製造業の衰退に伴う土地を安値で購入し、コンドミニアムなどを新しく建てることで、自分の所有する不動産の価値を吊り上げるというのが、その目論見であることは言うまでもない。

廃線化した高架鉄道をハイラインとして再生したのが誰かと問われると、二人のニューヨーク市民を挙げなければならない。「ハイライン」に関する地区住民評議会で偶然知り合った近隣住民のジョシュア・デイビットとロバート・ハモ

⑭

⑮

⑯

⑭—貨物列車が建物内を通過していた。旧ベル電話研究所ビル

⑮—現在は、鉄道敷も撤去され、ウェストベス・アーティスト・コンプレックスとして改修されている。

⑯—現在、ニューヨーク市により管理される唯一の食肉加工場。ミートパッキング地区の記憶を伝えている。

ンドは、彼らの人生をかけてハイライン保存運動に奔走し、十年かけて、高架鉄道の空中庭園化を実現している。この二人がいなければ、ニューヨークは、ハイラインという類まれな空中庭園を永遠に失っていたと言っても過言ではない。

現在、ニューヨーク市から公園管理を委託され、ハイラインにおけるイベントやメンテナンスを行っているのがフレンズ・オブ・ハイラインというNPO法人である。デイビットとハモンドの二人が創設者となり、ハイラインの保存運動を行い、保存が決まった後も公園の管理者としてハイラインを守り続けている。年間200人を超える多くのボランティアに支えられながら、常に100人近いフルタイムのスタッフが、日夜、ハイラインでの活動を続けている。ハイラインの総資産価値は100億円以上とされ、15億円を超える年間運営費の98%を寄付金などから捻出している。人件費だけでも9億円規模と一般企業並みの組織力や運営力に支えられ、ハイラインは人々に憩いの場を提供している。

350種を超える植物や樹木の維持、さらに、1年を通じて企画される参加型イベントやプログラムは450を超える。寄付金を募るためのチャリティ活動として食事会、また120を超えるアーティストによるコミッション作品、ビデオ上映、そしてパフォーマンス、さらに、トークショー、ファッションショーや音楽会、ハロウィンイベント、ウォーキングツアーと、個人参加から家族参加まで、あらゆる世代が楽しめるよう工夫されている。冒頭にもあるように、年間700万人を超えるニューヨーク随一の話題スポットへと成長している。

時をさかのぼる1999年、高架鉄道の保存か解体を議論するための地区住民評議会で、たまたま出会ったデイビットとハモンドは、自分たち以外に、保存運動に興味をもつ者がいないという厳しい現実に直面する。評議会自体が、サリーニを代表者とするチェルシー地区土地所有者連合による解体賛成派のためのプロパガン

⑰—西30丁目を走るハイライン上の機関車。背景にエンパイア・ステート・ビルが聳える。(1950年代)

ダの場でもあったからだ。しかし、漠然とした思いで、すでに保存活動に取り組んでいる市民団体や活動グループに参加しようと思っていた二人は、自らが旗を振らなければ、いずれ高架鉄道は解体の憂き目に合うことを実感する。こうしてたった二人の住民によるニューヨーク市や強欲な土地所有者に対峙する保存活動が始まった。

もともとは建築家志望で、ペンシルバニア州立大学で環境設計の科目を受講していたデイビットは、最初の授業で建築家の夢を挫折している。その後、ジャーナリストに道を志し、『グルメ』、『フォーチュン』、『トラベル＋レジャー』、『ウォールペーパー』などの雑誌に多数寄稿するフリーランスのライター兼編集者としての生活を送っていた。一方、ハモンドは、さまざまな企業の起業に携わる根っからのビジネスマンだった。それゆえハイライン保存に向けた寄付者や支援者を募るための「ニューヨーク流」の駆け引きやセルフ・ブランディングに長けていた。戦略家のハモンドと堅実的なデイビットは、抜群のチームワークで、どんどんと味方や運を引き寄せ、ハイラインの保存を実現させる。専門家のアドバイスを得るため、支援者集めに必要な情報をリストアップすると、片っ端から電話をかけアポ取りをし、フットワークの軽さで確実にネットワークを拡げていったハモンド。そ

⑱

⑲

⑱—フレンズ・オブ・ハイラインの創設者ジョシュア・デイビット(後方)とロバート・ハモンド(手前)
⑲—フレンズ・オブ・ハイラインによる会員向けマガジンの表紙

んなことは、自分には絶対できないと確信していたデイビットは、ライターという職種を活かし、広報のための緻密な資料を説得力のある文章で綴っていった。

まず、実力者や著名人の信用を得るため、フレンズ・オブ・ハイラインの活動を示したパンフレットを作成する際にも、二人の意見は2つに分かれている。内容さえ充実して要れば十分と思っていたデイビットに対して、ハモンドは常にクオリティの高さを求めた。金がかかってないと、誰も見向きもしないというのが彼の主張だった。信頼を築くために、専用のオフィスもなく、専用の住所や電話もない「組織」に対して、どうすれば支援者や寄付者が集まるかということ、いわゆるブランディングに対する臭覚が優れていたわけだ。二人は思いがけず壮大なプロジェクト実現に向けて邁進することになるが、運にも恵まれていた。いや、運を常に手繰り寄せながら、着実に前進していったというほうが適切だろう。ニューヨーク浄化計画の一環としてハイライン解体派のジュリアーニ市長が、実業家のマイケル・ブルームバーグ第108代ニューヨーク市長（在任期間 2002年1月〜2013年12月）に代わったことも幸いしている。もし、ジュリアーニ市長が続行していたら、ハイラインは解体されていたかもしれない。

ブルームバーグ政権時にニューヨーク市の都市計画局長を務めたアマンダ・バーデンは、「公共空間が都市を活かす」という命題に対し真摯に向き合い、動物行動学者としての経験をもとに人間性の感覚を大事にし、市民が楽しめる都市空間をニューヨークに数多くつくり出した。彼女が常に自問していたのは、「その場所に行ってみたいか」「そこに居たいと思うか」「そこは見通しがいいか」「他に人はいるか」

⑳

⑳—貨物列車による衝突事故を防ぐためウエスト・サイド・カウボーイズが列車を誘導していた。（ハイライン内の案内板）

㉑―ニューヨークで人気のポケットパーク「ペイリーパーク」
㉒―ブルックリンから対岸のマンハッタン島を眺める

「緑があってフレンドリーな空間か」「自分の居場所、座る場所があるか」という場所へのこだわりである。彼女の義父で著名なランドスケープ・アーキテクトのロバート・ザイオンが設計した53丁目にあるペイリーパークというポケットパークを例に挙げ、公共空間が成功する秘訣を振り返っている。ブルームバーグの片腕として、ロウワーマンハッタンにあるバッテリーパークなどのウォーターフロントや、ブルックリン地区のウォーターフロントの公園化、ハドソン・ヤードから北へ延びるグリーン・コリードーという緑化計画など市民のための憩いの場を精力的につくり出している。そして、「出会った瞬間、恋に落ちた」と振り返るハイラインに対し、献身的な保存活動を行い、フレンズ・オブ・ハイラインの強力な後ろ盾となっている。オープンスペースをつくる際、土地に対する2つの相反する目的が対立するという理論から、ディベロッパーによる商業機会への投資と戦わなければ、公共の利益のための公園づくりは、実現しないと力説している。ハモンドは、ハイラインが実現するまでの9年間、彼女が一日でも、ハイラインのことを忘れていたら、ハイラインは取り壊されていたと語っている。

1枚の写真

多くの人々をハイライン保存運動へ惹きつけ巻き込んだデイビットとハモンドの二人だが、写真家ジョエル・スタンフェルドとの出会いも、また劇的だった。ハイラインの価値は、いくら言葉を並べても伝わらない。しかし、ビジュアル、写真の力でなら、うまく伝えられると思うようになった。1944年ニューヨーク生まれのジェエルの写真は、変わりゆく文明や社会の変化を、時代性をもって切り取ることに定評があり、現代文明により変貌させられた不思議な風景は、ノスタルジックな哀愁を見る人に抱かせる。技術進歩により廃墟となった古い産業などが代表作で、まさに適材適所の人選だが、カメラマンの知り合いもいない二人が、たまたま連絡を取った写真家が、このジョエルだったというから驚かされる。

保存運動を展開する上で、ハイラインに連れて行き、実際にハイラインの上から見えるニューヨークの風景を見せることは、支持者を増やす最高の方法だった。ハイラインからの

㉓

㉓—人々の心を動かした
ジョエル・スタンフェルドによる
ハイラインの写真

㉔

㉕

ニューヨークの風景を見たほとんどの人は、瞬時にハイラインの虜になっている。ジョエルもまた、同じように圧倒的な風景に心を奪われた。しかし、ある条件を突き付け、ハイラインの写真を撮らせて欲しいと要望した。「1年間、時間が欲しい」。しかも、「1年間、誰もハイラインの上に上げないで欲しい」と。すぐに写真を撮ってもらえると期待した二人は驚く。ジョエルの熱意に押されその申し出を承諾した。

1年後、約束通りジョエルは、ハイラインの写真をもって二人の下に現れた。ジョエルの写真は、新緑の萌える初夏、秋の深まり、そして、雪景色など、日常的に見ることのないマンハッタンの四季折々の風景を見事に捕えていた。自然の蘇生力は、廃線となり放置された線路上で30年近い歳月をかけて植物を繁茂し、想像を超える風景を形成していた。草木が生い茂った空中庭園の背景にエンパイア・ステート・ビルが聳えるという迫力ある写真を使ったパンフレットによる保存キャンペーンは、二人の思惑をはるかに超える支持者を集めることになる。一連の写真をまとめた写真集『ハイラインを歩く（英語題名＝Walking the High Line）』は2001年に初版が発売され、多くの反響を集めた。

㉖

㉗

㉘

㉙

㉔—ビルを貫通するハイライン。3階部分から直接、荷下ろしを行っていた。
㉕—鉄道の通行が停止してから20数年。線路敷きは、植生に覆いつくされていた。
㉖—1930年代に建設されたスターレット・リーハイ・ビルを背景に望む。最上階には、ハイラインを設計したDiller Scofidio＋Renfroの事務所が入居している。
㉗—自然の繁茂力で、空中庭園は形成されていた。
㉘—ジョエル・スタンフェルドは、一年間かけて、季節ごとに変化するハイラインの風景を取り続けた。
㉙—雪景色のハイライン

パリ――
「プロムナード・プランテ」に学ぶ

デイビットとハモンドの二人はNPO設立当初、パリにある鉄道高架線跡を空中公園とした「プロムナード・プランテ」について友人から知らされる。早速、現地を訪れた二人は、世界で初めて公園化された廃線跡に直面し、まったく異なる感想を述べている。デイビットはパリで出来たのだから、ニューヨークでも必ず実現できると勇気づけられたと。一方、ハモンドは、左右対称のありふれた並木道、真ん中を流れる水、要所要所につくられたバラのアーチ、廃線という珍しい構造体を再利用したにもかかわらず、その良さが台無しになっている。せっかく公園にしても、構造体が浮かばれない、という具合だ。二人の性格の違いがそこでも浮かびあがる。そして、ハモンドは、パリを訪れてハイラインの持つ産業的で重厚、無骨な構造、機械的な美しさを最大限に活かした公園をつくるという決意をしている。

パリにある「プロムナード・プランテ」とは、1969年に廃線となったバスティーユから東部郊外をつないでいた高架鉄道（ヴィアデュッ

㉚―ハイラインの保存運動に勇気を与えた空中公園の先行事例「プロムナード・プランテ」（パリ）

ク）の再生計画である。1859年に開通した高架鉄道は、1世紀後、郊外地下鉄線(RER＝Réseau Express Régional)A線の開通に伴い廃線となる。80年代初め、パリ市はこの場所を改修すると決定し、1990〜2000年の間にパリ市機関で東部担当(SEMAEST＝Société d'économie mixte d'animation économique au service des territoires)によって進められた。そして、パリ市都市計画局(APUR＝Atelier Parisien d. Urbanisme)は、一世紀余りの活用後、廃線となった高架鉄道の跡地利用について2つの選択肢に辿り着く。1つ目は、完全な取壊しと大通り沿いに新しい建物を建設するもの、2つ目は、高架部を遊歩道として整備し、高架下を有効利用するというものだった。

1983年からランドスケープ・アーキテクトのジャック・ヴェルジュリー(Jacques Vergely)と建築家フィリップ・マチュウ(Philippe Mathieux)による計画案が作成され、全長4.5kmにおよぶバスティーユ広場とヴァンセンヌの森(Bois de Vincennes)をつなぐ公園「プロムナード・プランテ」とすることに決定された。70本からなる高架下のアーチは、1988年、建築家パトリック・ベルジェ(Patrick Berger)によるデザインで、アーティストや職人などの工房やショップとして改修され、約1kmの長さからなる「伝統的職人技術のヴィアデュック(仏語＝Viaduc des Arts)」と呼ばれるギャラリーになった。第一区間は1995年に完成し、1997年にすべてのギャラリーが完成している。

「プロムナード・プランテ」は、地上から10mの高さを散歩する緑豊かな空中公園である。ジョギングや散歩をする人、読書やピクニックをする人など、さまざまな使い方でパリ市民に愛されている。しかし、ハイラインのように爆発的な観光客を惹きつけ、周辺の地価が上昇するという地殻変動をもたらしたわけではないようだ。魅力的な場ではあるが、デザインの斬新さという意味では、少しインパクトに欠ける感がある。ハイラインが生み出した空中からニューヨークを眺めるという新しい風景は、パリでは際立っていない。ニューヨークを代表するランドマークであるエンパイア・ステート・ビル、フリーダムタワー、自由の女神やハドソン川に匹敵するパリのランドマークであるエッフェル塔、ノートルダムの大聖堂、モンマルトルの丘やセーヌ河が、空中から眺めることがで

㉛

㉜

㉛—アーチ橋の鉄道高架線を空中公園へと改修し、アーチ部はショップやアトリエに改修された。
㉜—空中公園で寛ぐパリ市民

㉝

㉝―アートギャラリーの集まる地区へと変貌させる引き金となったディア芸術財団のウエスト・チェルシー地区への進出

きたなら、まったく違った影響を及ぼしていたかもしれない。とはいえ、パリの街並みを見ながら散歩することができ、都市公園として十分な魅力を引き出していることに違いはない。

では、デイビットとハモンドは、ハイラインに何を夢見ていたのだろうか？

アート・ギャラリーが立ち並ぶウエスト・チェルシー地区

ディア芸術財団の影響

ハイラインが、空中庭園として整備されるまでに、周辺地区は、工業地区とは違った性格を帯びるようになる。ウエスト・チェルシー地区は、アート・ギャラリーの密集するエリアへとシフトしていく。ニューヨークのアート・ギャラリーは、ソーホーからチェルシーへ、そして、チェルシーからロウアー・イーストやブルックリンへという具合に、時代と共に移転を繰り返している。衰退化した地区にある安値な倉庫街に移転することで、新しいアート・ギャラリー地区が生まれ、地価の上昇と共に、移転を繰り返すという流れだ。ギャラリーの立ち並ぶおしゃれな地区として観光地化することで家賃が上昇しソーホーにあるアート・ギャラリーがチェルシー地区へ移転し始めたのは、80年代の後半である。90年代から2000年代の最盛期には400近いギャラリーが密集したとされるウエスト・チェルシー地区への先陣を切ったのは、1974年に設立されたディア芸術財団（DIA Art Center Foundation）である。ディアの特徴は、60年以降の芸術作品の収集、さらには、従来の美術館では展示できないようなサイト・スペシフィックな美術作品の依頼、製作支援、長期展示や保全である。ジェームズ・タレルの「ローデン・クレーター・プロジェクト（1974）」やウォルター・デ・マリアの「ライトニング・フィールド（1977）」などのコミッションを行ったことでも知られる。ランド・アートや環境芸術などの動向のもと、60年代以降に制作されたモニュメンタルな特に大型作品に対応している。財団の資金は、連邦、州、地方自治体や、基金や会社、ディア付属の管財人、芸術審議会の会員らによって支えられている。近年では、ニューヨーク郊外にナビスコの工場を改修した現代美術館「ディア・ビーコン」を開設している。

ウエスト・チェルシー地区にあるディアの設計は、既存建物の改修設計で評判の高いリ

35

34

37

36

34―メアリー・ブーン・ギャラリーの外観
35―倉庫を改修したギャラリー（メアリー・ブーン・ギャラリー）
36―リチャード・セラの彫刻（ガゴシアン・ギャラリー）
37―ガゴシアン・ギャラリーの外観

チャード・グラックマン（Richard Gluckman）が手掛けている。西22丁目548のギャラリーは1987年に倉庫を改修したものだが、グラックマンは、ディアの他、1996年、西21丁目にパウラ・クーパー・ギャラリーを、2000年には西24丁目541にメアリー・ブーン・ギャラリーと西24丁目555にガゴシアン・ギャラリーを相次いで手掛けている。その他、1998年には、西23丁目と10番街の交差点の一画に一早くアート・ギャラリーと建築スタジオを建設した建築家スミス・トンプソンとジム・ケンパーも先見の目があると言える。また、1998年、西22丁目520に華々しくオープンした川久保玲やフューチャー・システムズなどにより手掛けられたブティック「コムデ・ギャルソン・ニューヨーク」が地区に与えた影響も忘れてはならない。

最新ファッションの発信地 ミートパッキング地区

ダイアン・フォン・ファステンバーグの影響

ウェスト・チェルシー地区がアート・ギャラリーへの変貌を遂げる中、ミートパッキング地区はファッショナブルなブティックやレストラン、バーが立ち並ぶ瀟洒な地区へと変化していった。その先陣を切ったのが、ベルギー出身のファッションデザイナー、ダイアン・フォン・ファステンバーグ(DVF＝Diane Von Furstenberg)である。1970年にファッション界に足を踏み入れたダイアンは、わずか2年で自身のブランドを立ち上げ、1974年までに女性のパワーと自立のシンボルになるようなラップドレスをデザインすることで業界での知名度と地位を確立している。

以来、DVFは大胆なカラーとプリント手法によってグローバルラグジュアリーブランドとして知られるようになり、そのセクシーな女性らしさが高く評価される。1976年までに500万着以上のドレスが売れるなど着実に一流デザイナーの地位を確立し、若干29歳で『Newsweek』の表紙を飾った。

故郷のベルギーを想起させるミートパッキング地区の石畳やレンガ造の街並みは、ダイアンを強く惹きつけた。ミートパッキング地区では、70年代の最盛期には、西18丁目からバンク・ストリートまでのエリアに160軒近い食肉加工場がひしめき合っていた。しかし、1991年から1995年の4年間に3割近い工場が移転、あるいは、閉鎖することで、90年代中頃までに半数近くまで激減している。現在は、ニューヨーク市がミートパッキング地区のDNAとして、ハイライン横のワシントン・ストリートの一画に一部工場を確保しているに留まっている。

1998年、ミートパッキング地区に移り住んできたダイアンは、デザインスタジオを開設する。血の付いた肉を扱うブッチャーと、最先端のファッションデザインが同居する様はある意味、異様な光景だったに違いない。そして、2006年には、150名からなるスタッフを収容する本社ビルを西14丁目とワシントン・ストリートが交差する角地に完成させた。もともと食肉工場だった歴史的建造物2棟の外壁のみを保存する形で、内部を連結し1つの建物として改修している。一階はブティックとショールーム、オフィス部へのロビーからなる。上階には、デザインスタジオや、オフィスが配置され、最上階はダイアンのアトリエ兼居住空間となっている。地上5階・地下1階建ての建物の中央には、ステア(階段)とシャンデリアを合わせた造語「ステアデリア」がデザインされ、ダイヤモンド状のトップライトから1階まで明るい光が差し込む。ダイアンと親交の深いスワロフスキー(Swarovski社)が、彼女の依頼に応える形で3000個のクリスタル・ガラスを散りばめたデザインを行っている。建物の設計は、ニューヨーク在住のワーク・アーキテクチュア・カンパニー(WORKac)が担当している。DVFの影響を受け、ミートパッキング地区には高級ブ

㊳

㊳—ミートパッキング地区のファッショナブル化に貢献したファッションデザイナーのダイアン・フォン・ファステンバーグ(中央)とフレンズ・オブ・ハイラインの創設者ジョシュア・デイビット(左)とロバート・ハモンド(右)

ティック「ジェフリー」などが店舗をオープンするなど、求心力を高めていった。

ファッションデザイナーとして地区の変貌に貢献したダイアンだが、ハイラインの保存運動にも多大な貢献を行っている。夫バリー・ディラーと共に、10億円を超える寄付をフレンズ・オブ・ハイラインに与えている。バリーはメディアやインターネット・ビジネスを牽引するIAC／InterActiveCorpや世界的な旅行サービス会社Expedia,Inc.の会長や専務取締役を兼任する凄腕の実業家で、現在はワシントンポストとコカ・コーラ社の取締役にも就任している。Match.comやAsk.com、CollegeHumorやCity Grid Mediaなどを含む150以上のブランドと製品で構成されるIACの本社ビルは、カリフォルニアの建築家フランク・ゲーリー(Frank O. Gehry)により設計された。ハドソン川に面するチェルシー・ピアーズの向かいにある白いガラスのカーテンウォールによる地上10階地下1階建ての建物で、ハイラインからも良く見えるランドマーク的存在感がある建物だ。

ハイラインとザ・スタンダード・ホテル

ミートパッキング地区とウェスト・チェルシー地区の再生といえば、ハイラインの影響抜きには語れない。もし、ハイラインが出来ていなければ、今日見るロウアー・ウエストの光景

㊴

㊵

㊶

㊴―DVFの本社ビル。食肉工場を改装して建設。
㊵―DVFのライティング
㊶―ダイヤモンドをイメージしたトップライトとペントハウス

㊸

㊷

㊷—スワロウスキーによる3000個のクリスタルが散りばめられた「ステアデリア」
㊸—地上階からペントハウスをつなぐ一本の階段
㊹—「ステアデリア」の断面図

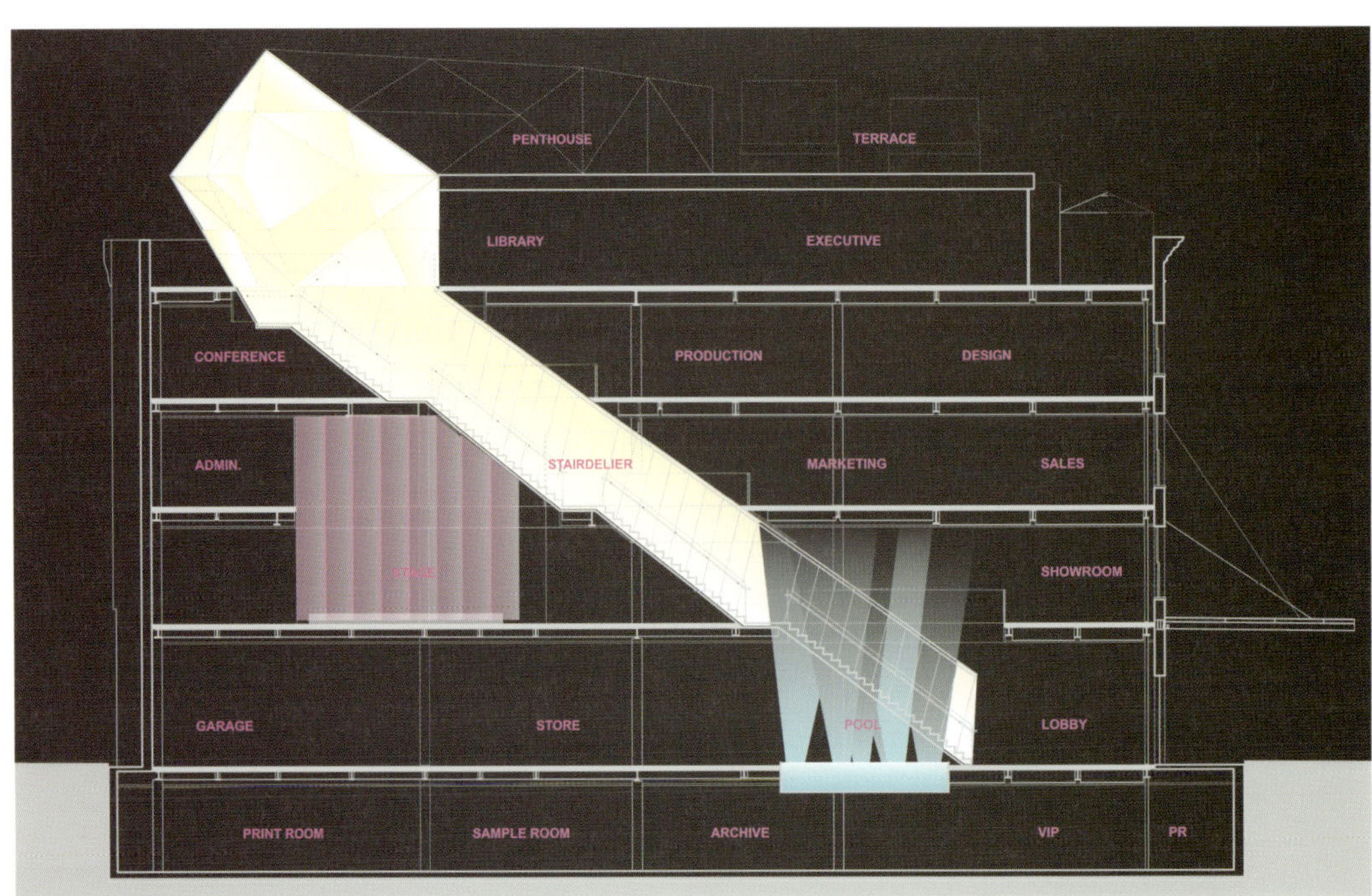

㊹

㊺

は存在しなかったかもしれない。それほどハイラインのインパクトは絶大で、都市に変化をもたらすカタリストとして、もっとも世界的に注目を集める事例である。その再生効果から、第二のハイラインを目指すプロジェクトが世界中に展開されている。例えば、フィラデルフィア、アトランタ、シカゴ、シンガポール、韓国など。しかし、いずれも、ハイラインほどの効果をもたらしてはいない。それは、場の持つポテンシャル(潜在能力や可能性)に違いがあるためで、歴史的特性、周辺地区との位置関係、交通インフラの充足率やアクセス、人口や既存建物の密集率、そして、既存建物の特異性やクオリティの高さなどから、カタリスト投入後の変化に違いが出ているからである。

ハイラインとほぼ同時期に建設されたセレブが集まる瀟洒なブティック・ホテル「ザ・スタンダード」は、ニューヨークにあるポルシェック・パートナーシップ・アーキテクツ(現Ennead Architects)によって設計された。2つの地域が、ニューヨークでもっとも注目を集めるようになったのも、このホテルの建設が話題を集めたことが多分に影響している。そこで、当時、ハイラインの設計チームをコンペ優勝当時から牽引するディラー・スコフィディオ+レンフロ(Diller, Scofidio + Renfro)の副代表、マシュー・ジョンソン(Matthew Johnson)と、ホテルの設計担当をしたEnnead Architectsのデザイン・パートナー、トッド・シュリーマン(Todd Schliemann)にインタビューし、当時を振り返ってもらった。

㊺—ハイラインの後方に広がるミッドタウン(ニューヨーク)

キーパーソンに聞く▼▼▼
藍谷鋼一郎×マシュー・ジョンソン〈ディラー・スコフィディオ+レンフロ・副所長〉

藍谷――ハイラインが出来て、ミートパッキング地区やウエスト・チェルシー地区は、大きく変化しました。地価は上がり、賃料も上昇するなどジェントリフィケーションを問題視する声も上がっています。しかし、ハイラインほど周辺地区に影響を与えた事例は、世界中探しても、なかなかありません。設計者として、そのあたりをどう感じているかをお聞きしたい。

マシュー・ジョンソン（MJ）――ハイラインは、長い間、人々の記憶から消えていました。ビルとビルの谷間に建設された高架鉄道は、完成当時、多くの人を魅了しました。ユートピアとでも言えばよいでしょうか。1930年代のことです。列車が空中を走る光景は、新しい世界が開かれた象徴として、当時の新聞や

㊻

雑誌を賑わし輝かしい未来都市への好奇心を大きく揺さぶったのです。
しかし、60年代には、ほとんど使われなくなりました。実際に稼働したのは20年ちょっとです。産業の衰退、いや、移転によって地区の性格も変わっていきました。鉄道よりもトラックでの輸送が主流になったのも影響しています。

藍谷——80年代に最後の貨物列車がハイラインを冷凍された七面鳥を運んだと聞いてますが。

㊼

㊻—ハイラインの実施コンペで最優秀賞をとった案
㊼—ハイラインの存在を世間に知らしめたスティーブン・ホールによる「ブリッジの家」

MJ——確かに、その頃まで、鉄道は走ってましたが、60年以降は本数も少なくなり往時の勢いや活気は、すっかり失っていました。列車が走らなくなると同時に、ハイラインの存在も忘れられていったのです。
そんな中、ニューヨーク在住の建築家スティーブ

マシュー・ジョンソン◉Mathow Johson
(ディラー・スコフィディオ＋レンフロ・副所長)
1999年、マシュー・ジョンソンはスタジオに入所し、2014年、副所長に昇進。
ミシガン大学アン・バー校で建築を学び、プリンストン大学で建築学修士を取得。
建築実務20年のキャリアを持つ。
2004年に実施されたハイラインの設計競技会以来、ハイラインのプロジェクト・アーキテクトとして10年以上設計チームを牽引し、現在もハイラインの拡張工事に関するデザインを継続している。
写真はリカルド・スコフィディオ(中央)
エリザベス・ディラー(左)そして、
マシュー・ジョンソン(右)

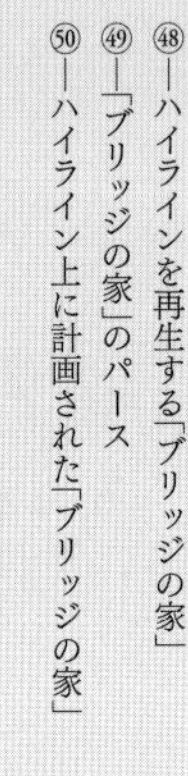
㊽—ハイラインを再生する「ブリッジの家」
㊾—「ブリッジの家」のパース
㊿—ハイライン上に計画された「ブリッジの家」

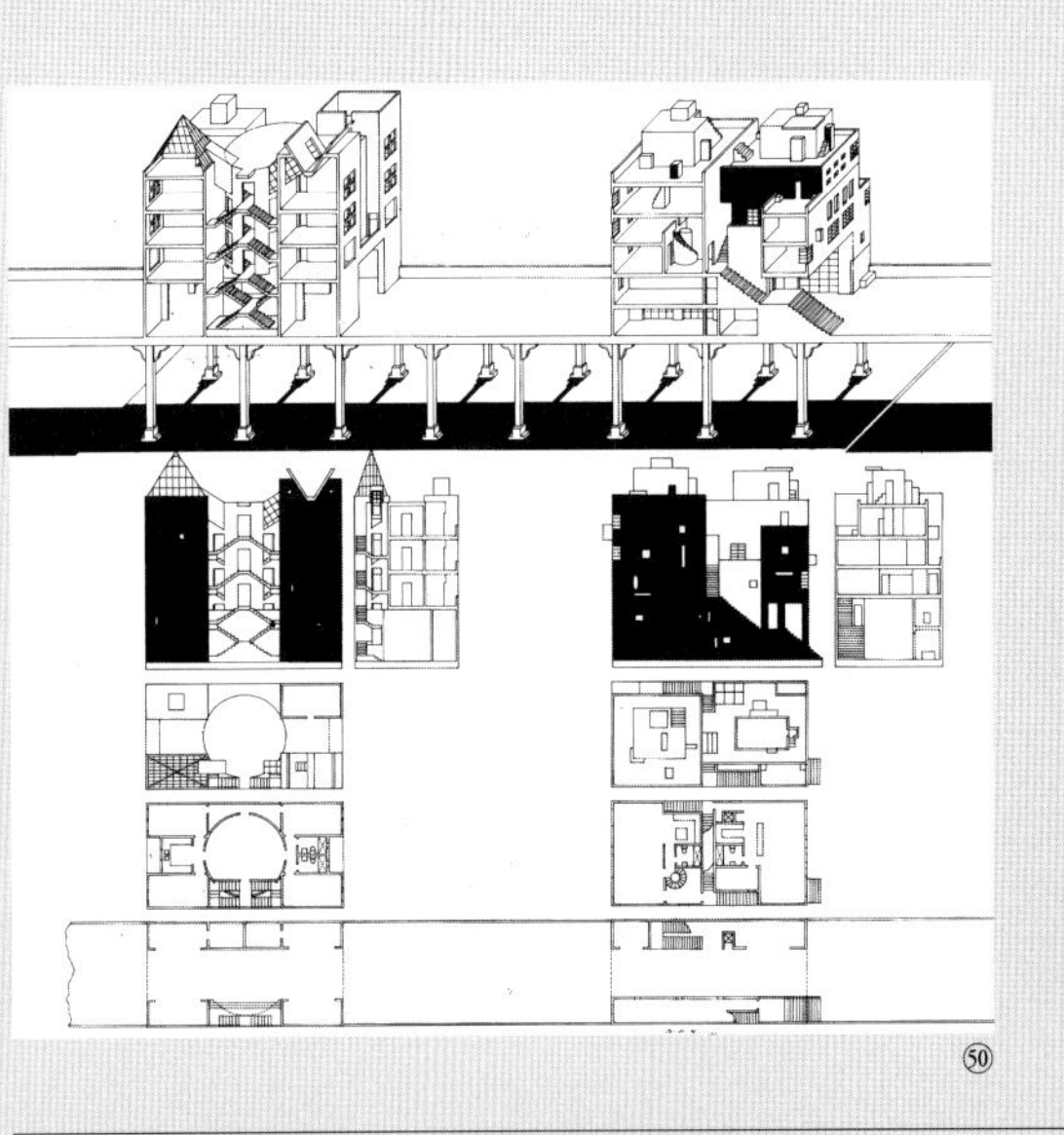
㊿

㊾

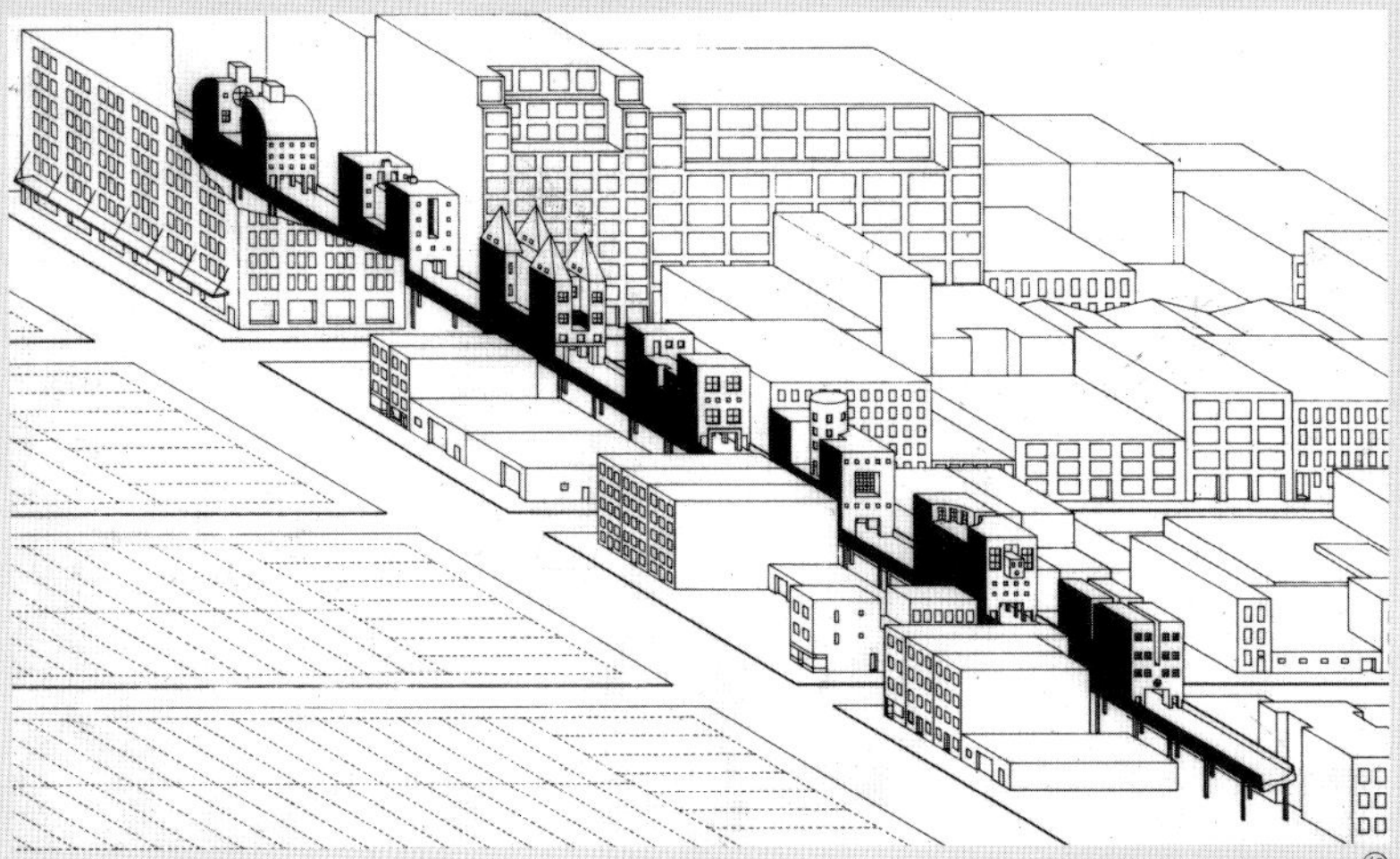

ン・ホール（Steven Holl）が1982年に発表した「ブリッジの家」は衝撃的でした。廃線となったハイラインの上に、住宅群や公共のオープンスペースを計画する案を提案したからです。ポストモダンの住宅が空中に連続する光景は、アーティスト、建築家、都市計画家など多くの人々の想像力を掻き立てました。それが引き金になって、ハイラインの存在にも注目が集まり始めました。

藍谷——スティーブンは、ハイラインを始めたのは自分だという自負があるようですね。何度かスティーブンの事務所を訪問したことがありますが、彼のアトリエからはハイラインやハドソン・ヤードの再開発が間近に見えます。しかも11階から見下ろす感じで。

MJ——見えない産業遺産が再発見された瞬間ですね。高架鉄道にしても、高速道路にしても、一般的には、道路の真上などに設置されるので、全体像がはっきりしています。構造体がとにかく目立ちます。しかし、ビルとビルの谷間に建設されたハイラインは、ほとんど存在を消しています。特にチェルシーは、ビルボードなどの広告看板が多く建てられていたので、その陰に隠れていたことも、人々の目に付きにくかった一因です。

アイデア・コンペの実施

藍谷——フレンズ・オブ・ハイラインのジョシュア・デイビットとロバート・ハモンドの二人も、ハイラインの存在は、何となく知っていたけど、断片断片を見た記憶がある程度で、それが1.5マイルもある連続した1本の高架鉄道だとは、夢にも思っていなかったと言ってました。

MJ——フレンズ・オブ・ハイラインが主催したアイデア・コンペは、大きな反響がありました。2003年頃、当時はハイラインの公園化も決まってなかったので、実現性や実用性は不問で、ハイラインの活用法に関する議論を活発化することを主目的に開催されています。

軌道上にジェットコースターを建設する案、ハイラインから水が流れる滝つぼのような案、オーソドックスに空中公園とする案など、36か国から720作品が集まりました。応募作品すべてをグランド・セントラル駅に展示することで、人々の関心が一気に高まりました。この展覧会を契機に、ニューヨーク市から1575万ドルの予算が計上されています。

最優秀賞には、ハイラインを1.5マイルのラップ・プールにするという奇抜な案が選ばれています。

51—ハドソン・ヤード、ウエスト・チェルシー地区、ミートパッキング地区をつなぐハイライン（航空写真）

藍谷——ハイラインを1本のプールにするという案は、面白いですね。

MJ——アイデア・コンペに引き続き、2004年にはフレンズ・オブ・ハイラインがニューヨーク市と共催で、ハイラインの実施コンペを開催しました。建築家、ランドスケープ・アーキテクト、エンジニア、植栽家、照明デザイナーなどさまざまな専門家からなる設計チームが募集され、書類審査の結果、52チームから4チームが選出されました。審査員はNY市から5人、フレンズ・オブ・ハイラインから4人、ほか10数人から構成され最終決定権は、フレンズ・オブ・ハイラインに委ねられていました。

藍谷——上位4組には、ザッハ・ハディドやスティーブン・ホールも名を連ねていましたね。そこで最優秀賞を勝ち取ったのが、あなたたちジェームズ・コーナー・フィールド・オペレイションズとディラー・スコフィディオのチームですね。コンペの勝算はどのあたりにありましたか。

MJ——そうですね、当社もフィールド・オペレーションズも、いわゆるアトリエでした。規模も小さく

52

54

53

56

55

⑱

⑲

⑰

52—ハイラインを一本の
長い滝に見立てたアイデア
53—ハイラインの構造体を
生かした案(アイデア・コンペ)
54—一本のラップ・プールに
見立てた案(アイデア・コンペ)
55—ジェットコースターが
出現する案(アイデア・コンペ)
56—ハイラインがラップ・プールに
変貌する案(アイデア・コンペ)
57—最優秀賞案となった
Diller Scofidio+Renfro と
James Corner Field Operations
によるデザイン案(実施コンペ)
58—スティーブン・ホール案
(実施コンペ)
59—ザッハ・ハディド案
(実施コンペ)
60—場所ごとに組合せが変化する
ソフト・ランドスケープと
ハード・ランドスケープの提案

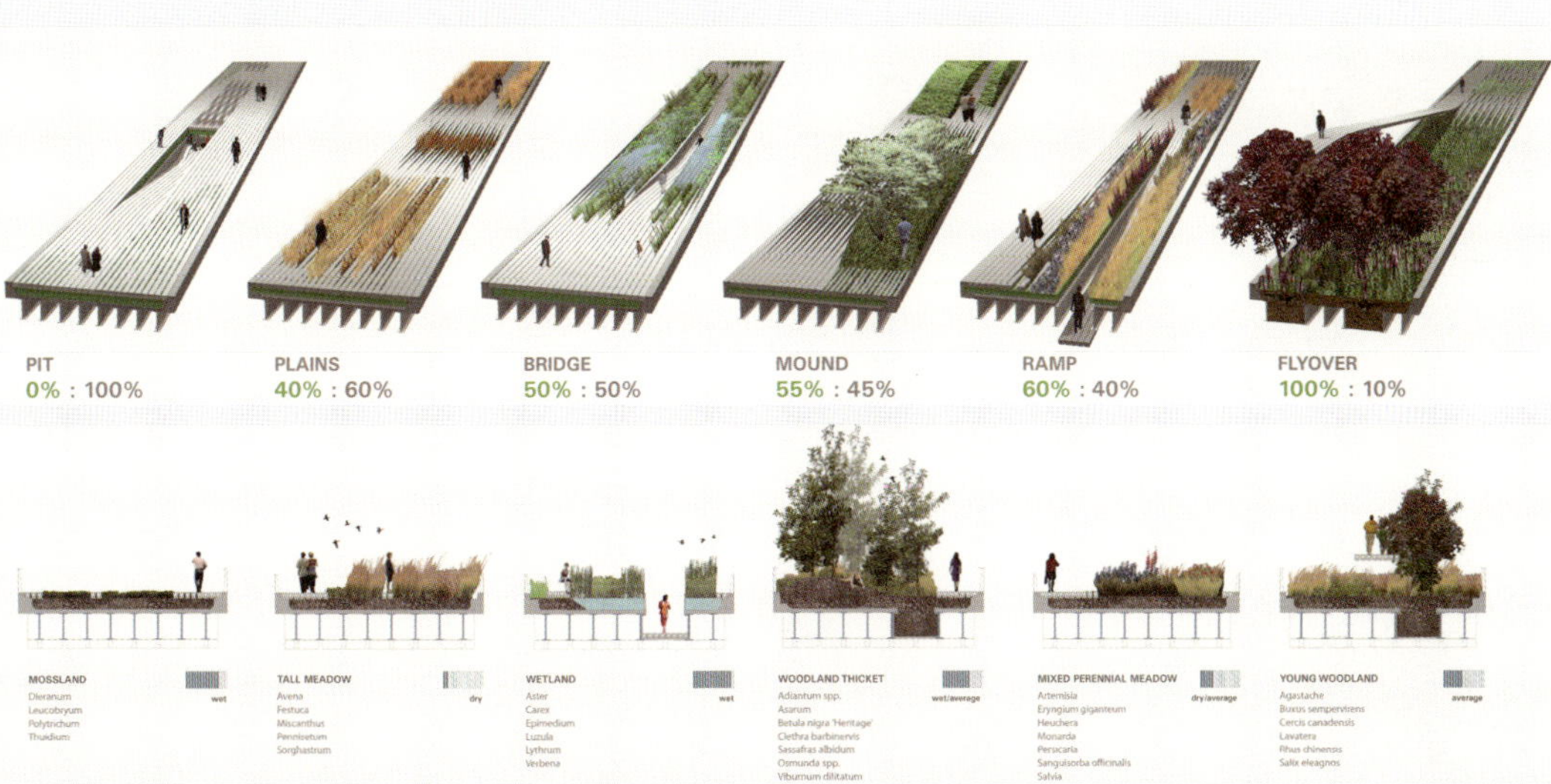

⑳

㊶—グランド・セントラル駅のコンコースで開催されたアイデア・コンペの展覧会

文字通りコラボレーション体制を取っていたことです。建築家とランドスケープがフィフティ・フィフティの関係で共同作業をすることは、実社会では非常に珍しいことです。そういう体制を取れたことが、お互いの意見をぶつけ合えて、結果的に良いデザインにつながったのだと思います。

藍谷——当時、何人くらいでした。

MJ——まだ社名もディラー・スコフィディオの頃で、創設者の二人とチャールズ（2004年にパートナーに昇進するチャールズ・レンフロ）を含む3人のスタッフだけでした。

藍谷——今は、何倍にも増えてますよね。当時からこの場所でしたか。

MJ——110人くらいにスタッフが増えています。その頃は、イースト・ビレッジにスタジオを構えていました。デザインについてですが、私たちの設計チームが独自に開発したプランキング・システムというプレキャスト・コンクリートの舗装システムにあると思います。このコンクリート版を合計で9350個使用しています。10個の違ったタイプの組み合わせにより200種類のバリエーションが可能になります。2009年に完成した第一期工事では5332個、2011年の第二期工事では2232個、2014年の第三期工事では1786個という内訳です。施工距離

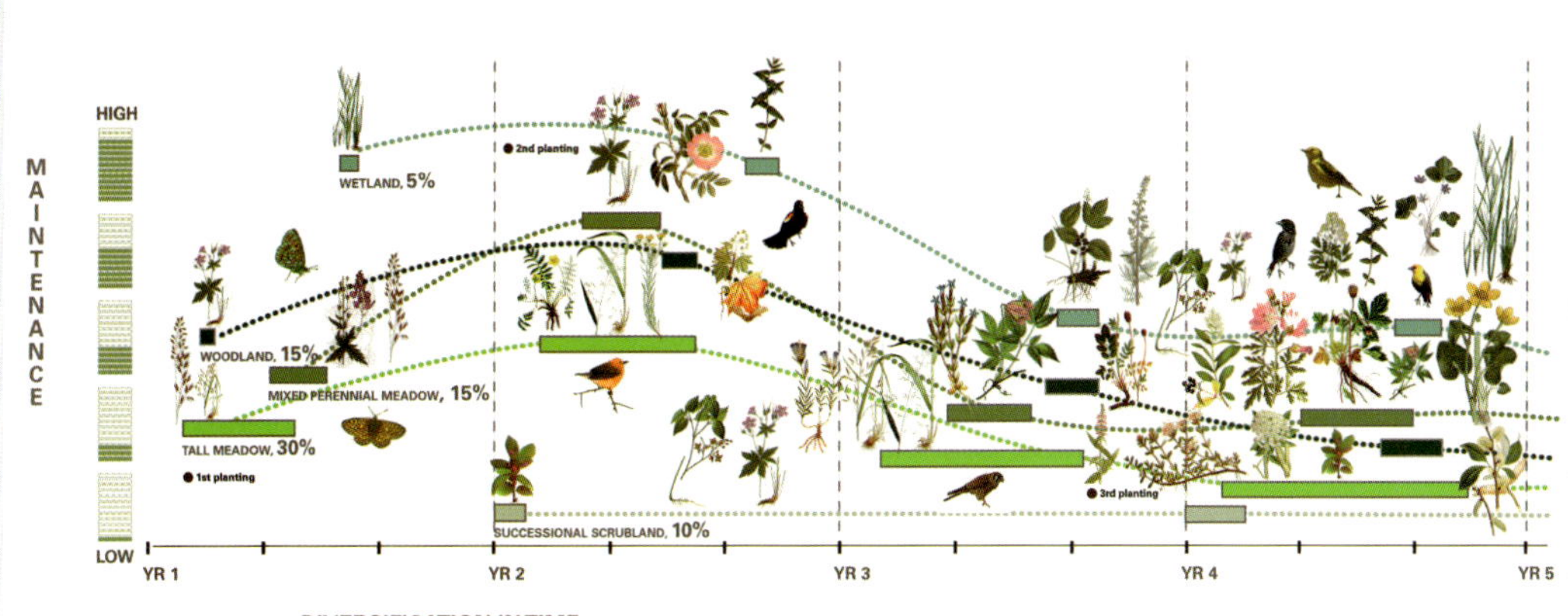

⑥②

⑥②—四季折々に開花する植物の分布図
⑥③—断面図＝ガンズヴォート・ストリートからの入口部
⑥④—空中庭園化したハイラインの断面
⑥⑤—断面図＝第二期工事部分
⑥⑥—断面図＝十番街スクエア

⑥④ ⑥③

⑥⑥

⑥⑤

⑥⑦

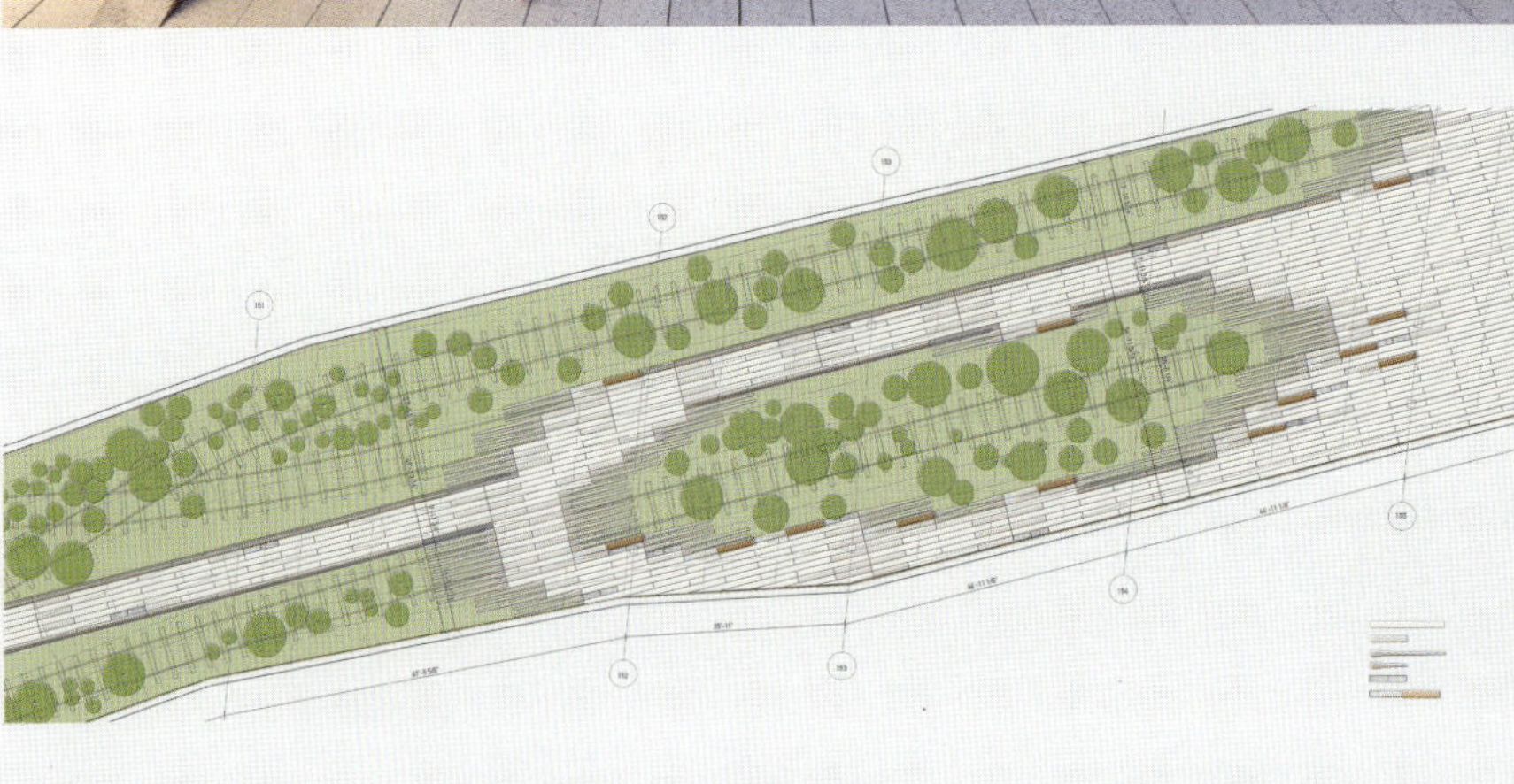

⑥⑧

の長さにもよりますが、個数が多いほどハード・サーフェス(固い舗装)、少ないとソフト・サーフェス(柔らかい舗装)、つまり植物を植えた緑化部分ということになります。

このプランキング・システムの特徴は、コンクリート版の先端が細くなることで、組み合わせたときに意図的に隙間をつくるようになっています。ハイラインに初めて上った時、草木が線路敷一面に生い茂り、自然の生命力・繁茂力に驚かされました。コンクリート舗装や敷石の隙間から生えてくる植物のたくましさを再現するために、プランキング・システムを開発しました。


藍谷――上質なデザインで、しかも、未来的。

産業遺産の高架鉄道との組合せが、ハイラインの魅力を高めていると思います。

しかも、ベンチに変化したり、照明を埋め込んだりもしています。

線路がもつ線形というか流線形のイメージが、うまく継承されていると思います。

また、ニューヨーク公園法の規定によりベンチの幅が決められていて、その制限をクリアーするのにも苦労したとか。

MJ――そうです。見える景色や、大通りなど周りのコンテクストに配慮することで、舗装部分を多くし

69

71

70

67―随所でベンチへと変化するプランキング・システム
68―ハイラインの平面図
69―ソフト・ランドスケープとハード・ランドスケープの絶妙なバランス
70―プランキング・システムの隙間から草木が生える。
71―下向きの照明により、足元は明るく人の気配は感じれるが、表情や人相は読み取れない。

人々が滞留できる場所、草木を見ながら散歩する場所というように領域を計画しています。もともとが鉄道の高架線だったという特性を活かすため、縦長のプランキング・システムはとても役立っています。溜まる場所と移動する場所の配分は、平面計画をするときにモザイク状に全平面を分割し、割合を決めて行きました。ガンズヴォート・ストリートから15丁目までは、ソフトとハードの割合が48対52です。15丁目から20丁目は60対40になり、20丁目から29丁目は70対30、29丁目から30丁目は60対40となっています。ソフトの割合が多い場所は、草木が植えられているところが主流となり、南の入り口付近やチェルシー・マーケットと交差する辺りはイベントを行う広場的な場所を多くデザインしています。

自然に繁殖した植物は、ビルの谷間にできた日当た

りの良い場所、建物が密集するため陽が当たらない場所、排水溝が詰まって湿地帯のような場所など、同じニューヨークでも実にさまざまな「気候条件」を描き出していました。その特徴を出来るだけ再現するようにデザインしています。

ハイラインの上では、30年の歳月がつくり出した自然の植生が、深く生い茂り、掻き分けながら道を進むしかありませんでした。そういった「野生」的な庭園を再現するため、歩く舗道も真っすぐではなく、うねうねと草木の間を縫うように設計しています。そういった線形をつくり出すためにもプランキング・システムは最適でした。照明に関しては、目線よりはるか下の方に配置し、光源が視界に入らないようにデザインしています。高いところから照射する街頭もほとんど設けていません。そうすることで、ニューヨークの夜景を満喫することができます。

LED光を手摺やベンチに下向きに埋め込み、舗装面に反射させる間接光も多用しています。夜間は、人

72—十番街と交差するシアター状の十番街スクエアでは、通りを行き交う自動車の流れを眺めることができる。

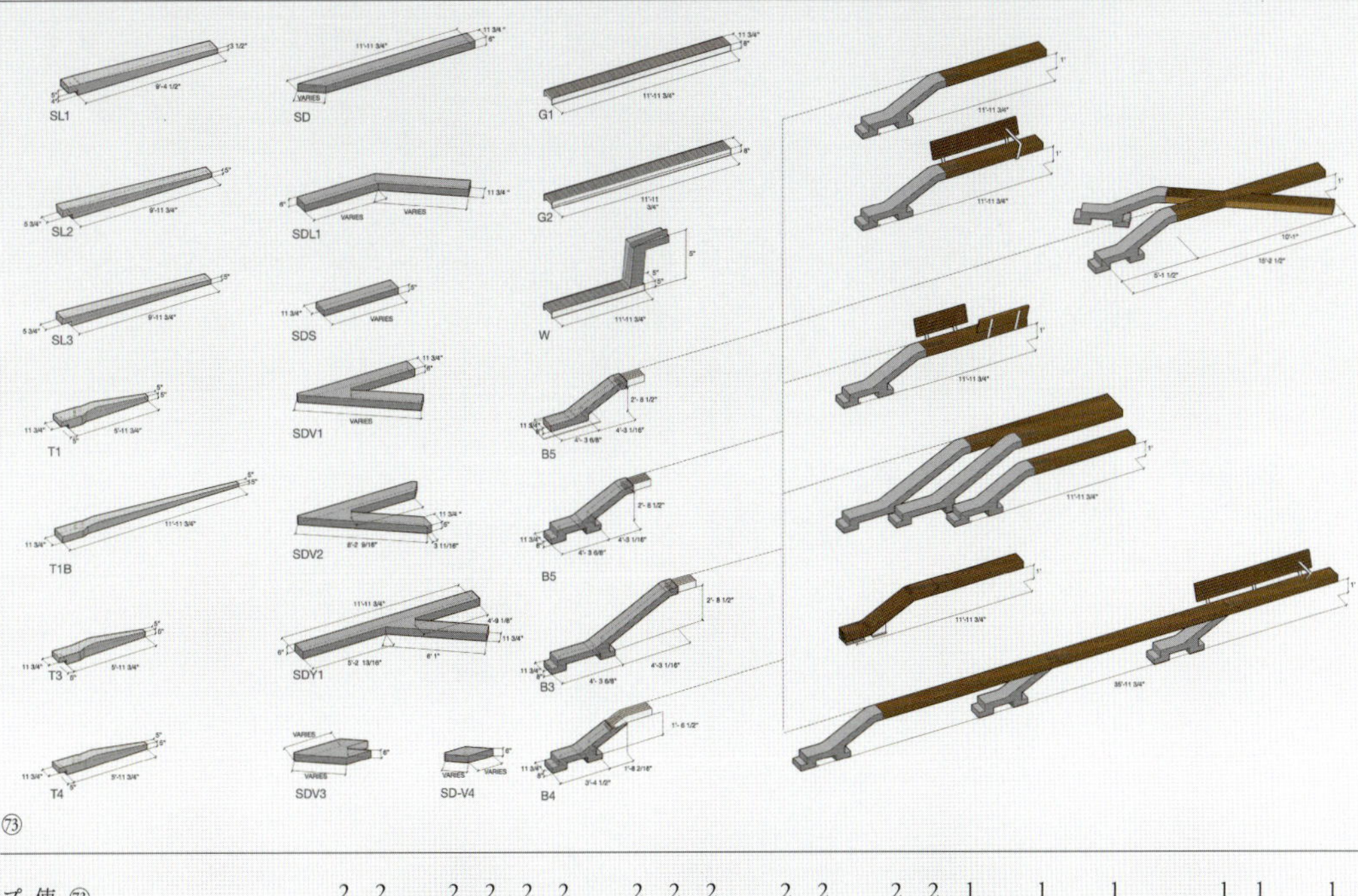

73―ハイラインの舗装に使用している9350個のプランキングシステム

〈ハイラインの年表〉

1851―1929年
●デス・アベニュー「死の街道」
1930年●ハイラインの建設
1934年●ニューヨークのライフラインとしてフル稼働
1950年代と1960年代
●ハイラインの衰退
1982年●ブリッジの家（建築家＝スティーブン・ホール）
1999年●フレンズ・オブ・ハイライン の誕生
2001年●ハイライン解体命令
2001年●新都市政策としてハイラインの公園化案
2002年●経済効果をアセスメント
2002年●ハイラインをレールバンキングとして登録
2003年●アイデア・コンペの開催
2004年●デザイン・コンペ（実施コンペ）の開催
2005年●MoMAで、デザイン案の展示（5か月間）
2005年●線路の使用許可
2006年●第一期工事・着工
2009年●第一期工事・完了
2009年●フレンズ・オブ・ハイラインが指定公園管理者となる
2011年●第二期工事・完了
2014年●第三期工事・完了

の顔がはっきり見えないくらい暗くなります。多くの人に囲まれていても、自分の空間、プライベートな領域をつくり出すことができます。

藍谷――ハイラインを歩いていると、スピード感のあるニューヨークをスローモーションで歩いているような錯覚を覚えます。フレンズ・オブ・ハイラインの二人は、忙しいニューヨークで何もしない時間を過ごせる公園をつくりたかったと言ってます。

MJ――興味深いですね。ハイラインの西側にあるハドソン川沿いのハドソン・リバー・パークは、散歩をする人もいますが、サイクリングやジョギングなど速いスピードで移動することを目的としたアスレチックな公園です。一方、ハイラインはゆっくりとした時間が流れるスローな公園を目指しています。ハイラインが十番街と交差する部分は、大スパンを飛ばすため、鉄骨の構造体が最も深くなっています。高さのある梁成を生かした十番街スクエアは、アンフィシアターのような断面をつくり出し、構造体に窓をくり貫くことで、十番街を走る車のテールランプを眺めることを意図しています。一見、舞台装置のような空間は、イベント・スペースというよりも、むしろ、十番街をゆっくり眺めるためにつくりました。歩道橋などの空中から道路を見下ろす空間のないニューヨークでは、非常

76

74

75

78

77

80

79

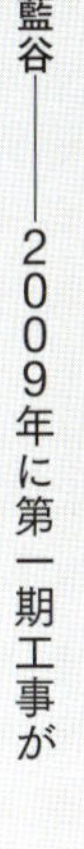

にユニークな場所で、ハイラインの中でも人気のスポットになっています。

藍谷——26丁目との交差点にも、少し小ぶりなプラットフォームがつくられていますね。

MJ——かつては、ハイラインを包み隠すようにビルボードが建てられていたと話しましたが、その名残をフレームとして残し、通りからも見える観客席をつくってみました。プランキング・システムの舗装の中に、鉄道のレールも埋め込んでいます。かつて鉄道が走っていたという記憶、場所のDNAをデザインに取り入れ表現しています。滑車が付いた動くベンチもつくっています。

藍谷——ハイラインを訪れる人は年間で700万人を超え、ニューヨークで一番観光客の多いメトロポリタン美術館を超えたそうですが、都市の変化も凄まじい勢いで進行しています。ニューヨーク市民のための公園が、観光客が溢れ返ることで、落ち着いて楽しめる場所でなくなりつつあるという苦情を耳にします。

MJ——設計当時、観光客がハイラインを訪れるということは、まったく想定していませんでした。しかも、これほどのスピードと勢いで地区に変化が現れたことに私たちも大変驚いています。

藍谷——2009年に第一期工事が完成しているから、たった8年でこれほどの変化があったということですよね。ハイライン沿いには、ニール・ディナーリの集合住宅が際立った存在感を放っていますが、現在、ザッハ・ハディドの集合住宅が建設中です。その他にも、フランク・ゲーリー、ジャン・ヌーベル、坂茂、ノーマン・フォスター、レンゾ・ピアノなど世界的に活躍する建築家の作品の展示場のような様相を呈しています。

MJ——2009年にハイラインが完成した時には、すでに多くの新しい建物が地区に出来上がっていました。フランクのIACビルや、ジャンの集合住宅、坂

㉛

㉜

⑭—第一期工事（2009年に完成）
⑮—第一期工事（2009年に完成）
⑯—第一期工事（2009年に完成）
⑰—第一期工事（2009年に完成）
⑱—第二期工事（2011年に完成）
⑲—第三期工事（2014年に完成）
⑳—第三期工事（2014年に完成）
㉛—廃墟の状態にあったハイライン
㉜—土台と舗装が完成し植樹を行う

⑧③―ハイライン越しにロウアー・マンハッタンを眺める

の集合住宅もすでに竣工していたと思います。ハドソン・ヤードにはKPFの建物も建設中です。世界的な建築家の建物が林立することは、まったく予想していなかったことです。

藍谷――土地の価格が急上昇しているため、コストのかかる有名建築家に仕事を依頼しても、その分、付加価値として消化できるということですね。ディベロッパーにとっては、採算の取れる魅力的な投資ということです。地価や賃料の上昇率は、ここ10年で3〜4倍跳ね上がっていると言うことは、異常なペースですよね。30丁目から34丁目にあるハドソン・ヤードの再開発が完成すると、ますます地価が上昇し、一般庶民には手が出せない地区になりそうですね。

いや、もうにそうなっているかもしれません。

MJ――ハイラインの保存運動が起こっている頃、すでにハドソン・ヤードの再開発は、まったく別のプロジェクトとして、進められていました。20年近くたち、一気に建設が加速しています。たまたま、第三期工事と重なっていますが、これにも大きな問題が立ちはだかっていました。

ディベロッパーが、ハドソン・ヤードに建設資材の搬入などをするために、一度、ハイラインの構造物を解体し、プロジェクト完了後に組み立てたいと申し出

㉞—西26丁目と交差する部分には、通りを見下ろすプラットフォームが設けられている。
㉟—ハイラインから持ち上げた歩道橋により、街を浮遊する感覚が高まる。
㊱—ツーリストや市民が溢れる休日のハイライン

たからです。これには、フレンズ・オブ・ハイラインのメンバーが中心になって、猛反対しました。幸い構造物を残したまま、工事を始めると言うことで合意に至りましたが、もし、解体されていたら、元通りには戻らなかったに違いありません。

2012年にオリンピックをニューヨークに招致しようとしていた時には、ハドソン・ヤードにメイン・スタジアムを建設する計画がありました。また、ニューヨーク・ジェッツの新しい本拠地としてウエスト・サイド・スタジアムを建設する計画があったりもしました。

ハイラインの第三期工事は、実は、まだ未完成です。ハドソン・ヤードの再開発が完了するのに合わせて、つなぎ目の部分を設計し、完了する予定です。まだ10年くらいは、続きそうですね。

キーパーソンに聞く▼▼▼
藍谷鋼一郎×トッド・シュリーマン〈Ennead Architectsデザイン・パートナー〉

藍谷——アーバン・デザイナーや
ディベロッパーの間では、都市再生の成功事例として
ハイラインに対する注目がこれまで以上に
高まっています。
しかし、Ennead Architectsが設計した
ザ・スタンダードは、ハイラインとほぼ同時期に
完成しています。厳密には、少し早い時期に工事が
完了していることで、ハイラインのもたらした
効果として、ミートパッキング地区に
出現したわけではありません。むしろ、
ハイラインとザ・スタンダードの相乗効果により、
地区の再生が進んでいると感じています。
そのあたりの関係性からお聞きしたい。

トッド・シュリーマン（TS）——その通りですね。フレ
ンズ・オブ・ハイラインの二人が、実施コンペを行い

⑻⑺

ディラー・スコフィディオとジェームズ・コーナー・フィールド・オペレイションズがコンペに勝ち設計者に選ばれた時には、ザ・スタンダードの設計は、すでに完了していて、間もなく着工という段階でした。

藍谷――地区への影響という意味ではどうですか？

TS――ハイラインとザ・スタンダードの相乗効果が、大きな影響を与えたと思っています。ニューヨーク市民も、2つが別々のプロジェクトというよりも、

⑻⑺――ハイラインとザ・スタンダード・ホテル

トッド・シュリーマン●Tadd Schliemann
（デザイン・パートナー）

Ennead Architects のデザイン・パートナーで、文化、教育、社会的な方向性から取り組む建築スタイルは国際的に高い評価を得ている。Ennead Architects の前身ポルシェック・パートナーシップ・アーキテクツは、ニューヨークのアメリカ自然史博物館ローズ・センターで注目を集めた設計事務所である。コーネル大学建築学科を卒業後、1年間、コーネル大学のプログラムの一環として、ロンドンにあるAAスクールでアーバン・デザインを学んでいる。シュリーマンの設計は、都市的な視点で建築を捉えることで、ヒューマン・スケールを重視した直接触れることのできる物理的環境の改善と、公共空間における場のアイデンティティの確立や強化に定評がある。コロンビア大学、コーネル大学、ハーヴァード大学やシラキュース大学で審査員として、多数のクリティックを、さらにコーネル大学とコロンビア大学の建築学科で准教授として教鞭をとっている。

2つでセットという認識を持っています。というのも、ハイラインは、第一期工事が2009年、第二期工事が2011年、そして第三期工事が2014年に完了していますが、第一期は、南端のガンズヴォート・ストリートから始まっています。ザ・スタンダードもすぐ近くに建っているため、ハイラインの玄関口的な存在、そして、垂直性のあるランドマークとしても認識されています。メインの階段を上ると、正面にザ・スタンダードが聳えたっています。2015年にレンゾ・ピアノによるホイットニー美術館の新館が、ミートパッキング地区に移転されましたが、ザ・スタンダードがなければ、その計画も実現しなかったような気がします。

藍谷——なるほど、確かにハイラインにより
地区の不動産価値が上がり、高所得者が
移り住むようになったというのは納得いきますが、
もともと地域に息づいていた港湾地区や
工業地帯としてのラフさ、バーやクラブが
乱立していたころの荒廃的な雰囲気、
そこにたむろする女性、あるいは
トランス・ジェンダーたちの放つ妖艶な雰囲気は、
ハイラインだけでは担いきれなかったように思います。
ニューヨークという都市に内在する欲望、そして、
洗練された華麗さというイメージが、
この地区には凝縮されているのではないでしょうか。

⑧⑧

⑧⑨

その華麗な欲望を満たす場所として、
ザ・スタンダードが寄与している。

TS——ホテル経営者で不動産ディベロッパーのアンドレ・バラーズは、エッジな場所にブティック・ホテルをつくり、セレブが集まる場所を戦略的につくり出すことが得意です。ザ・スタンダードも全米に5つ進出しています。

藍谷——**ニューヨークには、ハイラインの他に**
イースト・ビレッジがありますね。

TS——ハイラインが先で、後からイースト・ビレッジが出来ました。それまでは、ザ・スタンダード・ニューヨークという名前でした。つまり、このホテルで繰り広げられる「遊び」が、ニューヨーク・スタイル、ニューヨークの標準（スタンダード）というわけです。他には、ロサンゼルスに2軒、マイアミに1軒ありました。1999年、ウエスト・ハリウッドに一号店ができました。これは1962年に建設されたサンダーバード・モーテルを改装したものです。2002年には、二

⑧⑧—DVFのブティック
⑧⑨—闇夜にヘッドライト

91

90

92

93

0 10 20 50m

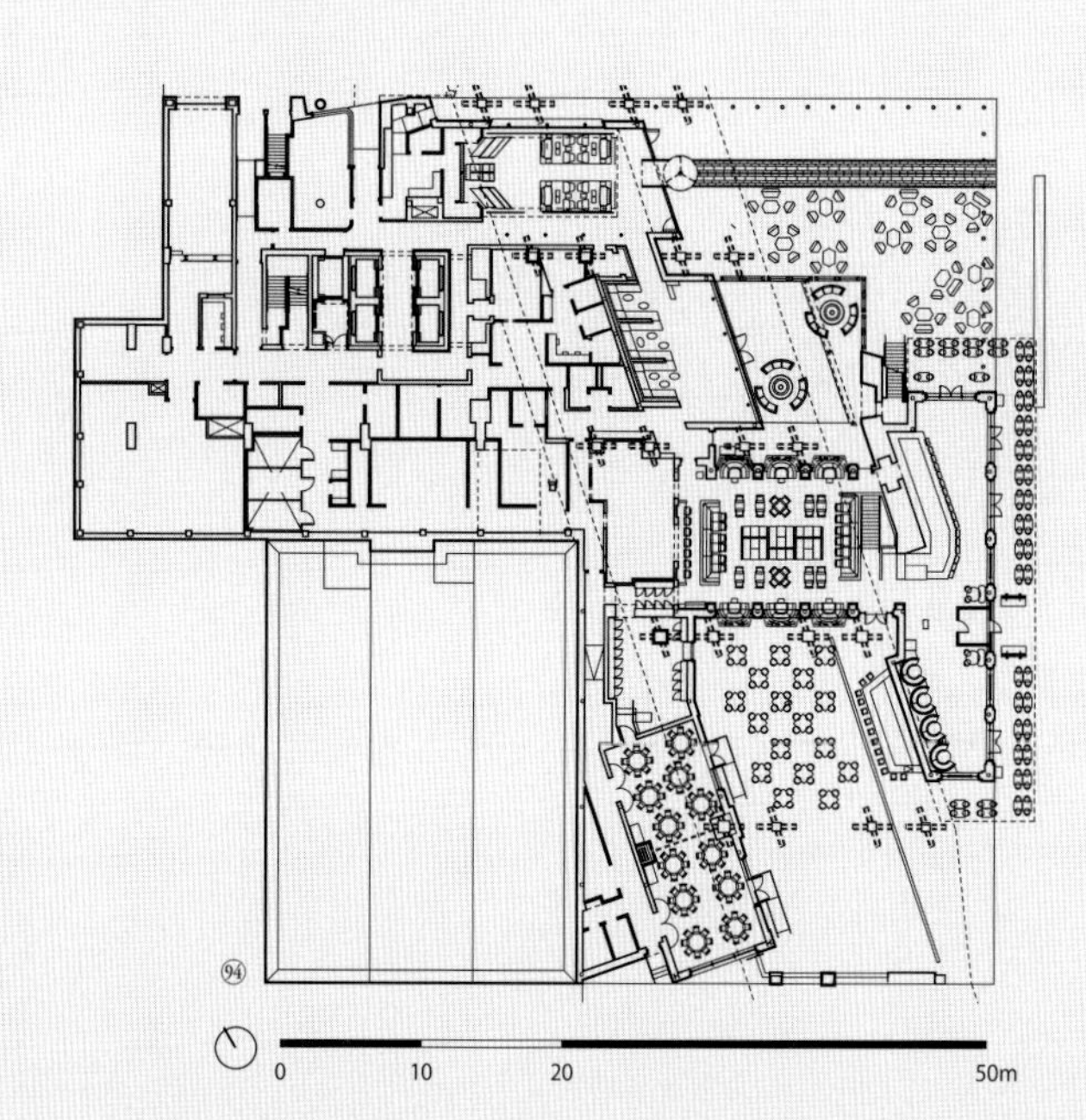

90—東立面図
91—南立面図
92—十八階平面図（バー・ラウンジ）
93—基準階平面図（ホテル客室）
94—一階平面図（ロビー、レストラン、ショップ、広場など）

号店がLAダウンタウンにできます。これも1956年に建てられた12階建てのカリフォルニア銀行のオフィスビルを改装したものです。2006年には、ブランドをマイアミ・ビーチに展開しています。1950年代に建てられたリド・スパ・ホテルを改装したもので、2009年に完成したハイラインのものは、ブランド初の新築物件で、スタンダード・ブランドの総集編、集大成と言える建物です。改装工事でないため、アンドレのこだわりや趣向がふんだんに取り入れられています。

　ハリウッドで生まれたザ・スタンダードは、クラブイベントを毎週ホテルロビーで開催するなど高いファッション性で人気となったホテルです。ハイラインに建つザ・スタンダードは、細長いボリュームが宙に浮かんでいるかのような18階建ての建物で、インテリアデザインは、ローマン・アンド・ウィリアムズ(Roman and Williams)が手掛けています。モノトーンや木を多用した、落ち着きのあるシックなデザインに特徴があり、337室の客室は8つのタイプから構成されています。

藍谷――確かにニューヨークのもつきらびやかなイメージと、もともと工業地帯だったというインダストリアルなイメージが同居しているようなデザインですよね。荒々しいコンクリートの構造と、透明なガラスの対比が場のもつイメージを的確に捉えていると思います。食肉加工場で働く労働者、そして、石畳とハイヒール。この強烈なコントラストがミートパッキング地区の魅力ですね。地区のイメージが変わり始めたのはいつくらいですか。

TS――70年代の後半くらいから、空き家になった食肉加工場の建物が、賃料も安かったので、ゲイ・コミュニティに注目され、多くのナイトクラブやバーが進出してきて、夜の街として有名になりました。

藍谷――ウエスト・チェルシーにもゲイ・クラブとして有名なトンネルやスパイクなどがありましたよね。今は、ほとんど、閉店しているようですが。

TS――1985年にポルシェクの事務所は、この場所に移ってきました。建築家という職業は、夜遅くまで働く習性がありますが、夜遅くに仕事を終えると、一帯はかなり怪しい賑わいがありました。トランス・ジェンダーの売春婦が、そこここで客引きをしていました。

⑨⑤―ザ・スタンダード・ホテルのロビー
⑨⑥―ザ・スタンダード・ホテルのレセプション

⑰

⑲

⑱

⑰―ショーケースのようなファサード
⑱―ジャグジーのあるバー
⑰―セレブが集まるザ・スタンダード・ホテル

藍谷――ハイヒールと石畳と言っても、少し様相が違いますね。ザ・スタンダードのデザイン的特徴、そして、ホテル王アンドレの嗜好について、掘り下げてお聞きしたいです。

TS――アンドレと私は、同じ大学に通っていました。

藍谷――ということは、大学の同級生がクライアントという訳ですか。

TS――それで、仕事の依頼を受けました。アンドレは、興味深い男だけど、少し狂ったところがあります。ザ・スタンダードは別名「Sex Hotel」と言われています。このイメージを高めるために、プロを雇って、窓際でアクションを行いました。あっという間にニューヨーク中に知れ渡り、ハイラインからザ・スタンダードを見上げる人で溢れかえったほどです。

藍谷――噂を聞いたことがありますが、実話だったのですね。バーのトイレも全面ガラス張りで、外から丸見えですね。普通、トイレには擦りガラスやフリット・ガラスを使いますが、カーテンやブラインドもまったく使っていない。

TS――露出症ですね。セクシャルなイメージとブランドづくりは、彼にとって重要でした。話題性があることで、ホテルの存在感がどんどん増していきました。

藍谷――裸の人たちが次々と現れるエレベーターの中に設置されたビデオも衝撃的でした。ブラックホールに吸い込まれるという、シュールレアリスム(超現実主義)な感じで。

TS――イタリアの映像作家マルコ・ブランビッラによる「クリエイション(創造)」ですね。あれは素晴らしい出来栄えです。

藍谷――ホテルのイメージと言えば、写真撮影も制約が厳しいですね。最上階のバーは、カメラ持ち込み禁止でした。日本の現代アート美術館では、アーティストのイメージに合わない写真が世の中に出回ることを嫌って、館内写真撮影一切禁止という所が多くあります。そんな感じでしょうか?と言っても、海外の現代アート美術館では、同じアーティストの作品でも撮影可というところも多く、美術館側の意向が反映されてそうですが。

TS――そんなことないはずですが。屋上テラスからだと、誰でも写真を撮ってもいいはずです。たぶん、バーに来ているセレブリティに配慮しているんだと思います。気付かないかもしれませんが、あのホテルには多くのセレブが来ています。特に、マドンナのお気に入りというのは有名です。プライベート・パーティの他、「ビッチアイム・マドンナ(Bitch I'm Madonna)」のミュージック・ビデオもザ・スタンダードで撮影しています。バーのデザインは、アンドレの友人でハリウッドを中心に舞台セットのデザインをしているショーン・ハウスマンが手掛けています。

さらに、ディスカウント百貨店チェーン「ターゲット」の行ったファッションショーは圧巻でした。ザ・スタンダードの南側155室の客室を全室借り上げ、外壁を大型映像表示装置ジャンボトロンに見立てて、66人のダンサーが156のLEDライトの照明と共に、光とダンスがシンクロしたショーを披露しています。

⑩

⑨

藍谷――2つとも迫力ある凄い映像ですね。ホテルの一部屋が、一つのショーケース、ディスプレイとして、ハイエンドなニューヨーク・ライフのワン・シーンを映し出している感じですね。宿泊者も、その一人として貢献している。

TS――床から天井まで全面ガラスというのは、防火的にも難しいデザインでした。しかも、まったく鉄分を含んでない透明度の高いガラスを使っています。鉄を含むとガラスは、緑色になりますが、一切それがない。夜になると、室内の様子が、手に取るようにわかります。

藍谷――確かに、自分では気付かなくても、中の様子は、丸見えですね。

夜だと、電気を付けていると
ショーウインドウみたいになります。
半面、室内からだと、外部の景色が部屋の一部となり、
広々とした感覚を覚えます。
日本の伝統建築における借景のような感じです。

TS――実際、全面ガラスにすると、ガラスの間際まで近づくことができるので、広さや開放感を感じることができます。

一般に、ホテルの客室は間口に対して奥行のある縦長の部屋割りになりますが、ハドソン川を望む南側の部屋は、正方形に近い間取りになっています。寝室全体がガラスに面しているので、外部との一体感は、さらに高まります。また、ベッドに寝転がった時、殺風景な白い天井を避けるため、温か味のある木の板を張っています。そうすることで、下からホテルを見上げた時、木の天井が全体的に見渡せ、堅固なコンクリート構造の中に、柔らかい雰囲気をつくり出しています。この対比も、透明なガラスとの対比同様、ホテルの存在感を高めています。

藍谷――ニューヨーク滞在中、調査を兼ねて
ザ・スタンダードに宿泊しています。
今、お話しされたデザインの素晴らしさは、
肌で感じています。私の部屋を覗いている人は、
流石にいないと思いますが…。

(100)―マルコ・ブランビアによる全てがブラックホールに吸い込まれるような映像「創造」が24時間流れるエレベーター(モニター)
(101)―ニューヨークの夜景を一望できる最上階のバー
(102)―ハイラインの建設時期とザ・スタンダード・ホテル建設時期

TS――次は、形態についてお話ししましょう。

ニューヨークのほとんどは規則正しいグリッドにより区画されています。しかし、ホテルのある区画は、ハドソン川の線形により10番街や11番街が斜めに交差しているため、台形になっています。その特性を活かし全体の形態操作を行っています。ハイラインの上部をグリッドから回転させることで、ヒンジ(蝶番)のようなダイナミックなフォームをつくり出しています。

ニューヨーク市は、フレンズ・オブ・ハイラインと共同して、新しいゾーニング法を制定しました。しかし、具体的な制限は、まだ施行されていなかったので、柔軟に対応できるようハイラインとの距離を十分確保し

(102)

ています。街路から17mの高さまでタワー部分を持ち上げています。ハイラインから独立した巨大な柱脚により、タワーが支えられています。低層部分は、ハイラインの下、タワー部分ははるか上に配置することで、周辺の中低層の街並みとの調和も保たれています。

さらに、低層部分の角地をオープンスペースにしています。夏はピザ屋、冬はアイススケートリンクに様変わりするなど、市民に開放したリビングルームのような役割を担っています。こうすることで、ホテル宿泊者以外にもザ・スタンダードを訪れる機会をつくっています。地区の賑わいにも一役買っています。

ハイラインが空中庭園として、完成後、ハイラインを跨ぐように建物を建てることは禁止されました。しかも、建物から直接、ハイラインにアクセスすることも禁止されています。実は、ザ・スタンダードの建物を支える柱脚部分に跳ね橋を付けて、直接アクセスできる設計をしていました。残念ながら、竣工直前に禁止されたので、実現しませんでした。

用途規制の変更「ゾーニング」

2002年、フレンズ・オブ・ハイラインは、ハイラインを公園化することで地区の付加価値が上がり、そこから得られる税収は、公園の建設コストを大きく上回るという試算を発表した。その後、ニューヨーク市長のブルンバーグは、ハイラインを連邦政府によるレールバンキング・プログラムへの登録を行った。これにより、将来的に鉄道軌道として再利用されるまでの期間、一時的に公園として利用することが可能になった。2003年のアイデア・コンペ、2004年のデザイン・コンペ（実施コンペ）を経て、ディラー・スコフィディオとジェームズ・コーナー・フィールド・オペレイションズが設計者に決定した。2005年には、軌道敷交通委員会（The Surface Transportation Board）は、ニューヨーク市と鉄道会社との交渉の末、ハイラインを一時的に公園として利用することの承諾の発表を行った。その数か月後、鉄道会社のCSXは、30丁目以南の高架鉄道をニューヨーク市に寄付することに合意している。晴れて、ニューヨーク市に所有者が移行することで、2006年から本格的な工事（第一期工事＝ガンズヴォート・ストリートから西20丁目）が始まった。

ハイラインが公園化することが決定すると、ディベロッパーや投資家の開発熱がさらにヒートアップする。その打開策と、ハイラインの環境保全、そして、アート・ギャラリーの密集する地区を保護するため、ニューヨーク市都市計画局やフレンズ・オブ・ハイライン、ハイラインの設計者がウエスト・チェルシーのゾーニング変更案を提案し、2005年に承認された。これを受け長年くすぶっていたハイラインの軌道

⑩④
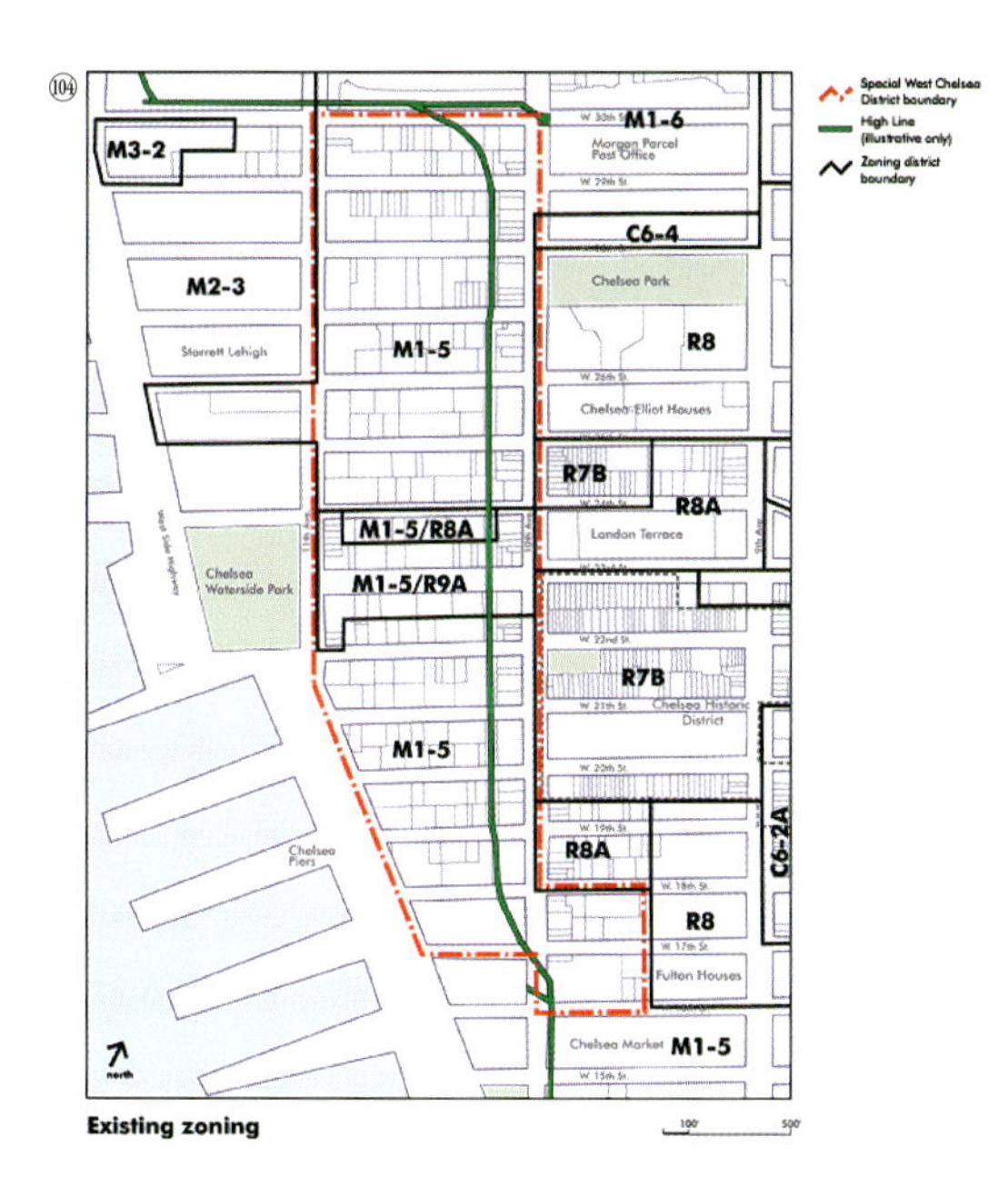

⑩③

⑩⑥

⑩⑤
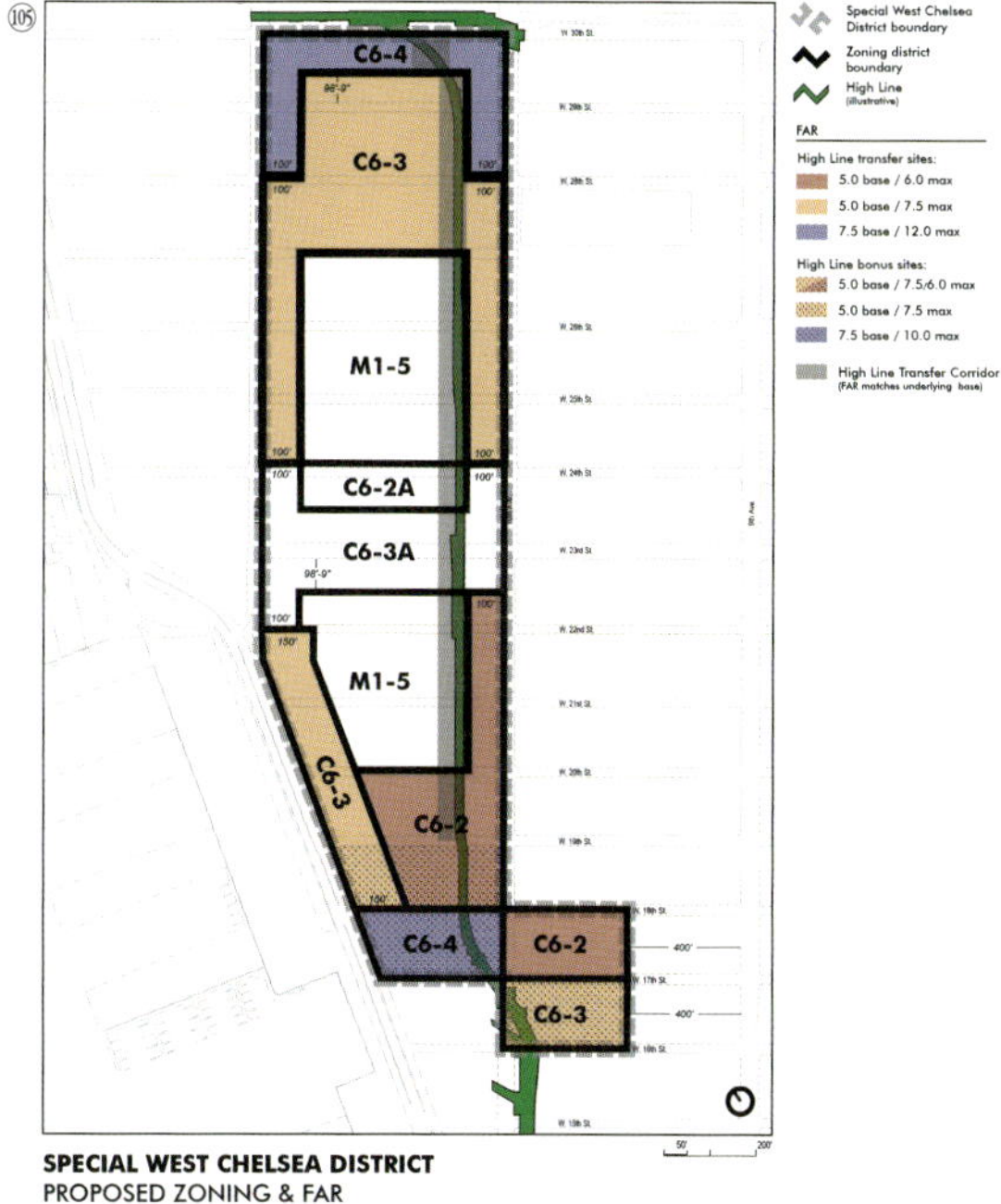

⑩③—ゾーニング改正前の土地利用状況
⑩④—ゾーニング改正前の用途地域
⑩⑤—ゾーニング改正の提案
⑩⑥—ゾーニング改正後の用途地域

上の土地を所有する地主との間の抗争は一段落する。ハイラインの天敵、つまり、ダグ・サリーニを代表とするチェルシー地区土地所有者連合は、ハイラインを取り壊すことで地区の再開発が進み、自分たちの不動産価格が上がるとし、ハイラインがあることで、不利益を被っていると主張していたからだ。しかし、余談だが、ダグは1980年代に2億円程度で購入した西18丁目沿いの駐車場の一画を近年、1000億円近い価格で売却している。ハイラインの撤去を声高に謳っていた人物が、ハイライン存続により巨万の富を得たという皮肉な話である。

用途変更・ゾーニング変更の要点は、ゾーニング変更にともないハイライン・トランスファー・コリドーという領域が制定され、十番街西側の敷地境界線から100ft（約30m）セットバックした所から、ハイラインの軌道を含む100ftの幅にある土地の開発権を売却できるように定めた点である。いわゆる空中権の移転で今、ニューヨークで最も高価な空中権の移転先は、十番街の西側と十一番街の東側の大通りに面する場所に限定されている。

さらに、M1—5という工業地区の用途制限により、住宅開発ができなかったウエスト・チェルシー地区にC6という住宅開発を許容する用途が適用された。しかも、地区にあるアート・ギャラリーの存続を奨励するため、既存のM1—5地区をドーナツ状に取り囲むように、複合商業地区を配置させている。特にアート・

⑩⑦—2005年に改正されたゾーニングによる地区の将来イメージ

⑩⑧—建物の主要なテナント分布図＝ギャラリー・美術館（左）、飲食店（中央）、小売店（右）

(109)—ハイライン西側のセットバック制限

(110)—ハイライン沿線上に20％の
オープン・スペースを作る義務（ハイライン東側）

(111)—街区のコーナーの高さ制限（ハイライン東側）

(112)—ハイライン沿線上の開発権を
十番街と十一番街沿いの土地に移転する（TDR）

(109)

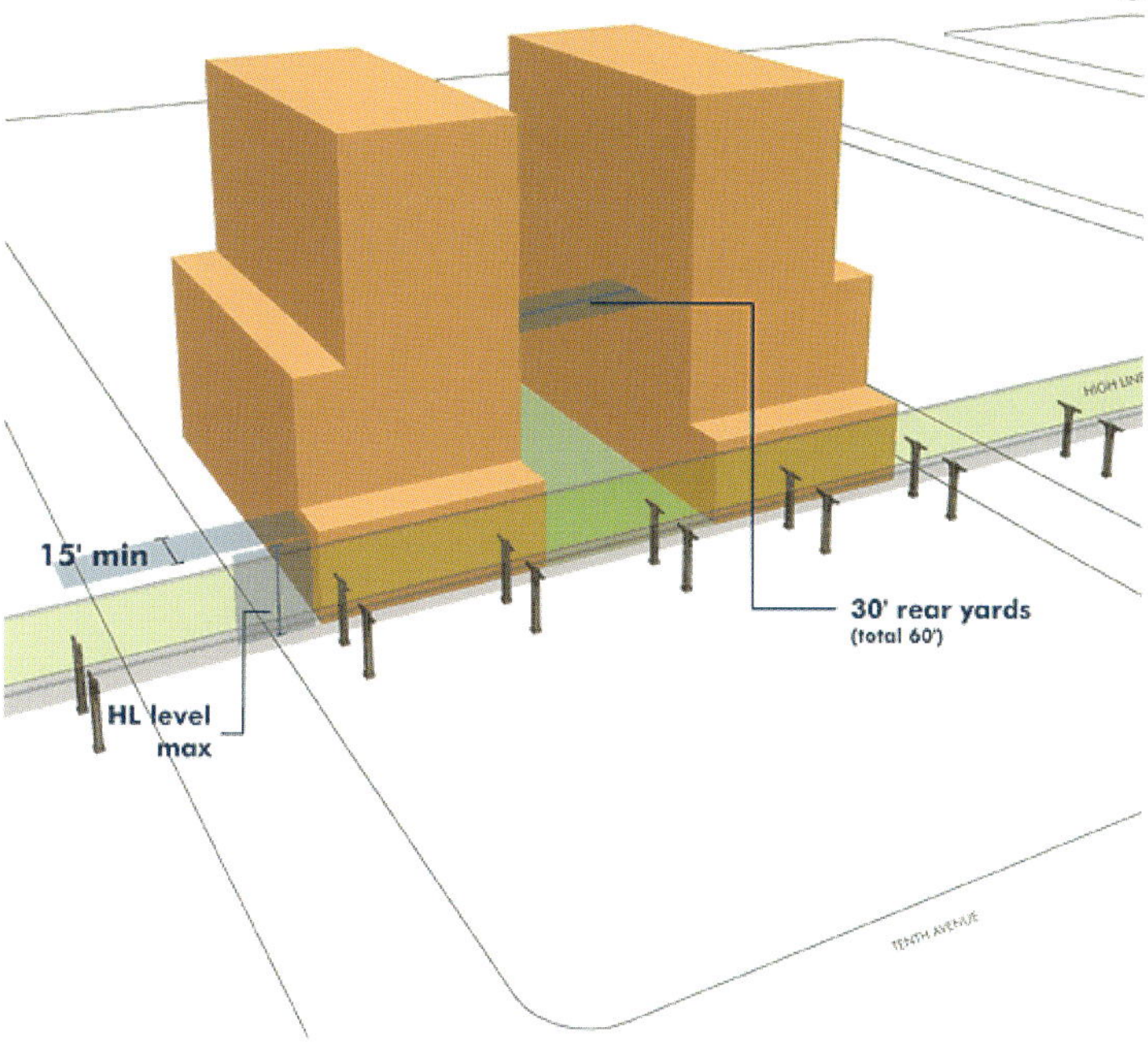

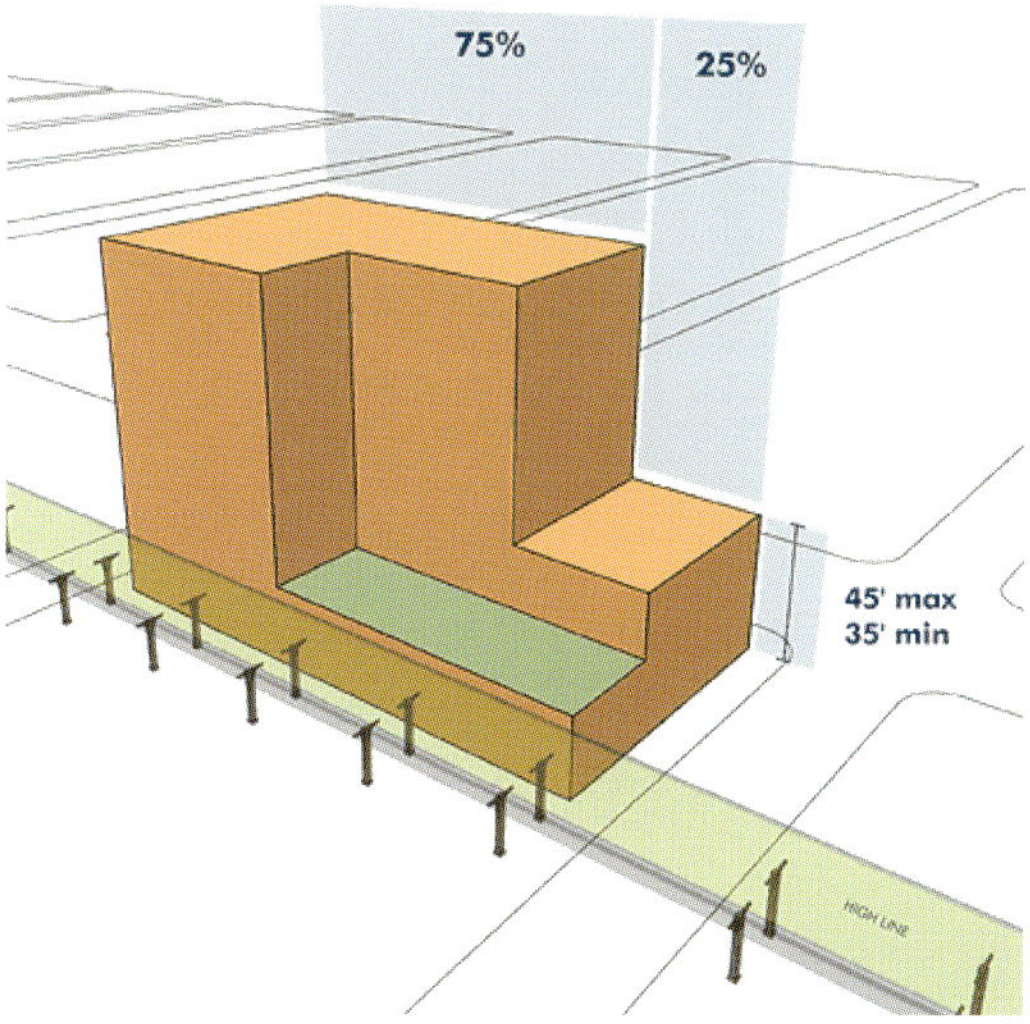

(111)

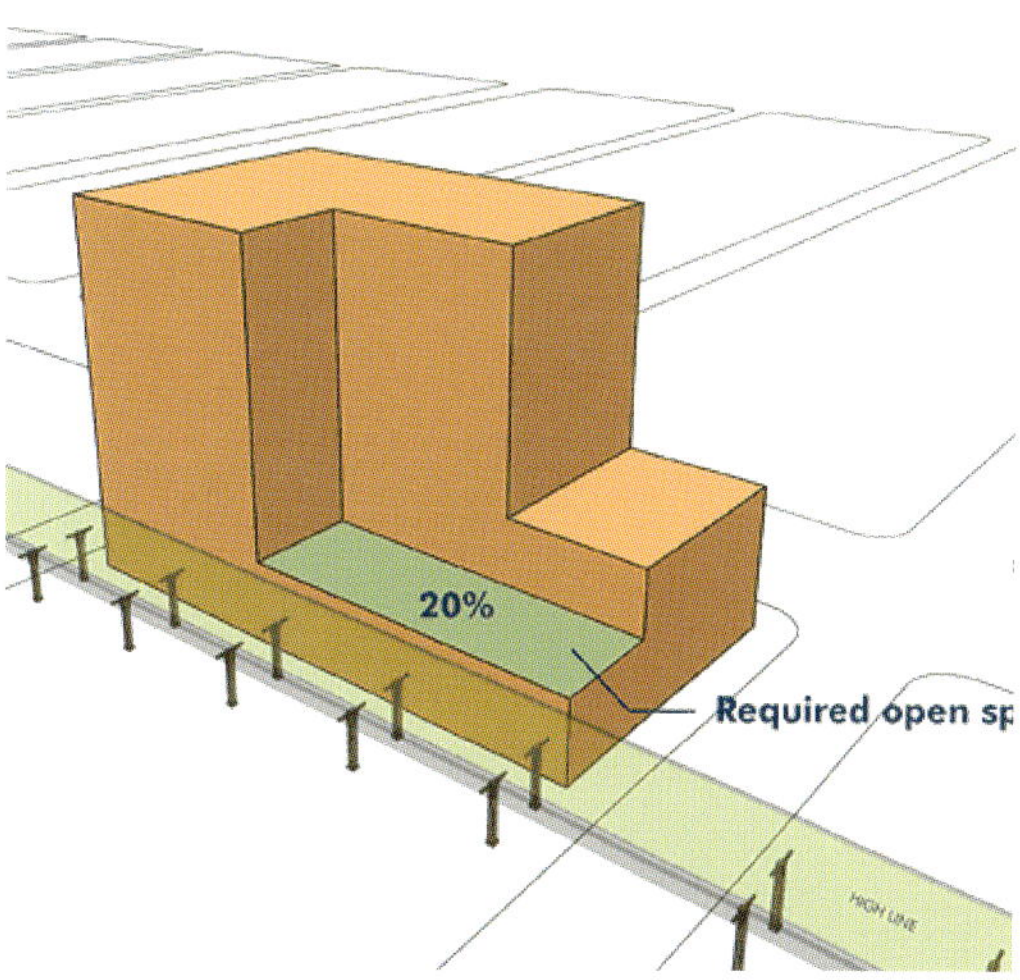

(110)

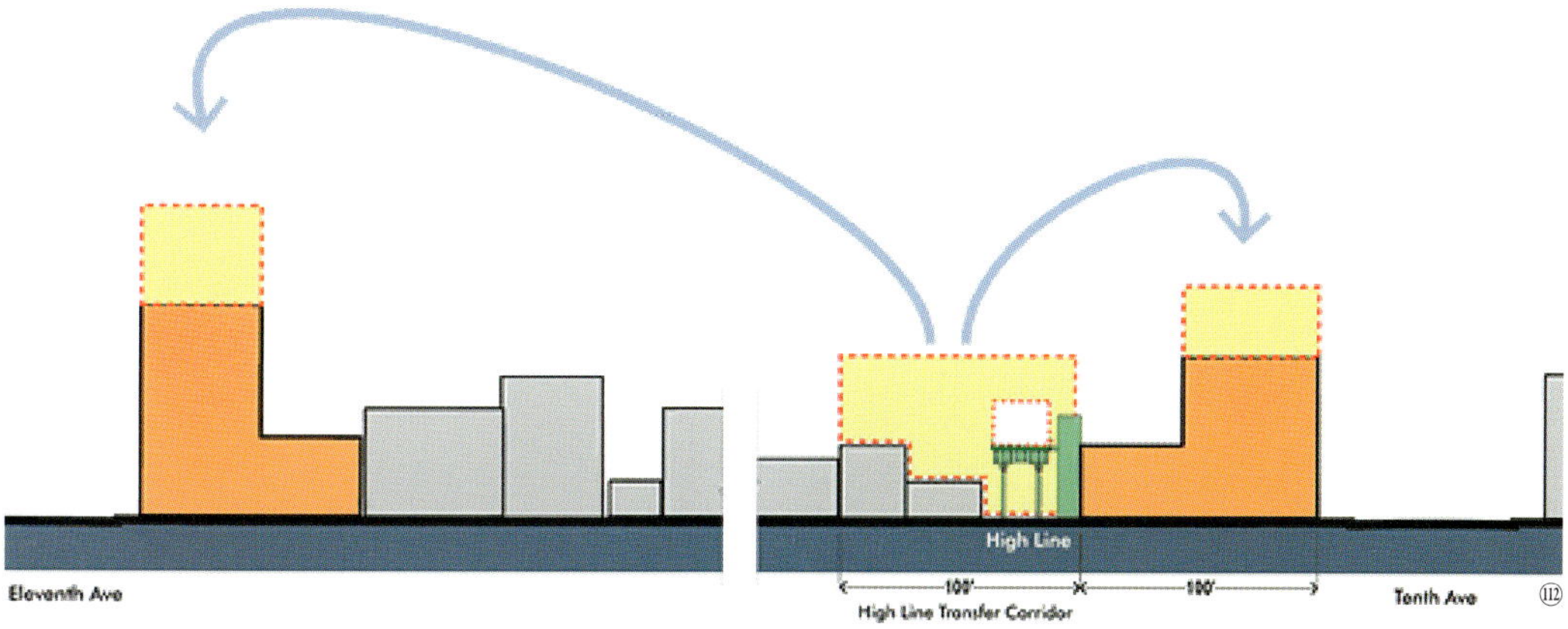

(112)

⑬
⑬—十番街スクエアを俯瞰する

ギャラリーが密集する20丁目から22丁目と、24丁目から27丁目にかけてM1―5規制を継続させることで、住宅開発への投機を抑制している。

ウエスト・チェルシー地区の十一番街沿いに細長い高層マンションが多く建設されているのは、このゾーニング変更の産物である。ハドソン川に面する高層階のマンションからは、美しい夕日やニュージャージーの街並みが見渡せる。ニューヨーク在住のセルドーフ・アーキテクツ設計の十一番街200という高級マンションは、29丁目にザッハ・ハディドによるコンドミニアムができるまで、地区で最高値の物件として知られていた。19階建ての高層ビルには、16室のコンドミニアムがデュプレックス（2層の住戸）として計画されている。各住戸には、専用のエレベーターから直接、玄関に接続し、三方向に眺望が開けている。しかも、自動車専用エレベーターにより各住戸階に直接駐車できる仕組みになっている。ハリウッドのセレブが暮らすことで知名度をあげている。ムーラン・ルージュや誘う女などで話題になったニコール・キッドマンが、グリニッジにあるリチャード・マイヤー設計のコンドミニアムのペントハウスを売り払って、引っ越してきたことはメディアの注目を集めた。

アート・ギャラリーの存続と共に、ゾーニング規制の目的となったのは、ハイラインからの眺望や景観の保全である。例えば、十番街沿い西側の建物、つまり、ハイライン東側の建物は、街区の長さ25％の部分を35ftから45ft（約10.5mから14m）の高さに制限している。残る75％は、高さ制限の上限まで建設可能とされる。さらに、通りの裏手、つまりハイラインに面する側では、街区の長さの60％以上は、ハイラインから25ft（約7.5m）以上セットバックしなければならない。そして、敷地面積の20％以上のオープンスペースをつくることが義務づけられている。このオープンスペースは、ハイラインの視角的広がりを目論み、ハイラインの高さより高い位置に設けることを禁じている。

ハイラインの西側に建物を建てる場合は、15ft（約4.5m）以上のセットバックが、さらに通りに対して間口60ft（18m）以上の敷地では、基準高さを超える部分では、15ft（約4.5m）以上のセットバックが要求されている。

まちに現れた波及効果

前述のとおり、ハイラインが着工する頃には、すでに多くの新しい建物が建てられ、また、建設され始めていた。地区の再生に貢献しているプロジェクトに、チェルシー・マーケットがある。1898年から15丁目と16丁目の間、九番街と十番街に挟まれた一街区に工場を拡張したナビスコ(National Biscuit Company (Nabisco))は、同工場で、人気商品オレオを開発した。チェルシー・マーケットは、1958年に移転した工場跡地に1997年に食のマーケットとしてオープンした。2006年には「料理の鉄人」で有名な森本正治の手がけるモリモトが、そして通りを挟んだ十番街の向こうにはイタリア料理の人気シェフ、マリオ・バターリによる高級イタリア料理店デル・ポストが2010年にオープンしている。モリモトの内装は、安藤忠雄が設計している。ウエスト・チェルシー地区の十番街沿いには、1999年にオープンしたThe Red Catや2012年にオープンしたCookshopなど、話題のレストランが高級志向のニューヨーカーを受け入れる下地をつくっていた。

⑭

⑰

⑯

⑭—旧ナビスコ工場を改修したチェルシー・マーケット
⑮—食肉工場のイメージを醸し出すチェルシー・マーケットの看板
⑯—安藤忠雄によるインテリア空間
⑰—チェルシー・マーケットの一画にある鉄腕シェフ「モリモト」のレストラン

1	Jacob K Javits Convention Center	Pei Cobb Freed	1986
2	261-273 Eleventh Avanue	D'Oench & Yost	1891
3	Starrett-Leigh Building		1931
4	548 West 28th Street		1990
5	520 West 28th	Zaha Hadid	2017
6	260 Eleventh Avenue	Clilnton & Russell	1912
7	520 W. 27th Street	Flank Architects	2008
8	Chelsea Arts Tower	Kossar & Garry with Gulkman Mayner Architects	2007
9	Lehmann Maupin Gallery	Rem Koolhaas	2002
10	H. Wolff Book Bindery	Frank Parker	1926
11	Mary Boone Gallery Chelsea	Gluckman Mayner Architects	2000
12	245 Tenth Avenue Apartments	Della Valle Bernheimer	2009
13	Marianne Boesky Gallery	Deborah Berke & Partners	2008
14	200 Eleventh Avwnue Apartments	Annabelle Selldrf	2009
15	555 W. 23rd Street	Steven B. Jacobs	2007
16	The Tate	The Rockwell Groupe	2007
17	High Line 519	Lindy Roy	2008
18	HL23 Residential Tower	Neil Denari	2008
19	Jim Kempner Gallery	Smith & Tompson	1999
20	242-258 Tenth Avenue		
21	437-459 West 24th Street	Philo Beebe	1850
22	London Terrace Towers	Farrar & Watmough	1930
23	428-450 West 23rd Street		1860
24	Empire Diner	Carl Laanes	1976
25	Comme Des Garcons	Futu re Systems and Studio morsa	1998
26	Dia Center for the Arts	Richard Gluckman	1987
27	Gurdian Angel Church	John Van Pelt	1930
28	Clement Clarke Moore Park	Coffey Levine & Blumberg	1968
29	465-473 West 21st Street		1853
30	General Theological Seminary		1990
31	100 11th Ave Condominium	Jean Nouvel	2009
32	446-450 West 20th Street		1855
33	The Cushman Row		1840
34	IAC Building	Frank Owen Gehry	2007
35	Metal Shutter Houses	Shigeru Ban Architects, Dean Maltz Architect	2011
36	520 West Chelsea	Annabelle Selldorf Association	2008
37	456 West 19th		2009
38	459 West 18th		
39	Caledonia	Handel Architects	2007
40	Chelsea Market		2008
41	Apple Store		2007
42	The High Line Building	Morris Adjmi Architects	2011
43	DVF Studios	WORK Architecture Company	2008
44	The Standard Hotel	Polshek Partnership	2009
45	Whitney Museum	Renzo Piano	2010
46	The West Coast	Perter J. Carey & Son	1900
47	829 Greenwichi Street	Matthew Baird	2005
48	40 Gansevoort Street	Morris Adjmi with Rogers Marvel	2006
49	Yamamoto	Junya Ishigami	2008
50	The church of St. Bernard	Partrick Charles Keely	1875
51	Nickel Spa for Men	Delemos & Cordes	1907
52	The Porter House	SHoP	2003
53	Balducci's	R.H.Robertson	1897
54	Port of New York Authority/Google	Abbott, Merkt & co., Lusy Simpson	1932
55	Maritime Hotel	Albert C. Lender & Assocs.	1966
56	145 and 147 Eighth Avenue		1828
57	Joyce Theatre	Simon Zelnik	1942
58	Yves Chelsea	Ismal Leyva	2008
59	365 West 19th Street	Robert Ostrow	1970
60	Avant Chelsea	1100 Architects	2008
61	Atlantic Theater	Coburn Architecture	2011
62	305-313 West 22nd Street	Weinberg, Kirschenbaum & Tambasco, Jay Almour Assocs	1986
63	260 West 22nd Street	Robert Ostrow	1969
64	240 West 23rd Street		1880
65	244 West 23rd Street		1890
66	Chelsea Hotel	Hubert, Pirsson & Co.	1885
67	McBurney YMCA		1914
68	Muhlenberg Branch New York Public Library	R.M.Kliment & Frances Halsband	1999
69	Fashion Institute of Technology		2001
70	The Onyx	FxFowle	2008
71	Church of the Holy Apostled	Richard Upjohn & Son	1858

ウエストチェルシー歴史地区

チェルシー歴史地区

ガンズヴォート歴史地区

0 100 200 500m

(118)

(118)—ウェスト・チェルシー地区とミートパッキング地区にある重要な建築物

(119)—ニール・ディナーリ設計のH L 23コンドミニアム

(120)—窓辺からハドソン川に沈む夕陽を望む

(121)—ハイライン上にせり出した近未来的なファサード

(122)—全戸に車専用エレベーターからアクセスできるセルドーフ・アーキテクツ設計による高層コンドミニアム

ソーホーに続いて家賃の高騰したハイライン沿いのエリアは、不動産鑑定会社ミラーサミュエル社(Miller Samuel)が毎年発表する報告書によると、ハイラインが注目される以前の1993年には分譲マンションの2ベッドルーム(2LDK)は中間価格値で28万5千ドルだった。2008年には170万ドル、ハイラインの効果により、2015年には256万ドルと価格を伸ばしている。9倍近い上昇率である。

斬新なデザインの見本市

空中庭園ができることで、一等地となったハイライン沿いには、目を見張る斬新なデザインの建物が、時代を牽引する国際的な建築家によりデザインされる。ハイラインが竣工する前の2008年には、カリフォルニアの建築家ニール・ディナーリがHL23を設計している。流線的なフォルムが特徴的な未来的なデザインは、ハイライン沿いの建物の中でも、ひと際目立つ存在だ。そして、間もなく完成のザッハ・ハディドによる西28丁目520は、さらに有機的なフォルムで、既にファッションモデルの撮影に使われるなど注目を集めている。

(119)

(120)

(121)

(122)

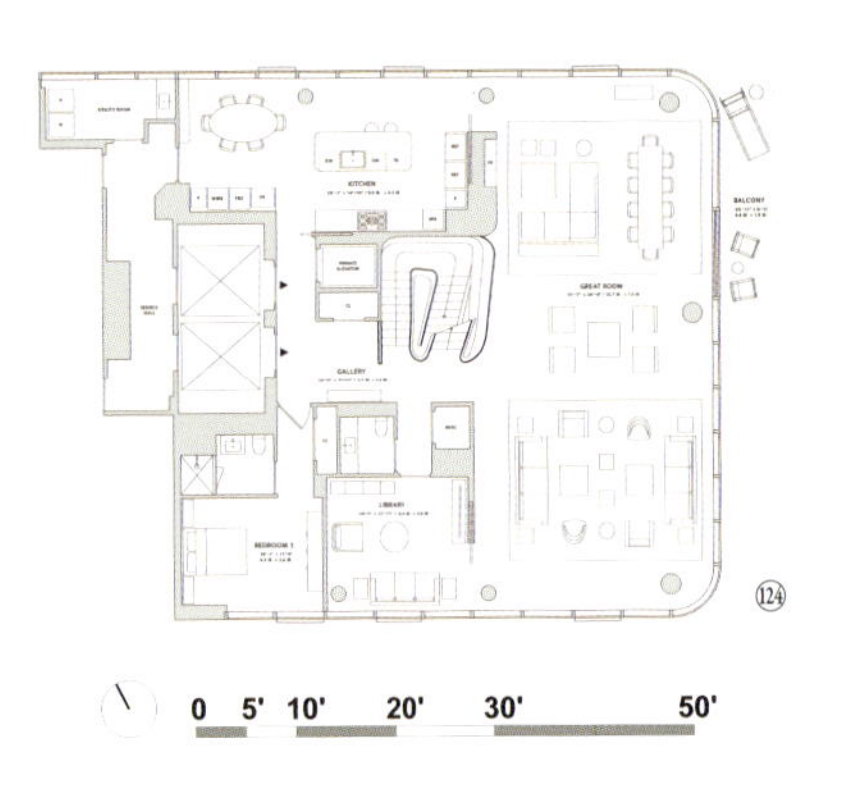

⑫③―外観のイメージ(夜景)
⑫④―2層からなるコンドミニアム平面図(上階)
⑫⑤―寝室からエンパイア・ステート・ビルを眺める
⑫⑥―2層からなるコンドミニアム平面図(下階)
⑫⑦―ザッハ・ハディド独自に開発されたテクニックによるコンセプト・スケッチ
⑫⑧―ハイライン側からみたザッハ・ハディド設計の520西28丁目コンドミニアム

動き出すハドソン・ヤード

ハイライン北端の34丁目付近、第三期工事が行われたハドソン・ヤードの鉄道操車場では、ハドソン・ヤード再開発プロジェクトと呼ばれる一大複合施設の建設工事が、2024年の完成を目指して着々と進んでいる。最先端テクノロジーを駆使した住居、オフィス、ホテル、商業施設、アートスペースが集まる延床面積1700万㎡のプロジェクトには、計画人口4000人、100軒以上の商店、200室以上の超高級ホテル、そして、児童数750人の小学校が計画されている。十番街と十二番街、そして、30丁目と34丁目に囲まれた7つの街区からなる、広さ28エーカー（約11.4ha）の広大な敷地は、その半分の14エーカー（約5.7ha）がオープンスペースという規模を誇り、総事業費200億ドルという米国史上最大級の民間不動産開発事業と言われている。2012年に着工された全開発は2段階に分かれ、全米有数のグローバル・デベロッパー（Related Companies）と、カナダ最大級の不動産投資会社（Oxford Properties Group）が共同で行っている。

⑬⓪

⑫⑨

⑬②

⑬①

⑫⑨—着々と工事が進む
Diller Scofidio + Renfro設計によるザ・シェド
⑬⓪—完成イメージ
⑬①—滑車を使った可動シアター（クローズ時）
⑬②—滑車を使った可動シアター（オープン時）

ザ・シェド

ハドソン・ヤード再開発の一画にザ・シェドという開閉式のシアターが建設中である。この建築設計は、ハイラインと同じ設計者ディラー・スコフィディオ＋レンフロが担当し、滑車を使って動く屋根構造が開閉することで、外部空間を室内化することに特徴がある。ハドソン・ヤード開発の完了を待って、ハイラインの第三期工事も完了することになっている。ハイラインから直接アクセスできるため、接続部分が未完成の状態にある。

カタリスト的視点

ハイラインの出現により、急激に地価の上昇が進むウエスト・チェルシー地区とミートパッキング地区だが、ジェントリフィケーション(貧富の格差)の問題も指摘されている。急激な地価や賃料の上昇は、労働者や低所得者に人気のあったバーやレストランを閉店に追い込むだけでなく、地区で暮らす人の「書き換え」を加速させている。しかも、近年、IT界の革命的企業グーグルのニューヨーク支店が、チェルシー・マーケットの左隣＝九番街と十番街、西15丁目と西16丁目に囲まれた街区に移転してきた。IT系の高所得者の到来は、少なからず地区のジェントリフィケーションを加速させるに違いない。そして、昨今の建設ラッシュ、とりわけ、ハイラインの保存運動とほぼ同じ時期に始まったハドソン・ヤードの再開発に、脅威を感じる。

⑬③—超高層ビルが林立するハドソン・ヤードのイメージ図

ハドソン・ヤードの再開発は、巨大資本を有する大手ディベロッパーが主導して進めているからだ。超高層ビル群による大規模開発を否定するつもりはないが、効率優先のディベロッパーによる開発手法は、得てして簡単なボリューム算定による最大延床面積の捻出、工期短縮のためのカーテンウォールを駆使した建築群というのが常套手段で、一度、工事が始まると、着々と進行する。ほとんどの部材が工場生産のため、搬入・搬出の運搬車が頻繁に通りを行き交う。空中に聳えるタワークレーンの数は、都市経済において繁栄の象徴とも言われるが、ハドソン・ヤード周辺の交通渋滞は異常な

⑬④―645個の大型円形植木鉢が特徴的な「ソウルロ7017」と国鉄ソウル駅
⑬⑤―レンゾ・ピアノ設計のホイットニー美術館は、ミートパッキング地区の価値をさらに高める波及効果となった。
⑬⑥―インダストリアルな雰囲気を醸し出すホイットニー美術館の屋上展望台

くらいだ。

話題をハドソン・ヤード再開発のもたらす脅威に戻すと、ハイラインは、都市の連鎖反応という意味で、世界最高水準の建築を周囲に引き寄せ、著名な建築家の協奏曲のような様相を呈するまでに至っている。これまでは、単体の建築が、建築家の腕を競うようにつくられるという理想的な形で波及することで、それぞれの建築の個性が際立ち、地区は多様性に満ちていた。しかし、不動産投資グループが、暗躍し始めると、いわゆるスクラップ・アンド・ビルドのような大規模開発が、一体的に行われる。現に、ハイラインの周りには、ガラスの摩天楼と呼べば、聞こえはいいが、安っぽい表層的なきらびやかさをまとった建物が増殖している傾向にある。その魔の手は、ハイラインの北端から、徐々に南下し始めている。ニューヨークにある「光と闇」が凝縮して共存する一帯が、華やかな「ガラスの光」のみに書き換えられる可能性を危惧する。そして、もしすべての建物が、ガラスの建物に置き換えられるとすると、それは、ハイライン効果、つまり、場所の記憶を継承させるアーバン・カタリスト効果の終焉を意味しているのかもしれない。

まとめ

ハイラインの総額は、２０６億円(USD184million)と発表されている。出資者の内訳は、第一・二期工事１５８億円(公金ニューヨーク市)＝１２３億円、公金(合衆国)＝23億円、私金＝12億円)、第三期工事48億円(公金(ニューヨーク市)＝12億円、私金＝36億円)とされ、第一・二期工事１５８億円は、それぞれデザインに12億円、工事に１３７億円、エンジニアに9億円とされている。これを公共投資と呼ぶべきかどうかは別として、投資に対する見返り、すなわち、ニューヨーク市民が手に入れた「公共財産」としての価値は計り知れないものがある。

ウエスト・チェルシー地区やミートパッキング地区の魅力は、19世紀につくられた住宅としてのテナメント・ハウスやタウン・ハウスが、産業構造の変化に応じて、増改築を繰り返しながら用途を変え、地区の性格の変遷に対応してきたところにある。重厚なレンガ造や石造の外壁、鉄を主体とした窓枠など、時代を感じさせる趣の中に、新しい現代建築が投入されている。一度、斜陽化した地区が醸し出す、ある意味、哀愁に満ちた荒廃感、廃墟から感じることができる栄枯盛衰。ハイラインの周りには、そういった雰囲気が満ちている。それは、ハイライン自身にも言えることで、１９３０年代の建設当時、空中を走る鉄道が、建物の間をすり抜けていく光景は、未来都市の到来を人々に予見させた。鉄の塊、鉄の鋲(リベット)が無数に打ち込まれた構造体は、往時の栄光を今に伝えている。しかし、一歩、空中庭園に足を踏み入れると、都市の隙間に蘇生した野生、現代的で流線的なデザインによるプランキング・システム、そして、マンハッタンの喧騒、急ピッチで建設される奇抜なデザインの建築群などに遭遇する。日常的には想像もつかない、一見、無秩序に展開するさまざまな現象が、一本の道沿いに完結している。１００年の時空をスローモーションで駆け抜けるような不思議な感覚に捕らわれるのは、そのためだろう。

２０１７年、韓国のソウルに韓国版ハイラインが出現して話題になった。人間中心の都市再生の始まりと位置づけられた「ソウルロ７０１７」の設計は、オランダの設計集団MVRDVが行っている。国鉄ソウル駅前にある老朽化が著しい高速道路を、市民のための空中公園に改修した、まさにハイラインの韓国版だ。確かに、多様な出身地の市民に愛着を感じてもらうように韓国各地の植物を盛り込んだ６４５個の大型円形植木鉢が随所に配置されるなど、デザインのクオリティは高いレベルにある。しかし、ハイラインを歩くような高揚感には、至らない。それは、ソウルロ７０１７が、単に歩道橋が巨大化したに過ぎないという、感覚から受けるのかもしれない。移動を便利にするための通路として機能し、少なくとも、ハイスピードに変化する大都市の時間とは切り離された、スローな時空間は、存在しない。ハイラインと同じ感覚を覚えるのは、むしろ、高速道路建設により暗渠化した清渓川の復元によりできた都市公園の方で、空間の豊かさの中に、都市の発達の歴史や文化が凝縮されている。

第4章

十和田市現代美術館（青森県十和田市）

空地化が進行するシンボルロード沿いの官庁街に現代美術館を投入することで街をアート化する

現代アート
サイト・スペシフィック
馬産地
官庁街通り
日本の道・百選
まちおこし

4 十和田市現代美術館（青森県十和田市）

十和田市現代美術館

青森県十和田市では、国の省庁再編による事務所閉鎖や合同庁舎新設にともなう出先機関の転居などにより官庁街通りにおいても、空き地の増加が目立ち始めていた。そうしたなか、官庁街通りが日本の道・百選に選ばれたのを機にこの全域にパブリック・アートを散りばめた「野外芸術文化ゾーン（現＝Arts Towada）」構想が始まる。その核として、十和田市現代美術館が建設された。現代アートを起爆剤に展開する十和田市における都市再生、美術館が地域に与えた波及効果はどうだったのか。

はじめに——官庁街通り（駒街道）を中心とする都市形成

青森県の県南に位置する十和田市は、2006年、旧十和田市と十和田湖町の合併により誕生したもので、十和田湖、八甲田山、奥入瀬渓流など美しい自然に囲まれた人口6万人ほどの都市である。青森は奥羽山脈を境に西側を津軽地域、東側を南部地域といい、気候的にも政治的にも異なる2つの地域に分けられる。十和田湖への東玄関口としても知られる十和田市は南部地域に属し、著書『武士道』や五千円紙幣などで知られる新渡戸稲造の祖父で、南部盛岡藩士・新渡戸傳（1793〜1871年）により、4年の歳月を経て1859年に開拓された。八甲田山の噴火により形成された三本木原台地は、新渡戸が奥入瀬川から稲生川を開削し上水するまでは、不毛の大地として知られていた。

開拓者が息づくまち——十次郎の都市計画

1859年上水が成功すると、本格的な町の建設が始められた。三本木新町は人工河川「稲生川」を北端とし、奥州街道を中心軸に東に6町、西に6町からなる東西南北12町四方のグリッドにより区画整理されている。札幌市に先行して整備された十和田のグリッドは、長安の都を模した平安京（京都）の条坊制を参考にしているとも考えられている。1ブロックは110mの正方形、そして表通り16m（8間）、裏通り12m（6間）と広幅員の道路で区画されており、自動車社会の到来を予見したような都市計画である。三本木原開拓は、上水計画、都市計画、産業開発を総合的に取り入れたことでも知られる。さらに、住宅区域、耕作区域、商業区域などの土地利用区分も計画されており、近代都市計画の先駆的な例として注目されている。この計画を推進したのは、息子の十次郎であった。現在の十和田市の市街地は、この計画をもとに形成され、新渡戸記念館[★注1]が所有している慶応元年検地絵図を見ると現在の都市の骨格を確認することができる。

南部地域一帯は、平安・鎌倉時代から多くの名馬を輩出するなど、馬産地として知られていた。藩政期の1863年、新渡戸十次郎が三本

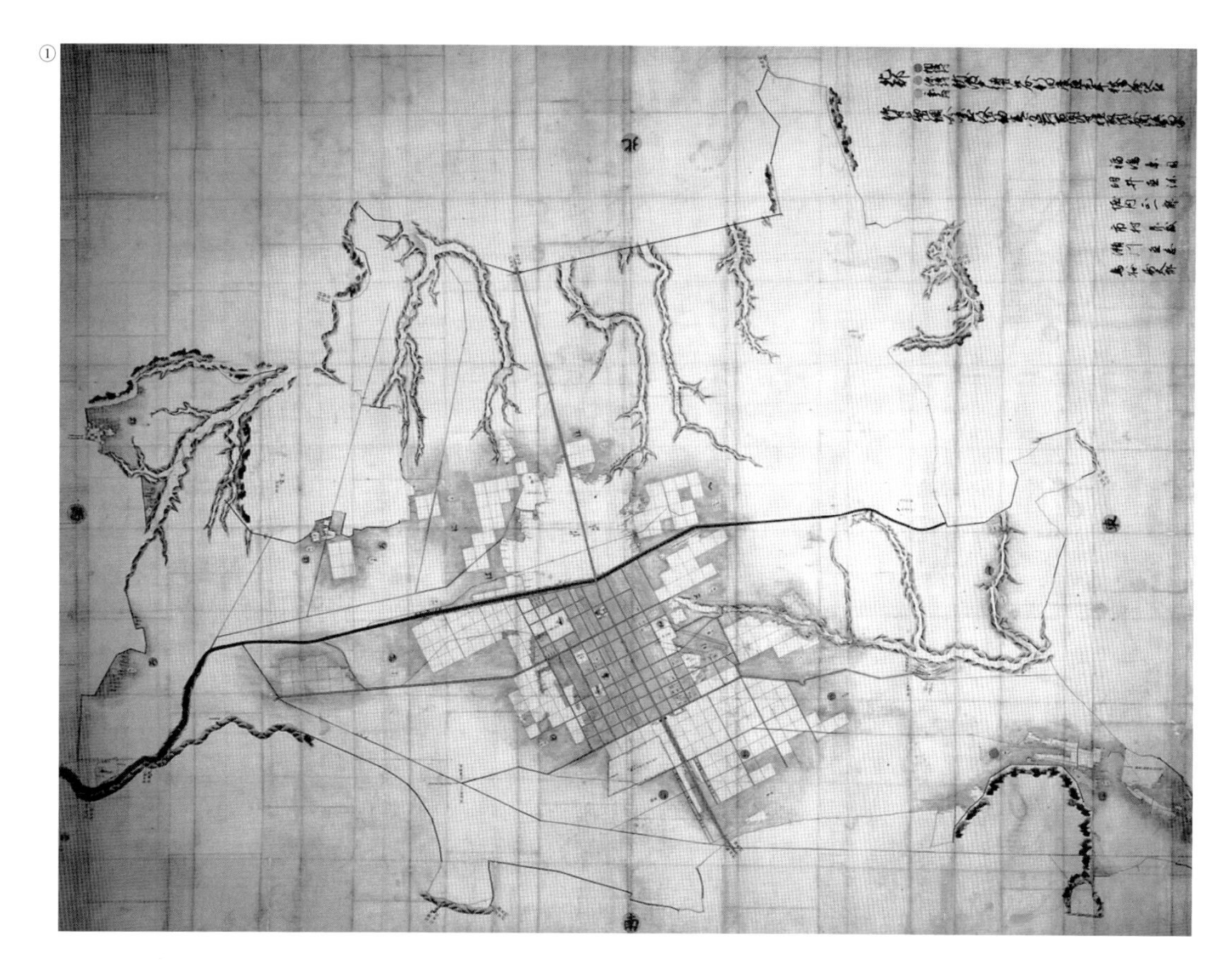

①—慶應元年検地絵図通り
②—十和田市市街地と官庁街

★注1—耐震上の問題から現在は廃館している。

③

④

③—日本の道・百選にも選ばれた十和田市のシンボルロード
④—桜並木と松並木が美しい官庁街通り

木原開拓(現＝十和田)における産業開発の一環として馬市を開設したことを機に栄え、1884年には陸軍軍馬局出張所(のちの陸軍軍馬補充部)が開設される。そして1945年、終戦後の同出張所の解体までの約60年間、往時には1700頭を有す軍馬の街として、その発展に寄与していた。軍馬の街としての記憶は、市内に散りばめられた馬のオブジェや彫刻が今日に伝えている。現在の官庁街一帯は、戦後間もなく軍馬補充部用地が開放された際、官公庁用地として整備されたもので、中心を東西に走る官庁街通りを「シンボルロード」として整備している。その両側には往時、40を超える国・県・市の官庁が建ち並んでいたほど高密に集積していた。

　このシンボルロードは、1986年、「日本の道・百選」(旧建設省選定)に選ばれたのを契機に、事業費12億円を投入して6年の歳月を経て1994年に完成した。長さ1.1km幅36mの規模を誇り、165本のアカマツと156本のサクラが4列の並木道を形成している。整備事業においては、本線からの引き込み道路を歩道と一体化することで、片道12.5mのゆったりとした幅員を確保している。このシンボルロードは、春にはサクラ、冬にはイルミネーションで彩られ、歩道両側には、それぞれ開拓の源である「稲生川」をイメージした「せせらぎ水路」や、奥入瀬渓流をイメージした水の流れ、さまざまな馬のオブジェが配置されている。

街の衰退

現在、十和田市を訪れる観光客のほとんどが車やバスによる移動手段に頼っている。2012年、十和田市と青森県各地をつないでいた十和田観光電鉄線が乗客減少による経営不振から89年間の歴史に幕を閉じたからだ。この十和田観光電鉄線は、青森市と八戸市などを結ぶ第三セクターによる青い森鉄道線の三沢駅から分岐し、十和田市の十和田市駅までの約15kmを稲生川沿いに結んでいた。それは、十次郎による基盤グリッドの北端に重なる。現在、廃線となった線路跡地では、すでに撤去作業が進められ往時の面影は消えつつある。

全国の地方都市が直面する共通の問題に、人口減少や自動車社会の発達が引き起こす中心市街地の空洞化や商店街のシャッター街化がある。十和田市も同じような問題を抱えている。旧国道4号線（奥州街道）に面する十和田の商店街は、官庁街通りに直交する中央商店街、南商店街、6丁目商店街、7・8丁目商店街などからなる。中でも、集客力のある中心的な役割を担っていた十和田松木屋（1973年開店、1999年閉店）とジョイフルシティ十和田亀屋（1972年開店、2000年閉店）という二大大型商業施設の撤退は、中心商店街の発展に大打撃を与えた。十和田亀屋跡は商工会議所の要望により、1階部分に100円均一のスーパーマーケット・タートルズプラザ十和田亀屋を開店したが、2001年に経営破綻により閉店し、2006年に取り壊された。これにより官庁街通りより北側の空洞化が顕著になった。一方、十和田松木屋跡は1階部分が「まちの駅」になっていたが、2010年の再開発に伴い閉鎖され取り壊された。2011年には十和田市現代美術館との連携を目指した「十和田市観光物産センター」を核とした観光案内、店舗、土産物販売からなる複合商業施設「アート・ステーション・トワダ」が建設され、商店街と美術館を橋渡しする役割を担っている。

大規模な駐車場を完備した郊外型のショッピングセンターが昔ながらの商店街に打撃を与える構図は、十和田市でも起こっている。1995年にイオン下田ショッピングセンター（現イオンモール下田）が開店すると商店街の客足に大きな影響を与え、中心商店街の核となる大型商業施設を閉店に追いやった。さらに追い打ちをかけるように、2002年には相坂地区にサンデー十和田店、マックスバリュ十和田南店、ユニクロ十和田店などからなる十和田南ショッピングセンターが、2005年には十和田バイパス沿いにイオン十和田ショッピングセンターが、2006年には十和田観光電鉄本社跡地に、デンコードー、ホーマック、紳士服コナカなどからなる十和田元町ショッピングセンターが相次いで開店している。

アートによるまちおこし

場所に触発され、その場にしかできないアート作品を形容する「サイト・スペシフィック」という表現がある。「地域固有」といったニュアンスを含むが、日本でこの手法が試みられたのは、「現代アートの聖地」として世界中の若者を惹きつけている瀬戸内の直島である。この手法

⑤

は、美術館がただ作品を購入して展示するというものではなく、作家が現地に足を運んで、その場を見たうえで、作品を制作するやり方である。そのまま、現地で作品を制作することもある。場の雰囲気を感じてアイデアを練り、周辺の住人の協力を得ながら作品をつくり上げるというベネッセ特有のスタイルを確立している。

ベネッセによる一連のまちづくりは、福武財団理事長の福武總一郎が、前身の福武書店社長の意思を引き継ぎ、瀬戸内海に浮かぶ小さな直島に子どもたちのためにキャンプ場をつくるという構想を実現したことに始まる。直島国際キャンプ場は世界的な建築家・安藤忠雄の監修により1989年にオープンした。

安藤忠雄は、常々、建築が人々の想像力を呼び起こし、アートや自然との対話を喚起するために、抽象的な幾何学形態を組み合わせることで、建築空間をデザインするといっている。直島では、特に展示室の大半を地中に埋めることで、建築の存在感を消し空間のみを感じる「見えない建築」をつくり出し、アートと自然と建築のコラボレーションが場を活性させるとしている。1992年にはホテルとミュージアムの融合した「ベネッセハウス」、1995年にはミュージアム裏手の小高い丘の上に「オーバル」という楕円形の水庭を囲い込むホテル、2004年には「地中美術館」、2006年には木造のホテル「ベネッセハウス パーク／ビーチ」、2010年には「李禹煥美術館」というように、次々と安藤作品を生み出している。他にも、旧い町並みの中に現代美術を埋め込んでいく「家プロジェクト」を1997年から始めるなど、直島はANDO Worldの様相を呈している。

すべての作品が、アートと自然、そして、人間が直接ぶつかり合い、刺激しあえる「場」の創出に挑戦している。結果として、若者を中心に多くの人が島を訪れることになり、過疎化や高齢化により活力を失いつつあった島全体に活力が蘇っている。その効果は香川県との共同事業、瀬戸内国際芸術祭などを通して、戦略的に周辺の犬島や豊島などにも伝播している。

この手法は、アーティスト・イン・レジデンス[★注2]や、トリエンナーレ(3年ごとに開催されるイベント)などに継承され、アートによるまちおこしのツールとして全国各地に広まっている。代表的なものに、前述の福武財団が香川県と共同し、総合プロデューサーを福武總一郎、総合ディレクターを北川フラムが務める「瀬戸内国際芸術祭（初回＝2010年）」、総合ディレクターを北川フラム、第4回から福武總一郎が総合プロデューサーとして加わった新潟の「大地の芸術祭 越後妻有アートトリエンナーレ（初回＝2000年）」、そして、南條史生が総合ディレクターを務める「茨城県北芸術祭（初回＝2016年）」などがある。美術評論家で、森美術館館長の南條史生は1990年、ナンジョウ・アンド・アソシエイツ（N&A）を設立し、展覧会のキュレーション、パブリックアート、まちづくり・地域活性化プロジェクトのコンサルティングなどアートを軸としたさまざまな企画・運営の活動を行っている。芸術界では知らない人がいないほどの重鎮である。

　この南條史生が率いるN&Aの監修によって始められたのが十和田市現代美術館である。まず十和田市では官庁街通りが「日本の道・100選」に選ばれたのを契機に、馬の彫刻や俳句の石碑を立てるなど、官庁街通りを舞台としたまちづくり事業が始められる。2001年、十和田市役所企画調整課では、当時の市長が「札幌芸術の森」という豊かな大自然と、都市、芸術、文化の調和を目指してつくられたアートの森を目標に、官庁街通り全域にパブリック・アートを散りばめた「野外芸術文化ゾーン（現＝Arts Towada）」に変えるという構想を掲げ、一大プロジェクトに着手した。アート関連に詳しい人材が、行政にはいなかったため、翌年、コンサルタントを募集する。4社によるプロポーザルの中からN&Aが選定された。N&Aは時代の流れの中で徐々に消費され時代遅れの感のあったパブリック・アートよりも、注目を集め始めていた現代アートに対象をシフトしたほうが良いと逆提案を行う。その過程において、屋外展示から屋根のある屋内展示へ、そして、単なる作品を展示するだけでなく、市民が活動を行うこともできる場所も必要とのことで、野外芸術文化ゾーンの構想からアートセンターをつくる構想へと収束していった。

　建物や作家の構想がある程度、固まった2005年には日本の建築界をけん引する新進気鋭の建築家5組による指名プロポーザル方式★注3による設計案募集が行われた。そこで最優秀賞に選ばれたのが、西沢立衛だった。他の4組は塚本由晴と貝島桃代による建築家ユニット・アトリエ・ワン、藤本壮介、ヨコミゾマコト、乾久美子という顔ぶれで、西沢立衛も後に、大御所のいない若手中心のコンペだったと振り返っ

⑥

⑤―チェ・ジョンファによる「フラワー・ホース」と桜

⑥―まちに開かれたアート「十和田市現代美術館」

★注2―アーティストなど作家を現地に招聘して、住み込みで作品制作を行う、滞在型の創作活動で、活動拠点となる制作スタジオに中長期の居住施設が併設することもある

★注3―建築物の設計者を選定する際に、複数の者に企画を提案してもらい、その中から優れた提案を行った者を選定する方式。

⑦

ている。

建築家指名と同様に、作家の選定も大御所のいない所謂、新進気鋭のアーティストが選ばれていた。この建築家選定、そして、アーティスト選定を担ったのもN&Aである。それなりに知名度はあっても、今ほど有名ではなかった。

しかし、面白そうだということでアーティストを選定している。例えば、「スタンディング・ウーマン」のロン・ミュエク（オーストラリア）。肌、徹、透き通る血管、髪の毛の一本一本にいたるまで、人間の身体の微細な部分を克明に再現したスーパーリアルな巨大彫刻を制作している。今では、世界的に注目を集める現代アーティストとなっている。他には、数万体の樹指製の人型彫刻が肩車をするように、天井から放射状に吊り下げたシャンデリアのような「コーズ・アンド・エフェクト」のスゥ・ドーホー（韓国）、十和田市の伝統工芸・南部裂織から着想を得て花模様を床一面に描き出した「無題」のマイケル・リン（台湾）、花模様の馬が正面入口前に立ち上がった「フラワー・ホース」のチェ・ジョンファ（韓国）、光、音、ガラスでできた六角形のトンネル「光の橋」のアナ・ラウラ（スペイン）などだ。

ただ単にすでにつくられた作品を買うのではなく、コミッション方式[★注4]で作家を選び、サイト・スペシフィックに作品を依頼している。21人の作家が選定されているが、今では、世界的に知名度を上げたアーティストである。さらに興味深いのは、彼らの代表作に十和田市現代美術館の作品が挙げられるなど、十和田での経歴が作家としてのキャリアアップにも一役買っている点だ。今、同じアーティストに同じ作品を発注すると、とても同じ金額ではできないだろう。建設当時、アート作品に投じた総額は5億円弱とされている。目利きの凄さであるし、1つの建物に1つの作品という構成が、作家の創作魂に火を付け、建築家とアーティストの共同作業が、類まれな相乗効果を生み出したといっても良いだろう。開館前の十和田には、「何かを生み出そうとする莫大なエネルギー」が充満していたに違いない。

この美術館には青森県のアーティストや地元作家の作品は飾られていない。公立の美術館ができる場合、日本では一般的に、地域貢献や還元を理由に地元作家の見せ場をつくろうとする風潮がある。税金を使うのだから地域産業の育成に貢献するべきという論理である。しかし十和田では、そういった既成概念を一切受け入れず、作品の選定には、話題性のあるものというコンセプトで突き進んだ。しかも、初期投資の財源は確保できたものの、運転資金を配慮し、メンテナンス費用がかからないものを求めることも忘れていかなった。

明快なコンセプト 美術館をまちに開放する

官庁街通りにおいては、商店街とは別の理由で空洞化が進んでいた。市町村合併や行政のスリム化によって庁舎の統廃合が行われ、美術館の候補地もハローワークと税務署が新しい合同庁舎に統合されたことで、空き地化していた。進行する空洞化対策として、アートによる町の再生構想が前市長の旗振りによって始められた。

プロポーザル方式で最優秀賞に輝いた西沢立衛案は、すべての展示室にコミッション・ワー

⑦―ロン・ミュエクによる「スタンディング・ウーマン」
⑨―カフェの床一面に描かれた花模様のコラージュは、マイケル・リンによる「無題」

★注4―委託制作のことで、アーティストがもともと制作して持っていた作品を設置するのではなく、場所や環境、依頼者となるクライアントの要望に合わせて、新たに作品を制作すること。

⑧

⑨

歩道 =12.5m　車道 =11m　歩道 =12.5m
幅員 =36m

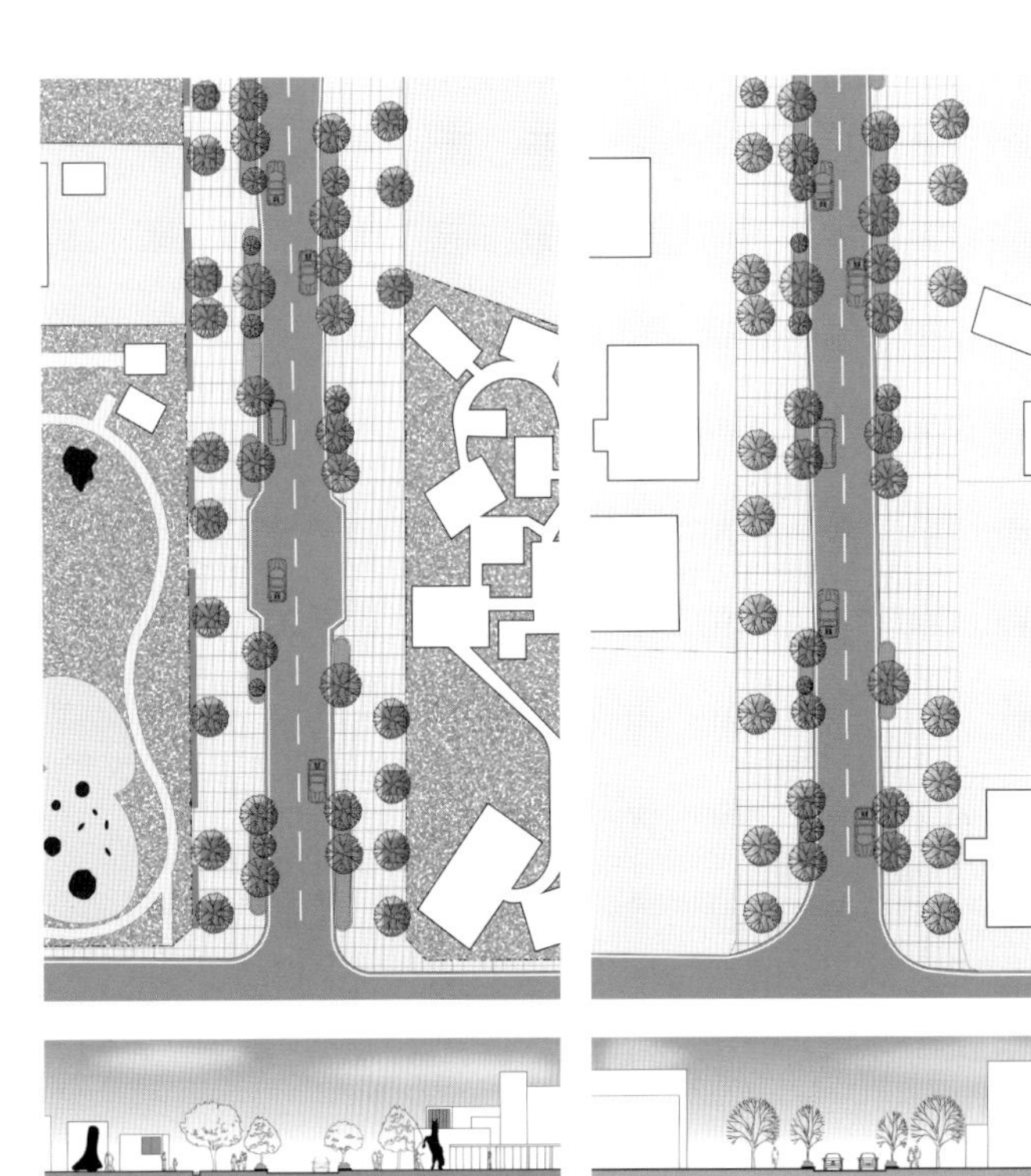

⑫　⑪　⑩

クを展示するという恒久展示を想定した設計条件に対して、1つの作品に対して1つの部屋(建物)という回答を描き出した。「それぞれの部屋の形や窓、構造形式や天井高などをそれぞれ別々に決められるシステムが相応しい」と回想している。しかも、それぞれを分棟化させることで、建物を分散して配置し、必要に応じて回廊でつなげる方法を提案している。これにより、建物と建物の間に屋外空間ができ、屋外展示場として利用できる。美術館の敷地外には、大通りと建築物、そして空地が混在している都市の文脈を、敷地内にも反復させることで、まちとの連続性を高めている。

また、一見、バラバラに配置された建物も、交差点や大通りを隔てたアート広場から眺めると、それぞれに正面性があり、屋内の展示物が透けて見える。行政の意図する「官庁街通り全体を美術館と見立てる」という全体構想の一環として「まちに開放した美術館」と位置づけられた建物は、「アート作品の集落」のような美術館になっている。建物内の活動が通りや街に連続していくような、開放的な建物だと高い評価を受けている。

N&Aは、プロポーザル方式で設計者を選定するにあたり、まちの活性化を目指すためには野外芸術文化ゾーンではなくアートセンターという施設の建設が必要という結論を導き出しいる。「アート作品を設置するというハード面の充足だけではなく、展覧会などのアートプログラムや市民の芸術文化活動、地域情報の発信などのソフト面の充実も必要であり、その活動の拠点となる建築物の必要性」、そして、「アートがもつ多様性を見せるには、公共(屋外)空間に設置されるアート作品には、耐久性の面で様々な制約が生じるため限界がある」という2つの理由を挙げている。屋外設置ではなく、一方で、屋外空間への開放性を追求している。

南條史生は、計画自体が、野外である大通りを強く意識しているため、屋内の作品をどのように外に見せるか、屋外から見えるようにするか、通りに対する開放性をいかに設計するかということを重視している。さらに、建築物もアート作品と同様、ひとつのコミッション・ワークと位置づけており、インパクトのある建築を求めていた。そして、アメリカの鬼才、フランク・ゲーリーがスペインのビルバオに建てた「グッゲンハイム・ビルバオ」を例に挙げ、巨大なスケールの中にアート作品が設置され、展示スペースをブリッジや窓、階段、吹抜けなどの建築的な見せ場がつないでいることへの驚きと感動を十和田においても再現し、展開していきたいと語っている。美術館完成の2年後の2010年には、水玉模様の南瓜が有名なアーティスト草間彌生による一連の彫刻群「愛はとこしえ十和田でうたう」、インゲス・イデーによるゆかいな「ゴースト」と「アンノウン・マン」、エルヴィン・ヴルムによる太った家と太った車「ファット・ハウス」と「ファット・カー」などからなるアート広場が完成することで、ARTS TOWADAがさらに進化を遂げている。

a棟 休憩スペース/アートカフェ　b棟 市民活動サポートスペース　c棟 バックヤード　d棟 ギャラリーX-1
e棟 ギャラリーZ-1　f棟 ギャラリーY-1　g棟 階段室　h棟 トイレ
i棟 エントランスロビー　J棟 展示室A-1　k棟 展示室C-6　L棟 展示室C-2,3,4,5
m棟 展示室B-3　n棟 展示室D-1,2　o棟 展示室E-1　p棟 展示室C-1

十和田市現代美術館
敷地面積=4358.46㎡
建築面積=1685.73㎡
延床面積=2078.38㎡
階数=地上1階建(一部2階、一部塔屋)
主体構造=鉄骨造

⑨—公園のような官庁街通りの断面
⑩—官庁街通りの平面図と断面図(1986年)
⑪—官庁街通りの平面図と断面図(1994年)
⑫—官庁街通りの平面図と断面図(2014年)
⑬—十和田市現代美術館・一階平面図
⑭—十和田市現代美術館の配置図「図と地」

4 十和田市現代美術館（青森県十和田市）

キーパーソンに聞く▼▼▼

藍谷鋼一郎×藤 浩志〈十和田市現代美術館・元館長〉

藤 浩志は、鹿児島県出身の彫刻家、現代美術家、地域デザイナーで、現在、秋田公立美術大学で教鞭をとっている。

「アート・プロジェクト」という言葉が世に知られるかなり前から、まちなかでアート活動を展開している。「いろんな人を巻き込む力」によってコミュニティを形成し、そして、プロジェクトを動かすことにより、都市の再生を繰り広げる藤は、2014年から2016年まで十和田市現代美術館の館長を務めている。

「何でもない風景に名前を付けることで価値が生み出される。新しい概念を持ち込むことによって、地域の何でもないようなモノに、まったく違う形の新しい価値が与えられる」、

藤が描くまちづくりの思想である。

「イメージを形にすることで、今まで

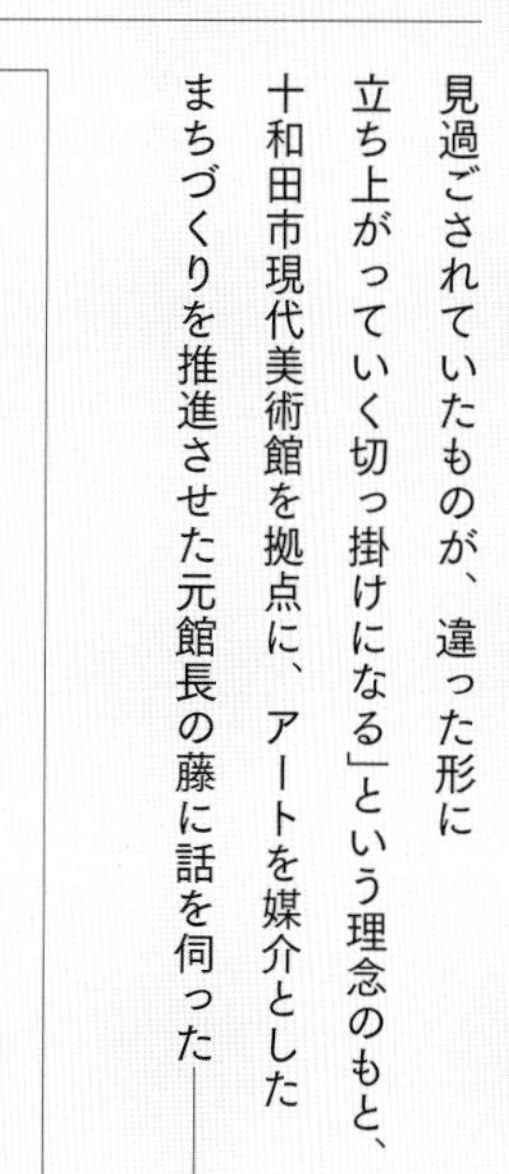

⑮—まちに開かれた美術館と駒街道

見過ごされていたものが、違った形に
立ち上がっていく切っ掛けになる」という理念のもと、
十和田市現代美術館を拠点に、アートを媒介とした
まちづくりを推進させた元館長の藤に話を伺った——

名前を付けることで価値が生まれる

藍谷——十和田のキーワードは、「アートでまちおこし」ということになりますか。

藤——僕はそういう言い方は好きではないんです。そういうときのアートと、今までの文脈でのアートと

藤 浩志（美術家／秋田公立美術大学大学院教授・副学長）

1960年、鹿児島生まれ。京都市立芸術大学在学中演劇活動に没頭した後、地域社会をフィールドとした表現活動を志向し、京都情報社を設立。京都市内中心市街地や鴨川などを使った「アートネットワーク'83」の企画以来、全国各地のアート・プロジェクトの現場で対話とデモンストレーションを重ねる。同大学院修了後パプアニューギニア国立芸術学校に勤務し原初的表現と文化人類学に出会う。帰国後土地再開発業者・都市計画事務所勤務し土地と都市を学ぶ。92年九州に拠点を移し、藤浩志企画制作室を設立。「地域資源・適性技術・協力関係」を活用し活動の連鎖を促すデモンストレーションを実践。主な作品として、取り壊された家の柱からつくられた「101匹のヤセ犬の散歩」、一ヶ月分の給料からはじまった「お米のカエル物語」、家庭廃材を利用した地域活動「Vinyl Plastics Connection」「Kaekko」「Polyplanet Company」、架空のキーパーソンをつくる「藤島八十郎をつくる」等。NPO法人プラスアーツ副理事長。十和田市現代美術館長を経て秋田公立美術大学大学院複合芸術研究科・アーツ&ルーツ専攻教授・副学長。 http://geco.jp

⑯—回廊沿いに見える真っ赤なハキリアリの巨大オブジェ、椿昇の「aTTA」
⑰—屋外に展示されたハキリアリの巨大オブジェ

は意味が違うと思う。昔から、神殿や京都のお寺などには、必ずアートの要素、ある日常を超えた感覚、非日常というか超日常があります。その超日常をつくるうえで彫刻家、絵描き、音楽家、いわゆる芸術家たちが必ず関わっています。例えば最初十和田に行ったときに聞いた話ですが、奥入瀬渓流や十和田湖では、昔、俳人が住んでいて、滝や水の流れに名前を付けたそうです。なんでもない風景に名前を付けて価値を付けたのです。日常を超える技術として、詩人が風景に名前を与えたことにより、それが流通して観光地となり、多くの人が来て、人の流れと新しい経済を生み出していく。美術に限らず、いろんなやり方で新しい概念が持ち込まれ、その地域のなんでもないようなものが全然違うかたちで価値が与えられる。名前によって、風景が切り取られていくわけですよね。そういったことは、十和田湖近辺にはかなり早い時期からありました。

藍谷——もともと十和田には、圧倒的な風景の力があるわけですね。

藤——それに言葉を与えたのは詩人の力だったわけですが、絵画もイメージを形にすることができます。まちづくりや地域づくりでも、何かそこに新しい価値を見いだして、今まで見過ごされていたようなものが、違う形に立ち上がっていくことが大切だと思っています。

コミッション方式によるデザイン・プロセス――第3世代の美術館

藍谷――選定されたアーティストがしばらく十和田に住み込みながら作品をつくったそうですが、そのマネージメントは、誰がどのようにされたのですか。

藤――そこはN&Aです。建築のある程度の器をつくりたいというときに、作家を何人か候補者にします。そこでだいたいの大きさのプランを出してもらう。建築家の西沢さんにある程度建築のボリュームを建築計画でつくってもらい、そこから作家を選定するのだそうです。ちょっと複雑な経緯がありますよね。さらに作家が決まった段階で、もう1回その建物のボリュームを調整し直すということらしいです。ということで、作家と建築物という作品を一緒につくっていくという感覚だと思います。

藍谷――それは、企画展主体の美術館設計においてはほとんどないプロセスですよね。

藤――そのプロセスがすごく重要だと思います。パーマネント、つまり、永久設置というやり方には課題もあると思っています。しかし、常設作品がほんとは展示作品を、1年に1個ずつ入れ替えられるような仕組みができていたら、10年間で10個変わるわけですが、そこまではできなかったんですよね。パブリック・アートというと、作品を入れ替えるという概念がありません。本当はそこをうまくつくり変えていけるといいのでしょうが、ディズニーランド型の(笑)。

⑱

⑲

⑱―さまざまな視線が交錯する中庭
⑲―奈良美智による「夜露死苦ガール2012」とポール・モリソンによる「オクリア」

藍谷――確かに、商店街の方々に伺いましたが、ほとんどが今までに1回か2回しか行ってないと言ってました。中に入ると同じものだからと。一度も言ったことのない方も沢山いました。現代アートはわからないからだと。解説してほしいみたいな。

藤――そうなんですよ。課題はまだまだあると思います。それにしても、「スタンディング・ウーマン」という作品は、本当にいい買物をしたという感じです。

藍谷――いまそんな買取費は絶対無理ですよね。以前、建築家の磯崎新さんが、岡山県の山奥に4人の作家の作品を恒久展示する美術館「ナギ・モカ」(奈義町現代美術館)を設計したとき、第3世代の美術館と呼んでました。20年以上前の話ですが。

藤――十和田は特殊だと思いますよ。N&Aの長田さんによるコーディネートによるところも大きいです。彼は、美術館を計画したときの担当で、そのあとN&Aの代表になったのですが、彼はもともと建築出身なんですよ。基本的にN&Aというのは、いろいろなところにパブリック・アートをつくっていくという、プロデュースも含めコーディネートをずっとしてきた会社で、長田さんはそのパブリック・アートをどう建築に納めていくかを考えてきた人です。N&Aはほかの現場もやっていたけれど、美術館を作って運営にまで関わったというのはここだけ。

通常の美術館だと、作品のイメージはほとんどない。例えば水戸美術館だと、磯崎さんのウネウネという建築のイメージはあるけど、作品のイメージがない。それが最近の金沢や豊島、直島の美術館には、常設作品のイメージがあります。それは、観光客をすごく導入しやすい面白いやり方で、ここに来ると何時でも作品が観れるという保証があるので「奈良の大仏さん効果」と僕は呼んでいるんですが(笑)。そういう珍しいものを見られることを常に保証されているということです。なおかつ、それを美術館と呼んでいるのが新しかったし、集客にすごく大きい影響を与えたんじゃないですかね。

藍谷――初年度は17万人でしたね。

⑳

⑳―ビニールテープによりカラフルに彩られたジム・ランビー「ゾボップ」によるエントランスホール
㉑―スゥ・ドーホーによる「コーズ・アンド・エフェクト」
㉒―常に外部の気配を感じる屋内
㉓―フラワー・ホースの蹄

藤――そうですね、18万人近く来ました。4万5千人というのを最初想定していたのですが。

藍谷――事業として着手した時は、議会や市民、新聞などほとんどの人が無駄なものをつくっているという反対意見もあったそうですが、完成後は否定的な意見を言う人がいなくなったと伺いました。若い女性がたくさん来ているとか、雑誌やテレビにたくさん取り上げられている、ということから、市民の見方はすっかり変わったそうですね。

藤――そのへん珍しいつくり方ということもあるし、作品と空間がすごく幸せな環境にあるというか、まちとの関係にしても。そのへん、ありがたいというか、なかなかないことだと思いますね。

開拓者精神が息づく街

藍谷――ほかの街になくて、十和田にある特徴とは何でしょうか。

藤――ある時、青森市のまちづくりの方がいらして、なんで十和田はこんなにうまくいくんだと不思議がっていました。確かに、青森や弘前は難しい面もあるのかも知れません。十和田の美術館には、地元作家の作品どころか青森出身者の作品もひとつもない。それを

㉑

㉒

㉓

美術館と称してオープンした。海外からも全国からも、面白いものを見に各地から人が来るという構図は、歴史がある場所や、いろんな活動が元々そこにあると、なかなかできなかったのではないかと思います。だから、美術館が出来るときに反対はありました。押えつける動きがあまりなかった。十和田というか南部地域の特徴だと思うんですが、いろいろな所から移住して来られている方が多く、歴史的には浅い地域で、排他的でなかったのも大きいと思います。

藍谷——開拓者精神みたいなものがあったのかもしれませんね。

藤——僕自身が面白いと共感したのはそういったところかもしれません。

藍谷——グリッド状の都市構成は、風景にどのような影響を与えてますか。

藤——十和田というまちは碁盤の目みたいな、非常に奇麗なつくりをしているので、美術館といった施設が浮かび上がりやすく、埋もれてしまわない。

藍谷——建築のもっている力も大事ですが、現代アートや美術館という機能が、まちの活性化に寄与していると感じますね。

藤——美術館の仕事はつねに情報を外部へ出していける仕事なので、展覧会ごとに全国的に情報を発信できるし、話題づくりができる。地元紙やメディアも協

㉔—十和田市現代美術館の向かいにオープンしたアート広場(2010年)
㉕—世界的アーティスト草間彌生による「愛はとこしえ十和田でうたう」

力的で、つねに情報を更新できます。これは、パブリック・アートだけではできないことで、美術館だからこそですよね。つねに情報や話題をつくっていけることと、常設展には奈良の大仏さん効果で常にお客さんが来ることと、その相乗効果が、重要なことかなと思います。

藍谷——本書では、建築が起爆剤となってまわりに連鎖反応を起こすことをテーマとしているのですが、今お話されたことがまさにそれにあたりますね。

藤——本当はここに、大学がセットであるともっと良いと思っているんですが。そうすると、研究機関がありながら、実験的にいろいろなアプローチができる。

まちに開かれた美術館

藍谷——美術館のなかで、とくに上手くいっている部分はどこですか。

藤——西沢さんによる、空間と空間のつながりですね。ガラスは開いているけど、開口部が少ない建物なのですが、それが意外といい。道とつながっている状態で美術館の高低差をほとんどなくして、フラットにつくっているというのがすごくいいですね。暖簾みたいな、中間の領域というか、内でもない外でもない建物の領域がある。日本の家には暖簾があったり、通りの脇に植え込みがあったり、ここを歩くとすでに内部空間に取り込まれているような感覚で、美術館の周囲を歩いているだけで、美術館に入っている感覚がある。そういったつくり込みはすごくいいですよね。このへんにお馬さんがいて、このへんにカフェがあって、このあたりにいるだけですでに、美術館の内部空間にいるような感じがあります。ここから中に入る、という敷居がわからなくて、知らないうちに中に入ってしまう感じ。

藍谷――安藤さんの図書館もそういった意味で言えば、なんとなく似ていますよね。

安藤さんの建築はだいたい、外部を遮断してしまって、あるところからパッと建築の内部に入るんですけど、今回の十和田のケースは、大通りとの一体感が強い。十和田では、そういう空間文化というか、都市文化が影響しているんですね、まさに、官庁街通りを中心とした野外芸術文化ゾーンが着実に実現している。

藤――そうですね。通りを歩いていると、建築の中にいる感じがありますものね。美術館ではガラス一つ一つの見える方向のストーリーのつくり方が面白くて、中から見たときに全然違う空間が見える。そのへんは西沢さんのこだわりなのかな。ここで勤め始めて、なんだかこの空間の感じは知っているな、と思ったんですよ。ひとつの展示室から次の展示室が見えて、次への期待感をつくっている。昔、岡山の小学校跡地でちっちゃい展覧会があって。そのなかに、ある建築家が木で小部屋をつくって、そこを行ったり来たりさせる、おもしろい感覚の空間作品があったんですよ。それが西沢さんの作品だった（笑）。そのことに後から気づいて、やっぱり同じ建築家だったんだと。映画館などは喜怒哀楽といった感情の起伏を起こす空間だと思うのですが、それは美術館にも言えて、感情を解放したり抑制したり、アプローチによって一旦リセットされた感情が、広い空間に再び出ていくことで解放される。そのあとに、中間に柔らかい空間がありつつ、その次に荘厳な空間がある。心の振れ幅が大きく振れることは、本当に理想的なあり方で、それがまちにもつながっていて、ところどころでまちを見せることができる。

藍谷――美術館がまちにつながっていることが

㉖

㉗

㉖―アート広場とファットッカー
㉗―ユーモアあふれる
エルヴィン・ヴルムの「ファット・ハウス」

大事ですよね。

藤――完全に遮断された空間じゃなくて、アプローチでまちを見せながら…というのがあるので、美術館なんだけど、常にまちのなかを歩いていて、展示室の中から、常にまちが見えるという感覚が素晴らしいと思います。

藍谷――夜には、昼間なら見えない「スタンディング・ウーマン」が外から見えるんですよね。あれは凄かった。公園からも見えて、まるで平等院で池の反対側から窓を通して仏像の顔が見えるのに似た体験でした。目が合う、みたいな。

藤――そうです、のぞけますよね。そういったいろいろな体験を感じられるので、お客さんに満足感をもって帰ってもらえるんですよね。美術館ということであまり期待をせずに来ていただいているので（笑）、その期待以上の満足感を与えられる。それは、とても重要なことですね。「え、これだけ？」ではなく、「え、ここまで！」というような。これは作品との連携でもあると思うのですが、うまく出来ていると思います。

藍谷――美術館と商店街のつながりは、どうでしょうか。美術館に関わっている人といない人の温度差があるように感じます。

藤――企画展ごとに商店街に声掛けをしてもらって

㉘

㉙

います。本当にびっくりするくらい、みなさん協力的です。ポスターも貼ってもらえますしね。でも、商店そのものでプロジェクトをしていかないと、なかなか変わらない気がしています。そこまで介在するためには、作家というよりもデザインプロジェクトが重要だという気がしていて。そういったことができるといいなと思っています。

藍谷――商店の売上げにつながらないと言われる方もおりました。その辺りはどうでしょう。美術館があることによって、普段は十和田に来なかったまったく違った層の人たちが来るようになっています。これはある意味、チャンスです。

藤――それぞれのお店が何を開発できるかっていうことですよね。商品自体をね。関係者の次の世代の人たちが、そこにどれだけ乗ってくるかなと。そこがまだ弱いという感じがします。今まちなかで一緒にやっている活動にも、次世代のメンバーがいるので。ただ、向こうも美術、と構えてしまっている部分もあるので、もっと面白いことを一緒にやって行こう、となればいいんですが。それが次の段階かなと思います。

藍谷――現代アートが十和田のアイデンティティになり、今後、どういう姿になるのかが楽しみですね。

㉚

㉜

㉛

㉘—幻想的なゴーストと公衆トイレ
㉙—12月から1月にかけて開催されるアート広場のイルミネーション
㉚—闇に浮かび上がるスタンディング・ウーマン
㉛—髙橋匡太による光のインスタレーション「いろとりどりのかけら」
㉜—純白の昼、多彩な夜、刻々と表情を変える外観

まち全体が現代アートによってつくられるとしたら最高に面白い。

藤——たとえば空き店舗があるときに、安く貸してもらえるような状態があれば、そこに全然違う人が入ってきて、新しいお店をやるとか。そういったものは何軒か、ちょこちょこと増えています。若い人のやる仕立て屋さんとか、カフェとか。でもそこで、もう少し違う、面白い業態のお店ができるといいんですけどね。デザイナーがスペースをもったりとか。一時はがんばっている人がお店をつくったりしていたんですけど、そこはもう撤退してしまって。なかなか定着しない面もありますね。面白い人たちがまちなかを利用して、そこで仕事をし始めるといいと思うんですけど。もうすでに、「ものを売る」という感覚じゃないような気もするんです。

今後の課題

藍谷――確かに、これは今後の課題ですね。

藤――秋田に面白い人たちがいて、「ものかたり」というスペースをつくったんですよ。これは元、直島に勤めていたこともある美術系の学芸員系の人なんだけど、古い町屋を改装してカッコいいアートスペースを始めました。アートスペースといいながら、あまりアートにこだわっていなくて、例えば自分たちの子ども小さいということもあり、子ども向けの絵本をいっぱい置いている。ネットでいい絵本を紹介して届けるというサービスを、ここを拠点に始めている。ターゲットは全国なんです。スペースも運営しつつ、ネットビジネスもやりつつという。そういったスペースをもちながら、場所にしばられないという新しい形態で仕事をしていくことをやらないと、多分難しいという気がします。

藍谷――私が物足りないと思ったのはホテルです。せっかくアートのまちに宿泊するのにチョイスが乏しい。現代アートに囲まれた空間に2日間、3日間泊まって、十和田を観光するというのは素敵です。

藤――僕らでも普通のビジネスホテルだからね(笑)。いいところに候補地があるんですけどね。チェ・ジョンファという韓国の作家も好いている「陽静閣」という、古い料亭の跡地を旅館にしていたようなところが、ちょうど僕が行ったころに閉じてしまったのですが、まだ建物が残っているんですよ。ネットの楽天のサービスなどで一時貸し出されていたこともあったのですが、すごく良いという評価と、おばあちゃんが一人でやっていて、何もしてくれないという評価と両極端。そこが逆に凄く良かったんだけどね。あそこをうまく使ってできるといいなと思うんですけどね。

㉝

㉞

藍谷――そういうことがあると、美術館だけでなく、まちへの滞留時間が長くなりますからね。

藤――それをやれるだけの心意気ですよね。

藍谷――美術館に来た人たちが、十和田に泊まるか、青森に泊まるか、弘前に泊まるかっていう話ですよね。

藤――そうなんですよ。N&Aでも、富士屋ホテルというところと一緒に、アートホテルの計画をやろうとしていました。しかし、実際は難しい。昔、博多でアートホテルの企画をやったことがあるんですが、大失敗したんですよ。作家がみんな頑張り過ぎてしまって、変な部屋になっちゃった。居住性をもうちょっと考えろ、と言いたいね(笑)。作品性があんまり強いと、宿泊者にはよくないんですよね。だからコーディネートのセンスがすごく重要なんです。

藍谷――そういう例でいうと、スペインの

マドリッドに「シルケン・プエルタ・アメリカ」というデザイナーズ・ホテルがあるのですが、階ごとに設計者が違うんです。ジャン・ヌーベルの部屋があったり、ノーマン・フォスターの部屋があったり、磯崎さんの部屋があったり。エレベーターを降りたら、エレベーターホールから他の階と全然空間が違う。だから、みんな各階ごとに降りて、ぐるぐる徘徊しています。それだけで、あっという間に時間が経ってします。その時は、ザッハ・ハディド設計の部屋に泊まりました。

藤――大阪の此花区では今デザイナー物件のゲストハウスやB&Bのようなものがはやりはじめています。そんなのもいいです。

藍谷――**十和田だから成り立つ面もあるでしょうか。十和田には美術館を観に行くという強い目的があるので、それに合致したホテルへの需要があるような気がします。**

藤――そういった面もあるでしょうね。道後温泉で、草間彌生さんがホテルのプロジェクトをやっていましたが、ああいったやり方はあるかなと思います。星野リゾートがあるじゃないですか。奥入瀬渓流ホテルと青森屋というホテルがあるんですけど、彼らはすごくやりたがっている。ただ、それはすごく高級な部屋しかないんですよ。そこをどうにか作家でやって、ということがあり、ちょっと動いたりもしたんですけど、まだ実現していません。奥入瀬渓流ホテルは岡本太郎の作品がいっぱいあり、暖炉もいっぱいあったり、十和田と十分つながっている面もある。本当言うと僕らは、そこから先の蔦温泉は古いですがすごくいい。ここに泊まれば面白さがあると思うんですけどね。そういった温泉宿に泊まるツアーをやったり、例えば青森県内に五色の温泉があるんですが、美術館と五色の温泉を泊まり歩くツアーを組んでみたりとか、そういう提案をしたことはありますね。

藍谷――**県立もあるし、八戸にも美術館ができるし、そういったことはできそうですよね。**

藤――十和田のまちも面白いのだけど、八戸もいいですよ。朝は朝市もあって、夜の飲屋街もあるので。海鮮料理にしても強い。

藍谷――**観光産業があるということですね。**

藤――逆に言うと、十和田、奥入瀬、八戸のあたりで宿泊を一緒に考えてもらうというのもある。十和田では、たとえばライブハウスなど楽しんでもらえるので、地元の手づくりエンターテイメントや、人と出会える状況をつくっていく。

藍谷――**八戸には「はっち」というのもありますよね。**

藤――はっちも最初はアートスペースとしてつくろうとしていたときいています。途中から産業よりにグッと方向転換をした。レジデンスが上についているので、ちゃんと宿泊もできる。八戸はブックセンター

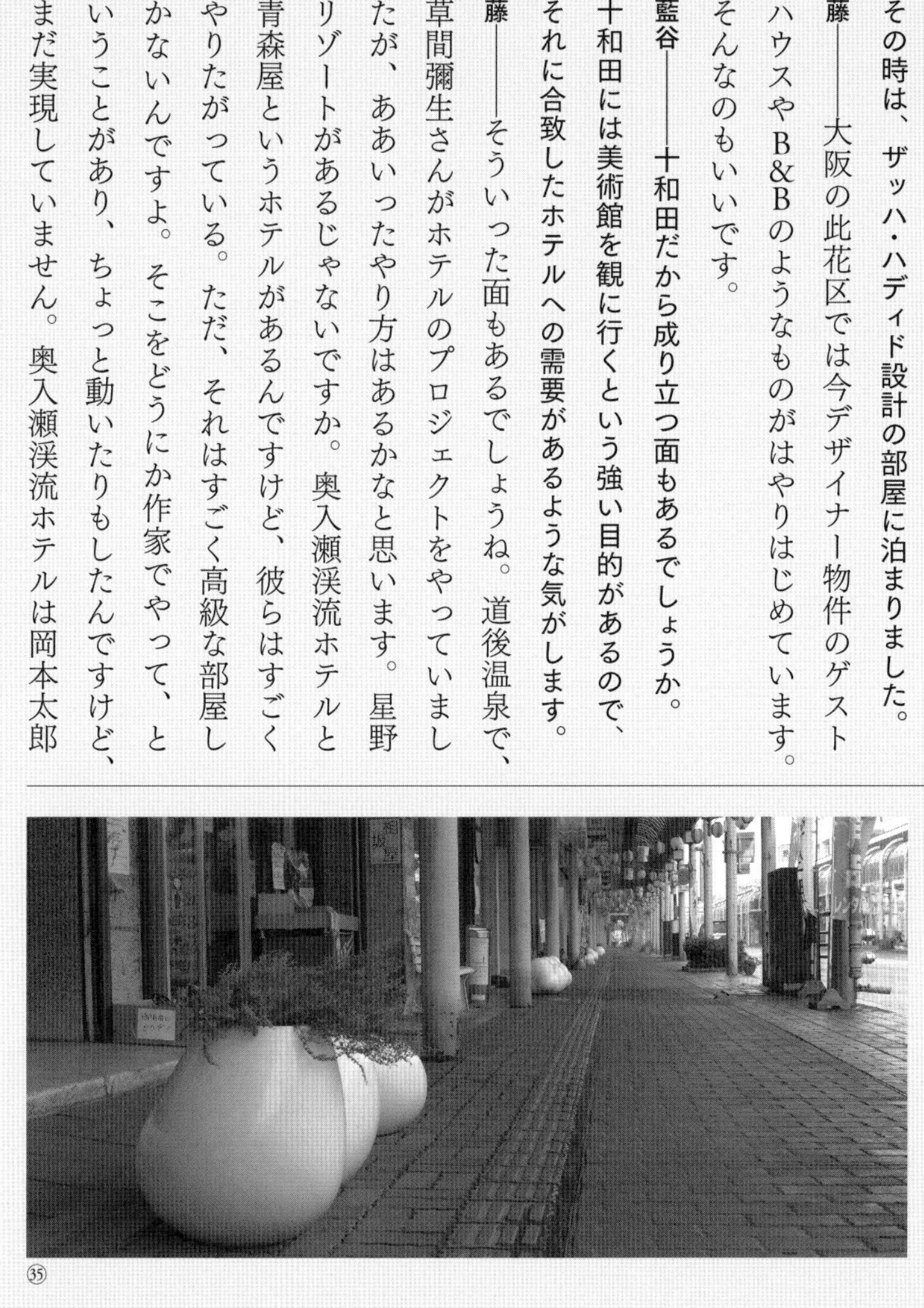

33―稲生川をイメージしたせせらぎ
34―商店街の現況
35―商店街にあふれだす近藤哲雄によるストリートファーニチャー「pot」

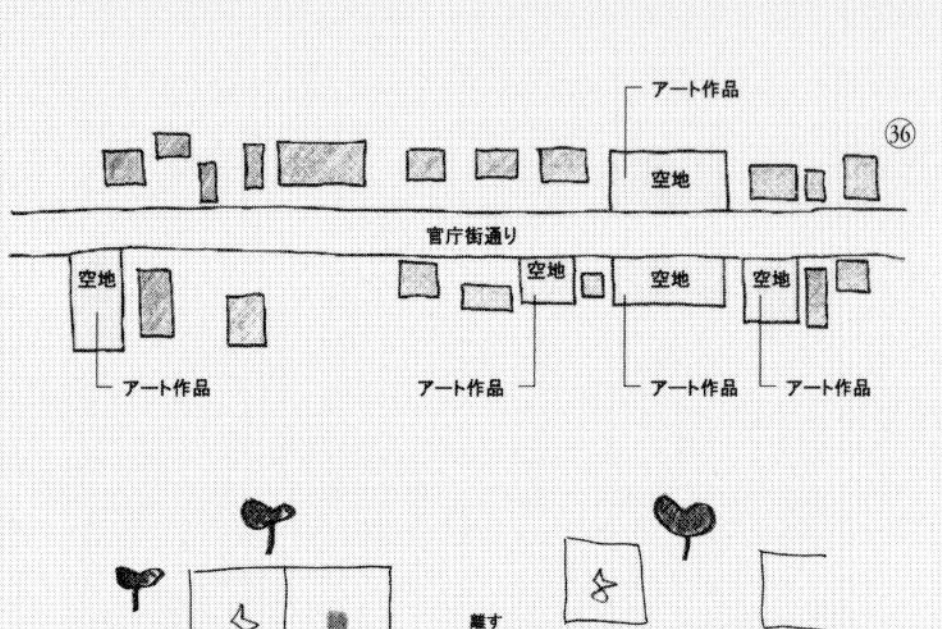

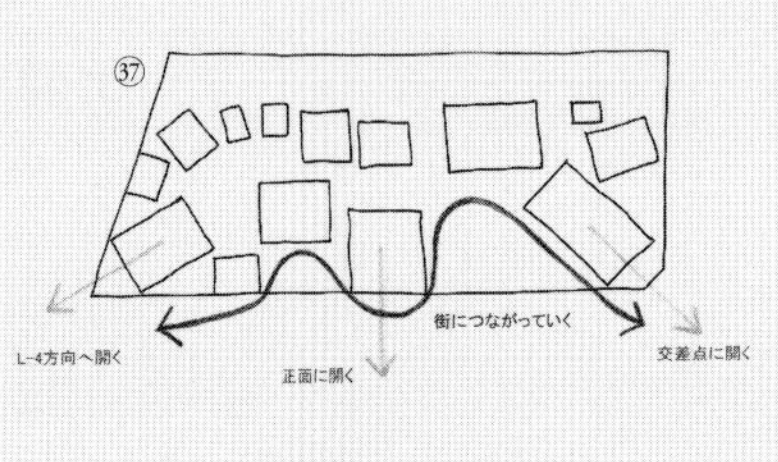

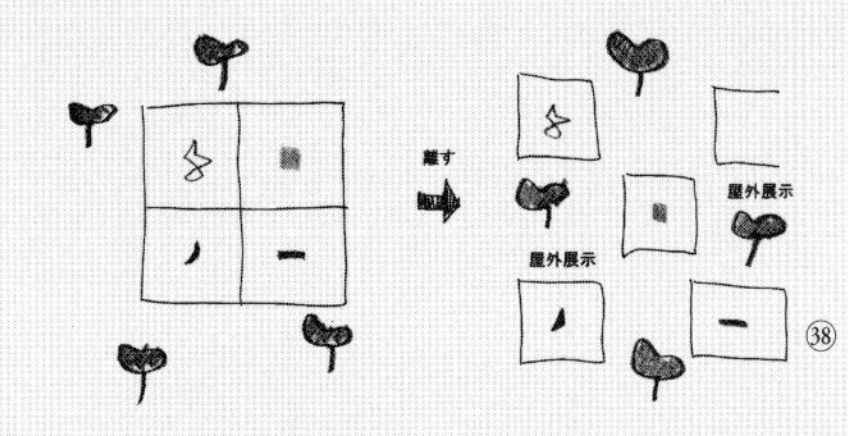

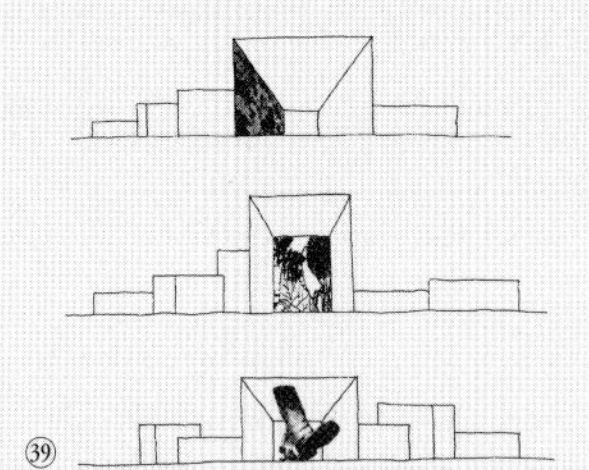

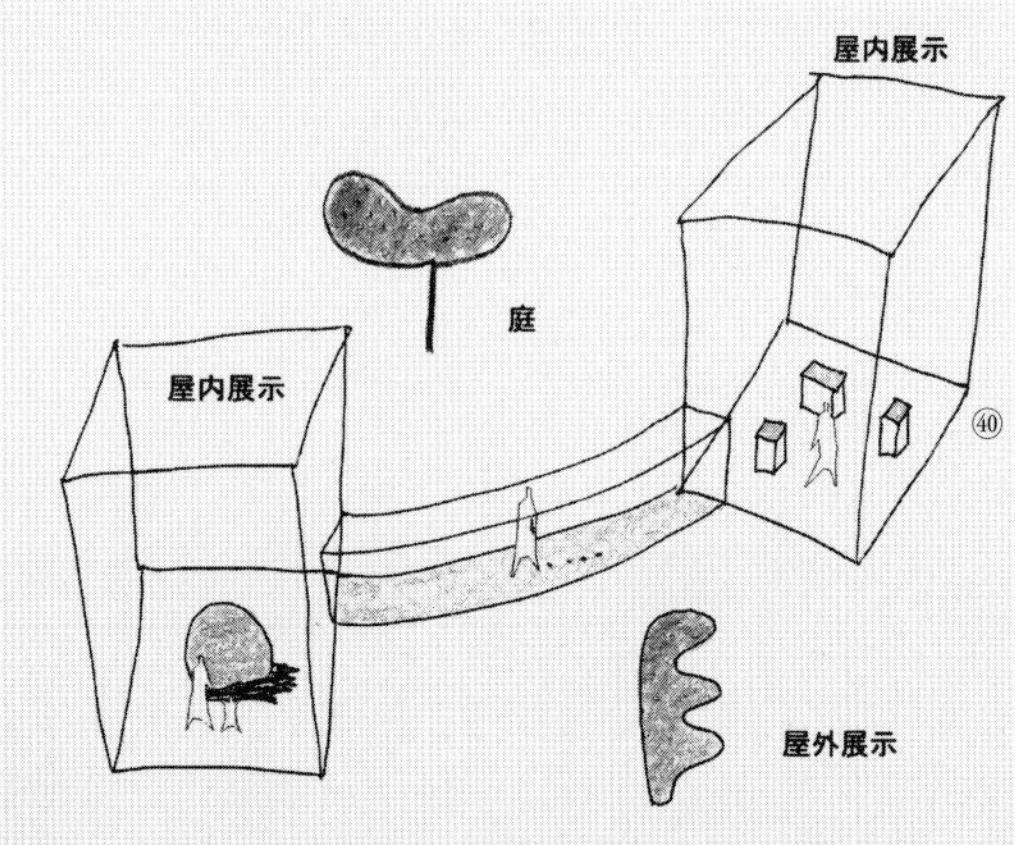

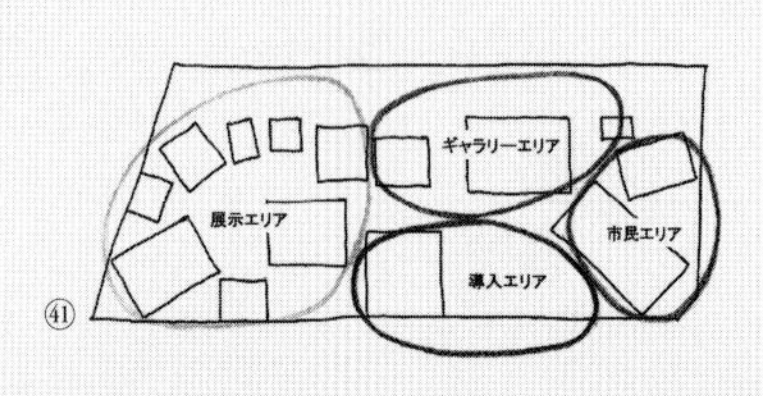

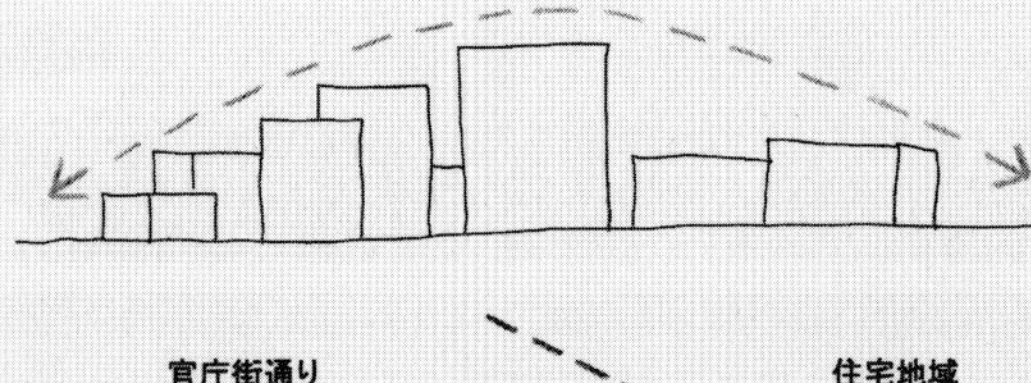

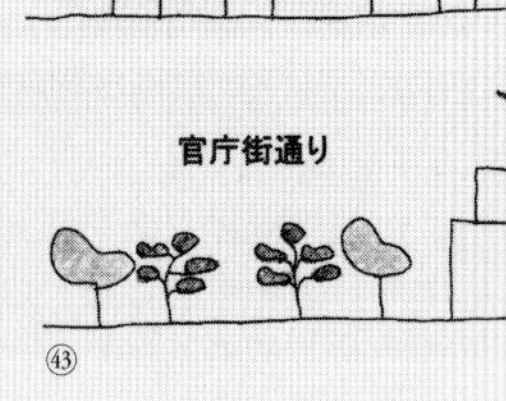

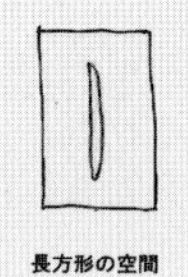

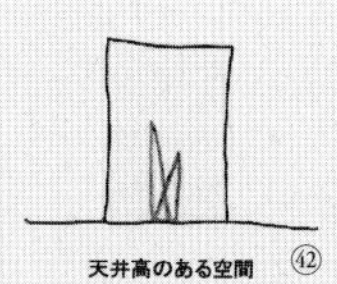
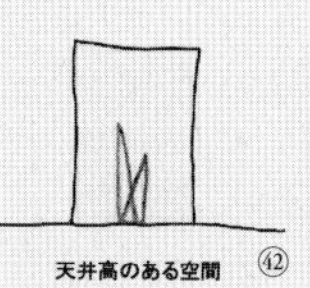

ができたのも今話題です。

藍谷――情報発信してますよね。

藤――職員に芸大出身者を採用して、芸術系のセクションをつくったりしています。そういったことが十和田はない。政策的には本当に美術館頼りになってしまい、観光振興課の中に美術館があるという位置づけです。もちろん、十和田市は小さい役所ですから、みなさん本当に一生懸命勉強して、取り組んでくれますよね。

藍谷――適正規模なのかもしれないですよね。みんなの顔もわかって。

藤――青森は人口減が深刻で、今後どうなっていくかということはあるのですが、そういった意味では歯止めがかかっている状態ではあります。一応流入もしているし、住宅もまわりに増えている。住みたいまちという意味では、青森県内でも人気の高いエリアになりました。

㊱―空地と建物が反復している官庁街通りのまちなみ
㊲―都市のいろいろな方向に展示室が開くことで多彩な表情を見せる
㊳―十和田市官庁街通りの都市構造を継承する建物を分散させた空間構成
㊴―アート作品が外観を形成する
㊵―屋外展示や外の風景を楽しむために建物を外廊下でつなぐ
㊶―機能的に交じり合う4つのエリア
㊷―アート作品が空間を作る
㊸―全体として一つの景観を形成する

術館の竣工を機に京都の職場から故郷の青森に戻ってきた。俗にいうUターン現象である。

十和田市現代美術館では恒久展示が大部分をしめるが、企画展覧会に関しても年間に3〜4本行っている。そのうちの1本は、積極的にまちなかに作品を展示するものを企画している。美術館に来た人がまちなかの作品を観に行き、そのまま商店街で買物や食事をすることを目論んでいる。これは開館当初から続けており、商店街にも相乗効果としての波及効果が起こることを期待したものだ。しかし、十和田市が実施したアンケート調査結果の分析や、実際に商店街の代表者の方々にヒアリング調査をしてみると、まちを歩く人は増えているが、経済的な恩恵はあまり受けていないと思っている人が大半のようだ。官庁街通りに一番近い商店街以外にはほとんど人の流れが来ないという意見も多くみられた。

まちに現れた波及効果――観光客の増加

十和田市現代美術館の統計によると、当初4万5千人の集客を見込んでいたが、初年度には、それをはるかに超える17万人以上の来館者があった。2011年の東日本大震災の影響で来館者は一時的に落ち込むものの2014年から徐々に回復傾向にある。しかもオープンから7年目にあたる2014年には来館者の累計は100万人を突破している。増減の差はあるものの、毎年、10万人以上の来館者を記録している。ただし年間を通して、万遍なく来館者がある訳ではなく、5月のゴールデンウィークや夏休み中のねぶたの時期、紅葉シーズンといった具合に大きく分けて年3回のピーク時があるという。興味深いのは、来館者の4割が十和田市を除く青森県内から、そして、5割が青森県外からとなっている。しかも、家族連れが半数を超え、7割近くが女性となっている。アートに関心のある人が新幹線などを使って首都圏からやってきているという。そして、アートに興味のある人が十和田に移住してくるという例も増えている。十和田市現代美術館の学芸員も、美

㊹―栗原隆による「ザンプランド」

世界水準の建築の出現──隈研吾による市民交流プラザと安藤忠雄による教育プラザ

2014年10月、「みちと広場を融合させたにぎわいの広場」をコンセプトにした市民交流プラザ「トワーレ」★注5が中央商店街に、2015年10月、既存の市民図書館と教育研修センターの機能を併せ持つ十和田市教育プラザ★注6が官庁街通りに相次いでオープンした。この2つの公共建築を手がけたのは世界的に活躍する日本の建築家で、交流プラザが竹や木など素材の美しさや特徴を活かした設計で知られる隈研吾、教育プラザはコンクリート打放しの重厚で力強い設計で知られる安藤忠雄である。西沢立衛に続き、世界的に知られる建築家による作品が、人口も少

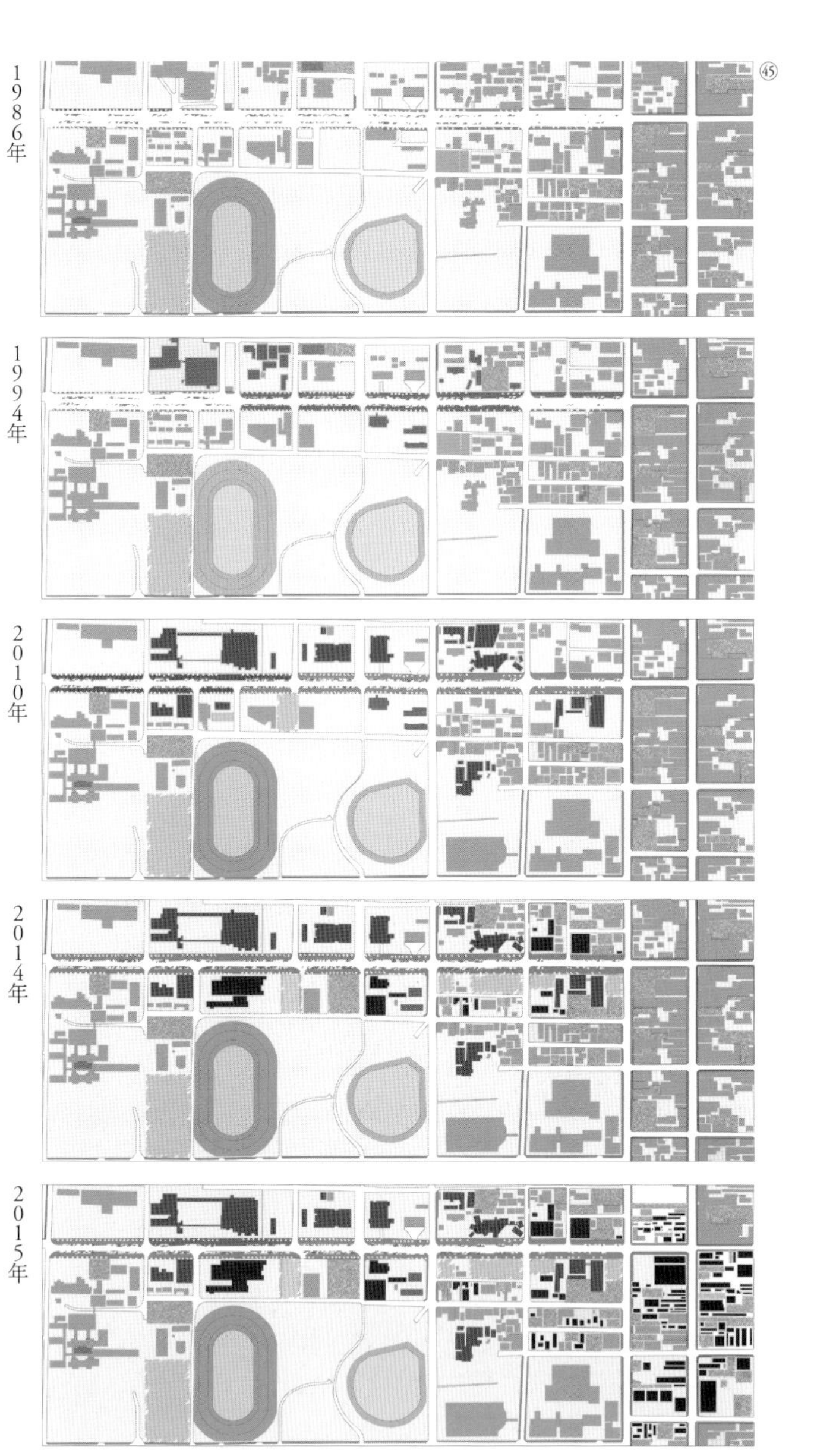

㊺──十和田市官庁街通り周辺の変遷
㊻──定期的に市民交流会「シャベリバ屋台」を企画する松本茶舗

ない小さな都市につくられるというのは、建築界においては小さくない事件である。
2つの事業において、「若手建築家が十和田で設計することで世界に飛び立つ機会を」との期待を込めて、制約なしの一般公募を行った。それぞれが20社を超える想定以上の応募を集めた（市民交流プラザ24社、教育プラザ28社）。しかも、安藤忠雄、隈研吾といった建築界の大御所も名を連ねていた。その頃、すでに十和田市は建築家にとっては注目を集める場所になっていたのだ。

では、両施設建設にいたる背景を振り返ってみると、美術館の指名プロポーザルを行う2005年ころ、教育福祉総合プラザという計画が立ち上がっている。教育プラザの場所には、旧図書館があり、その隣には中央公民館があった。どちらの施設も老朽化が進行し毎年の維持修繕費が問題視されていた。そこで少子高齢化への対策も兼ね、子育て機能を合わせもつ福祉施設をつくる案が採択され基本設計まで完了していた。当初は、現在の立地とはまったく異なる美術館の北側にある美術館駐車場に建設する予定だった。しかし、2009年、市長選挙により市長が交代すると、市の財政状況を鑑み計画は一旦凍結される。小山田久新市長は「まちなかの空間に何もないと人の滞留が生まれない」という理念のもと、財政のやり繰りに目途をたて、2011年、教育福祉総合プラザの教育と福祉を分離した分棟型にするという代替案を決定した。

市民交流プラザにおいては、商店街の衰退化が進む商店街を活性化するために建設予定地が決定する。しかし、市所有の土地だけでは規模が限られるため。市民検討委員会や議会の進言を受け、隣接する十和田おいらせ農業協同組合の所有地においては権利交換、周辺のスポーツ用品店やタクシー会社に関しては買収することで合併を進め一定の広さを確保している。設計案が出来たころには、まだ買収が終わっていなかったというから、関係者の心労は想像に難くない。官庁街通りの西の端にあるJA十和田おいらせ本店は権利交換により土地の所有権が市からJAに移転している。

土地の取得に関しては、物件補償費を合わ

㊼

㊽

㊼—安藤忠雄による十和田教育プラザ。官庁街通りと一体的にデザインされている

㊽—隈研吾による市民交流プラザ「トワーレ」の外観

★注5—市民交流プラザ「トワーレ」
敷地面積＝5785.86㎡
建築面積＝1875.37㎡
延床面積＝1846.97㎡
階数＝地上1階建
主体構造＝鉄骨造

★注6—教育プラザ
敷地面積＝9519.46㎡
建築面積＝3407.85㎡
延床面積＝3199.04㎡
階数＝地上1階建
主体構造＝鉄筋コンクリート造

せると4億916万円の費用を要し、建設工事費用に関しては9億3560万円となっている。当初のプロポーザルでは6億円を想定していたが、実施設計が完了している時期に追加予算を計上している。これは震災復興と重なることで入札不調が全国的に横行していることへの対応策だった。一方、教育プラザにおいては、旧図書館と旧公民館の土地を合わせることで対応している。もともと市の所有地のため、土地の所得に関してはスムーズに事が進むが、建設費に関しては、プロポーザル時の12億5000万円から14億6540万円へと跳ね上がっている。市民交流プラザについては、国交省の社会整備交付金、当時のまちづくり交付金と合併特例債を充当しながら、残りは市の一般財源を充てている。教育プラザのほうは、合併特例債と一般財源からなる。また、地元建設業者のスキル・アップにも大きく貢献している。

「でかしてやるぞ！（東北の方言、完成させるの意味）」を合言葉に、地元の上北建設・経商事・平和実業特定建設工事共同体は、十和田市現代美術館の建設工事を請け負った。さらに、市民交流プラザ、教育プラザも同様に、地元の建設業者が工事を請け負っている。上北建設・経商事・竹達建設特定建設工事共同体が市民交流プラザを、田中組が教育プラザを請け負っている。いずれも県内トップクラスの建設業者だというが、大手ゼネコンではなく、地方の業者が工事を請け負ったことは興味深い。3つの建築は、どれをとっても、一般建築とはかけ離れた形態であり、デザイン的にも特殊である。しかも、建築家のこだわりも強い。初めて挑戦する工法もあっただろう。職人気質な人柄、設計者からの無理難題を採算度外視でこなしていく。建築家とアーティスト、そして、つくり手である施工業者が、互いに真剣勝負で切磋琢磨した痕跡が、3つの建築の質の高さに凝縮されている。

残された課題

全国的に補助金を使って公共建築をつくることを「箱モノ行政」と言って揶揄される風潮がある。しかし、ここ十和田では、補助金を最大限有効活用することで、類まれな新しい文化を生み出そうとしている。現代アートとはまったく縁もなかった地が、世界最高水準の建築と現代アートが誕生することを機に世界的な現代アートの発信地の一つとして変貌を遂げようとしている。

補助金の有効活用

ARTS TOWADAの主な財源は、電源立地地域対策交付金、いわゆる電源交付金である。美術館においては17億2800万円（内アート作品が5億円）、アート広場およびアートファーニチャーには6億9500万円（内アート作品が4億円）を投じている。これは初期投資費である。年間の電源交付金6億円を5年間積み立てることで得た30億円あまりを原資に整備し始めたのが美術館事業だった。

では、運営費はどうだろう。十和田市の資料によると、指定管理料を含む委託費が年間6000万円、修繕費を含む需用費が2000万円ほど、その他経費を含むと歳出予算は平均1億円になる。そのうち観覧収入は平均4000万円、多い年で6000万円を計上している。観覧収入が歳出を上回ると利益を生み出すことになるが、目的はそうではないだろう。年間で10万人を超える来館者があるが、市外や県外のみならず、海外からは台湾や韓国を中心に訪れているという事実に注目したい。

商店街との連携強化——商店主や市民へのアート啓蒙

商店主を中心に市民の声に耳を傾けると、官庁街通りには人の流れがあるが、その流れは商店街までは波及しておらず、相乗効果は薄いという意見を聞いた。商店街が徐々に衰退を始める時期に、十和田商工会議所が1994年にまとめた生涯学習振興事業報告書「歩こうわが街、つくろう歩く街」や、十和田市商店街連合会・合同青年部などが1996年にまとめた「快適な街づくり」調査報告書に目を通すと、それぞれの商店主が直面する課題に対して試行錯誤し、情熱をもって格闘している姿が伺える。郊外型のショッピングセンターや八戸、青森などの都市にある商業集積地に対して、品揃えや価格で対抗するのは難しいかもしれない。今では、ネット通販などの仮想空間に構築されたライバルとも競合しないといけない状況にある。

世界最高水準の現代アートや建築を見るために人が来るようになった。この流れを認識している市民や商店主は少ないかもしれないが、青森市内には、青森県立美術館があり、国際芸術センターもある。弘前市には、2020年度開業を目指して「吉野町煉瓦倉庫」を芸術文化施設としてリニューアルするプロジェクトが、八戸市でも2020年度開業を目指した「アートのまちづくり」の中核施設として既存の美術館を新築する八戸市新美術館の計画が進んでいる。県内のアート関連のネットワークを生かすことで、まち全体が、面白い発信地として変貌していけば、商店街にも活気がもどるのではないだろうか。最近では、夜のライブハウスや飲み屋街には若い人たちが行きやすい店が増えてきている。150年続く「松本茶舗」では持ち込み酒場「シャベリバ屋台」なども開催している。

スポーツ施設・医療機関との連携——健康促進

夜になると、高橋匡太による美術館のライティングが独特の風景を浮かび上がらせている。昼間は純白の美術館が、夜はカラフルな色合いに変化する。しかも、時間ごと、季節ごとに、さまざまな設定で色が変わり続ける。このライティングにより十和田の夜の風景はまったく変わったと言われている。例えば、周辺の店舗や施設が夜間でも利用されるようになった、官庁街通りを中心に、散歩やジョギングをする人も増えたという。早朝には、ヨガをやっている人もいるらしい。

官庁街通りは、片道1.1km、往復なら2.2kmとなる。これは、普通の成人なら12分程度で片道を24分で往復できる距離だ。単純に一往復2kmと考えると、自分の目標を決めて、日々の運動コースにすることも可能だ。歩いて楽しい空間、気持ちいい空間がすでに整備されている。今後、十和田市立中央病院、済誠会附属十和田准看護学院、十和田市総合体育センターなどの施設と連携し、予防医療や健康増進プログラムを促進すると、子育て世代や高齢者にとっても暮らしいやすい街になるだろう。

都市のイメージ

最後に、鉄道が廃線となったことで、来訪者は、いろんなルートを通って十和田市を訪れることになる。国道4号線や国道45号線、国道102号線を通って十和田市に入る訳だが、道路標識やカーナビを頼りに道を進むと、何となく市内に入り、いつの間にか美術館に到着するという、あまり感動的とは言えない体験をする。何かが足りないし、物足りない。都市への第一歩は、もっと感動的であるべきで、十和田に辿り着いたという到達感や達成感がほしい。グリッド都市を基準につくられた十和田市におい

㊾——満開の桜が美しい、夕暮れの官庁街通り

ては、境界を明快にすることで、田園地帯を抜けた後に、幾何学に支配された都市構造を知覚させることが可能なはずだ。それを示唆するアートやモニュメントが街への入り口（ゲートウェイ）に置かれれば、到達に対する高揚感も高まるだろう。

そして、官庁街通りと商店街を行き来する観光客が少ないという声を耳にするが、その原因の一つに、官庁街通りが商店街のある旧国道4号線の一区画手前で終わっているという都市構造上の問題点を指摘したい。幅36mの大通りが、直接、商店街に交差していれば、その交差点が都市のノード（結節点）、言い換えれば、「都市のツボ」として機能する。官庁街通りをアートと行政と商業、そして市民と来客が交わる場として、再構築することで、モノの流れが良くなりそうだ。往時は松木屋デパートが、すぐ周辺には亀屋デパートもあった場所である。歴史が、都市における重要な場所を教えてくれている。

第5章

新町川(徳島)

河川浄化と護岸整備、新町水際公園、しんまちボードウォークを舞台に展開するイベントによるまちづくり

新町川の再生

ひょうたん島

中心市街地

プレイス・メイキング

寺島川復元

新町川

徳島市新町川周辺にある新町商店街地区は、かつて徳島随一の商業集積地だった。特に東新町一丁目商店街は、地元の丸新百貨店とダイエー徳島店が両端を陣取る布陣で、休日には一日3万人を超える人出で賑わっていた。しかし、現在では、一日の通行量が2千人を切ってしまうほど寂れてしまい衰退が深刻化している。このようななか、有志の力によってまちを再生しようという動きが活発化している。その中心にいるのがNPO法人「新町川を守る会」で、汚れた新町川をきれいにすることから活動を開始し、かつての水の都ならではのまちづくりや地域づくりに挑戦している。

はじめに——徳島市の成り立ち

城下町として栄えた徳島市の起源は、江戸時代に蜂須賀家政が阿波の国に入国し、城郭を築いたときに遡る。幕末から明治期にかけて藍産業が大きく発展し、1889年の市制施行当時、市内の人口は6万861人まで増加し国内第10位の規模を誇った。ちょうど藍商人が栄華を極めたころに重なる。しかし、近代的な繊維産業の台頭により藍産業が大打撃を受けることで、国内での競争力を徐々に失っていく。とはいえ徳島市は、現在でも、人口26万人を有する県内最大の都市であり政治、経済、文化の中心として機能している。地理的には、吉野川河口に位置する三角州上に発達した都市であり、市内には大小138の川が流れるなど豊かな水に囲まれた都市である。徳島を東西に流れる吉野川は「四国三郎」と呼ばれる西日本最大級の河川である。今も福島、寺島、出来島など島のつく地名が多く残っているのは、この地が水運とともに繁栄したことの証である。徳島市のシンボル眉山と旧徳島城跡の間を縫うように流れる新町川の河畔は、藩政期以降、まちの中心地として栄えてきた場所だった。

藩政期の都市構成は、渭の津に築城された徳島城から寺島川に架けられた徳島橋を渡ると通町があり、通りを挟んで北側に筆頭家老・稲田家（旧・徳島新聞社屋）、南側に二番家老・賀島家（現・徳島市役所）が建っていた。当時の中心地は、現在の西新町界隈であり、商売繁盛を祈願するえびす祭りで賑わう通町は、藩政期には徳島随一のメインストリートだった。幕末後の日本は、西洋文明の流入とともに幕を開ける。日本初の鉄道が新橋—横浜間に開通した27年後の1899年、徳島と鴨島を結ぶ鉄道が開通している。しかし鉄道網の発達は、皮肉にも寺島川を犠牲に推進した。徳島駅操車場の拡張に伴い1960年ごろには寺島川は消失し、徳島中央公園との隙間にわずかな水路を残すのみとなった。

その後、繁華街は次第に東新町や籠屋町方面に移行し、水運で栄えた東船場や西船場は問屋街の様相を強めていく。駅前から、現在の元町通りから新町橋に至るエリアが徳島市商

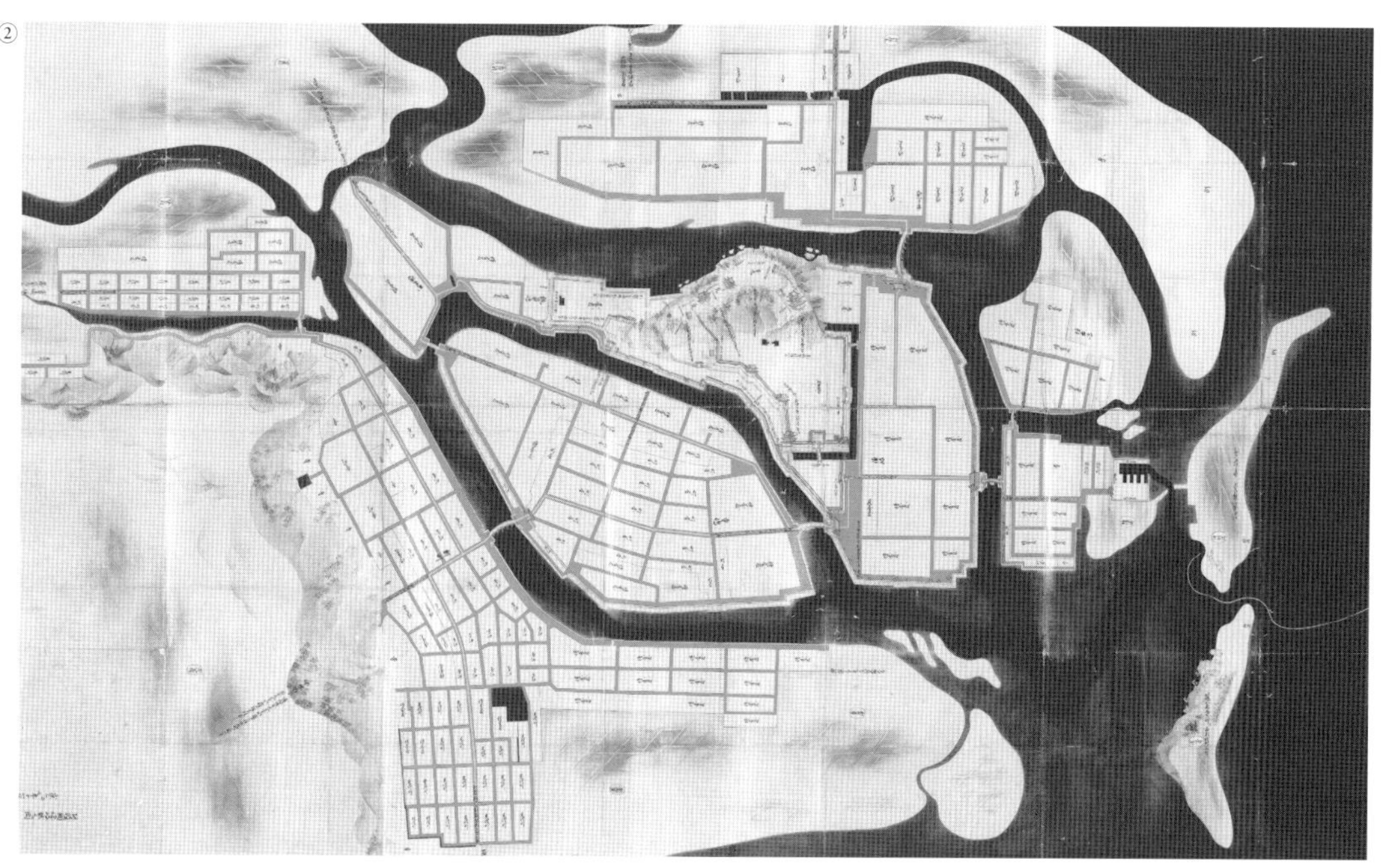

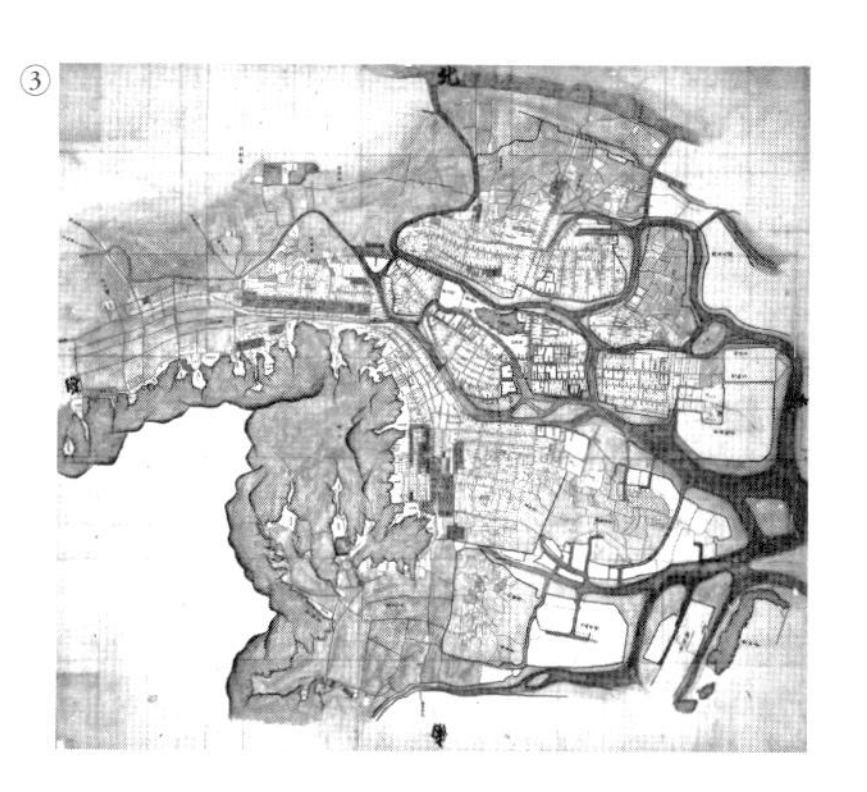

①ひょうたん島空撮、一周約6㎞の島の中央に徳島城跡がある。
②—阿波国徳島城之図、正保3年（1646年）
③—徳島藩御城下絵図、明治2—3年（1869—1970年）

⑤

④

⑥

⑧

⑦

④―戦前の徳島市中心部
⑤―藍倉と帆かけ船(昭和初期)
⑥―戦後の徳島市中心部
⑦―空襲で灰燼に帰した徳島市中心部
⑧―二重橋となった新町橋上を観光バスがパレードする。

店街の中心になった。1928年になると中心部は徳島都市計画区域として認可を受け47本の都市計画道路が決定された(1935年)。しかし、1945年の第二次世界大戦により市内は壊滅的な被害を受け、中心市街地のほとんどは焼け野原となり鉄筋コンクリート造の躯体だけが残骸として残った。徳島市の藍蔵の建ち並ぶ独特の風景は、これをもって消滅する。現在における市中心部の骨格は、この時に計画された徳島都市計画復興土地区画整理事業により形成されることになる。

中心市街地の衰退

戦後の高度経済成長期に奇跡的な回復を遂げた新町商店街地区も、新たな時代の荒波に飲み込まれる。1983年、売り場面積が2万7000㎡に及ぶそごう徳島が徳島駅前の内町小学校跡地に進出すると、内町と新町の商業集積地としての求心力が逆転し、駅前の商業圏に軸足が移行する。さらに新町の商店街にとって痛手だったのは、2001年、8つの映画館を有する郊外型シッピングセンターのフ

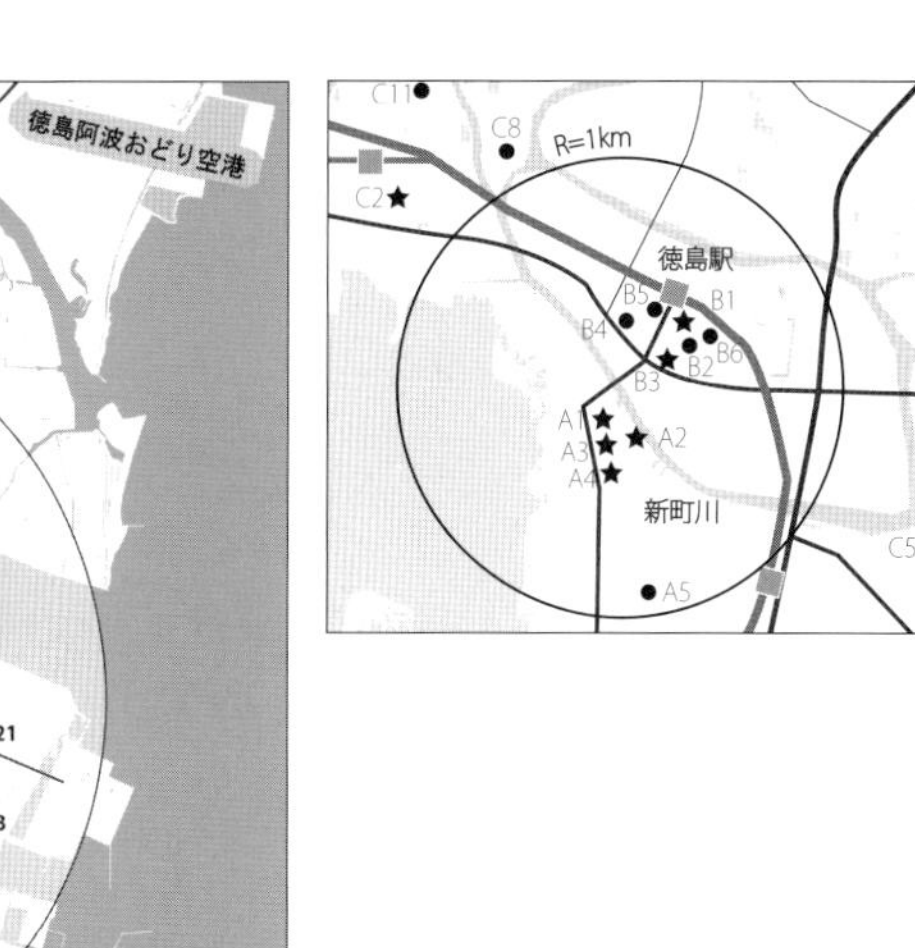

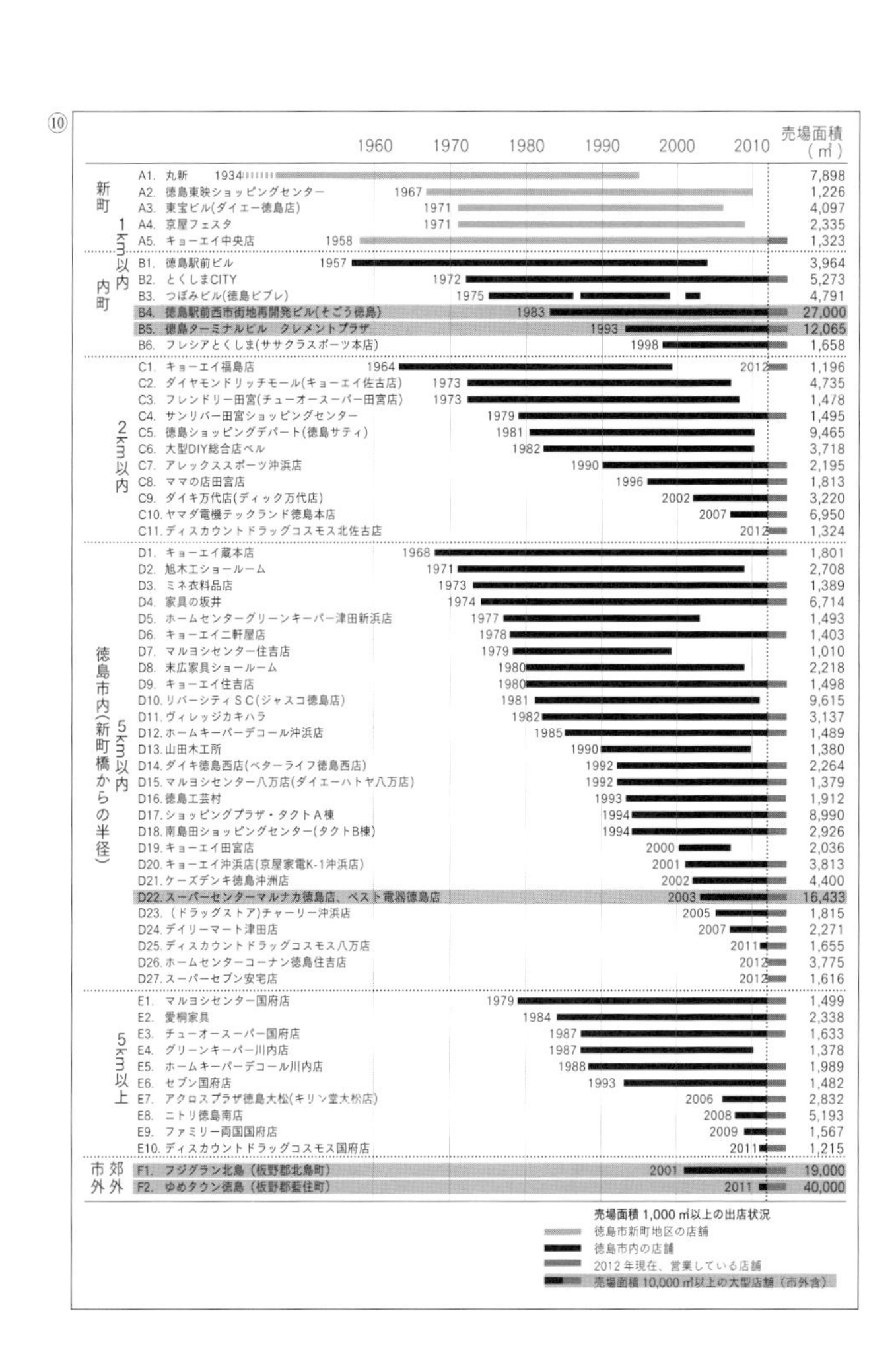

⑨—徳島市および郊外のショッピングセンター分布図
⑩—徳島市および郊外のショッピングセンター出店年表と中心部からの位置関係

ジグラン北島（1万9000㎡）が板野郡北島町にオープンしたことだ。このことは、新町ばかりではなく、駅前の商業地にも打撃を与えた。全国的に郊外型ショッピングモールが、従来型の商店街を凌駕し始めたころである。新町では、1980年以降徐々に売上や商店数が減っていくが、壊滅的な出来事となったのは丸新百貨店の倒産である。1995年、屋上遊園地など県民に愛された丸新百貨店は、60年余りの歴史に幕を閉じた。それから10年後の2005年、ダイエー徳島店が撤退することで、新町地区は集客力のある両拠点を失った。丸新の売り場面積は約8000㎡、ダイエーが半分の約4000㎡という規模を考えると、郊外型ショッピングセンターとの勝負は、便利さや品数のうえでも明らかだったのかもしれない。

この二大商業施設の撤退により、新町地区への客足はさらに遠のき、商店主の高齢化や後継ぎ問題などから、一時は半数近くが閉店に追い込まれている。空き家や駐車場の増加傾向が著しく、新町地区のシャッター街化が加速している。商店主が住居を郊外に構えたことも街の活気に悪影響を与えたに違いない。そして、ついには、市内の映画館のほとんどが軒並み閉店に追い込まれた。年代順に挙げるとOSグランド（2002年）、徳島東映（2003年）、徳島東宝（2005年）、徳島ホール（2006年）という具合だ。

2005年のダイエー徳島店と共に、商店街映画館における最後の砦・徳島東宝が閉店することで、新町にある主だった大型商業施設と映画館はすべて消滅したことになる。残ったのは小さな専門店や飲食店だけとなり、大型ショッピングセンターに立ち向かうには、すべての店の連携や組織化が喫緊の課題とされていた。2011年、同じく板野郡に出店したゆめタウン徳島は、さらなる追い打ちとなった。徳島経済研究所の調査によると、それは新町アーケード内にある商店街とほぼ同数の160店舗からなり、売場面積は4万㎡にも及び、3100台収容の駐車場を完備する。

そんな中、新町商店街にも明るい兆しが訪れた。2012年3月、アニメを中心に上映す

2012年

⑫

1983年

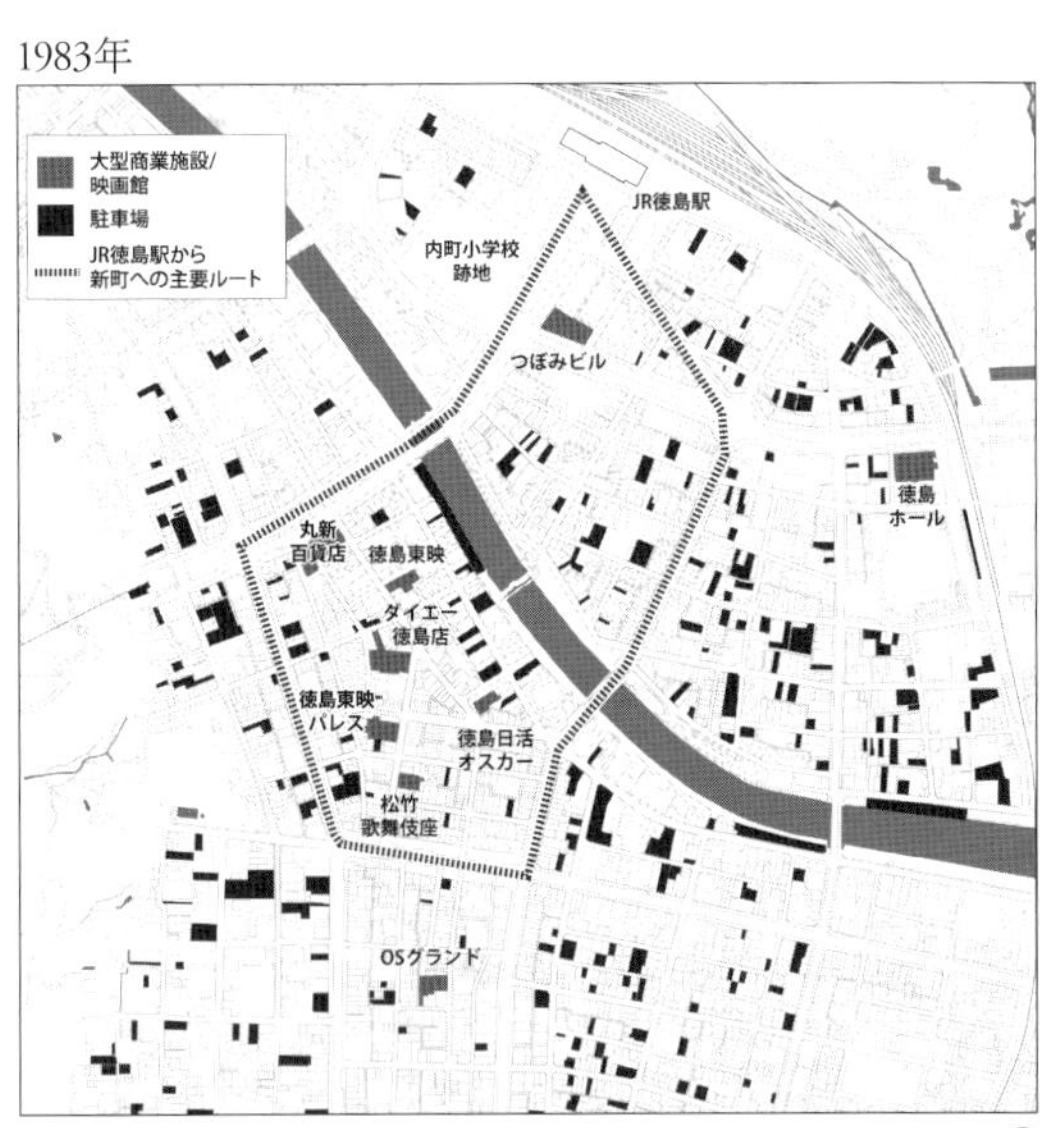

⑪

⑬

る映画館「ufotable CINEMA」が商店街再生の起爆剤として開館した。徳島県出身の近藤光率いるアニメーション制作会社ufotableは、2009年4月、いち早く新町川や眉山という自然の美しさ、新町川水際公園やしんまちボードウォークのもつ場所のポテンシャルに注目し、本拠地の東京とは別に地方拠点となるufotable徳島スタジオを開設している。新町川沿いに建つ「昭和」の雰囲気を色濃く残した国際東船場113ビル（旧高原ビル）は1932年の建造で、耐火構造ゆえに戦禍を免れている。スタジオと共に、ufotable Caféが入居することで、しんまちボードウォークにアニメ文化の新しい息吹を吹き込んだ。故郷再生のため2009年からは、アニメやゲームなどのエンターテインメント好きが集うイベント「マチ★アソビ」を新町川や眉山、商店街を中心に展開している。

市民に親しまれた新町川の姿が変貌したのは、1961年9月、室戸岬に上陸し、県内各地に莫大な被害を与えた第二室戸台風が残した爪痕に起因する。その防災対策として、新町川護岸にはコンクリート製のパラペット堤が築かれた。人命第一、防災優先の政策に疑問の余地はないが、この河川災害復旧助成事業により徳島市内河川敷のほぼ全域が、高潮対応のコンクリート堤で覆われた。無機質な護岸壁による疎外感、水運業の衰退が重なることで、市民の意識は、水辺から遠のいていく。工場や家庭から流出する排水は、水質汚濁の原因となり、悪臭が発生すると同時に魚も棲めない汚い川へと変わり果てた。商店街に来る買い物客のために、護岸沿いの空地は駐車場として利用されるなど、水辺空間は人々の生活の場である都市の表舞台から、一転、都市の裏舞台へと転落する。こういった状況は、高度経済成長期においては、全国的にも特に珍しい光景ではなかった。国土の7割が山地や傾斜地に覆われる日本列島では、ごく当たり前のできごとで、海岸や河岸を埋め立てることで工業用地や住宅用地を確保していった。結果として、人々の往来が減少するとともに、川沿いは賑わいのない場所へと様変わりし、市民の川への愛着は薄れていった。

⑭

⑮

⑪—中心市街地の変遷（1983年）
⑫—中心市街地の変遷（2012年） 駐車場が倍増
⑬—人通りもまだらになった新町商店街の日常
⑭—岸整備が施される前の新町川
⑮—バラックが立ち並んでいたころの新町川護岸

キーパーソンに聞く▼▼
藍谷鋼一郎×中村英雄
〈NPO法人新町川を守る会・理事長〉

「市民の汚した川は市民の手できれいにしよう」という信念のもと、中村英雄はたった一人で新町川の清掃活動に着手した。1984年のことである。そんな中村のもとに有志が集まり10人で結成したのが「新町川を守る会」である。飾らない人柄、虚勢をはらない人柄、ゆったりとした和やかな雰囲気を常に漂わせている。

中村のモットーは、「一人の百歩より百人の一歩」、そして、「できる人が、できることを、できるときに」という地に足がついた地道な活動を30年間以上続けている。新町川を守る会の活動拠点は新町川の畔に浮かぶ桟橋にある。この浮桟橋を起点に、「ひょうたん島」クルーズを毎日行っている。

この名称は、徳島では市民から親しまれているが、その由来は、1984年、徳島県建築士会青年部が「ひょうたん島ルネッサンス構想」を掲げたころまで遡るとされている。確かに新町川、助任川、福島川に囲まれた地は、その名の通り、瓢箪のように見えなくもない。

しかし、時代をさらに遡った江戸時代の古地図を眺めると、瓢箪と記された土地を見つけることができる。

現在の「ひょうたん島」からＪＲの鉄道線敷設により廃河川となった寺島川と新町川で囲われた部分を取り除くと、その形はまさに瓢箪そのものである。

その「島」こそ、瓢箪島の語源であり原型である。

1992年になると、徳島市は「水が生きているまち・徳島」の実現に向けて、「ひょうたん島」を新しい徳島市のイメージづくりの重点整備地域と位置づけ「ひょうたん島＝水と緑のネットワーク構想」に着手した。

⑯

⑯—NPO法人新町川を守る会により運営されるひょうたん島周遊船

中村英雄（NPO法人新町川を守る会・理事長）

1938年徳島県生まれ。
徳島城東高校卒業後、家業のナカムラ靴店東新町店を経営。
1990年3月、有志10人と新町川を守る会を結成し、
1999年にはNPO法人化する。
新町川ラブリバーフェスティバル実行委員長、新町川を守る会会長、
吉野川フェスティバル実行委員長、徳島市民環境会議会長を経て、
NPO法人新町川を守る会理事長に就任し現在に至る。その他、
吉野川交流推進会議副会長、第3回川に学ぶ体験活動全国大会in徳島実行委員長、
徳島市水と緑の基金理事長、第10回川での福祉と教育in徳島実行委員長を歴任。
自治功労賞受賞、環境庁長官賞受賞、徳島県県民環境大賞、
日本河川協会河川功労者、地域づくり団体自治大臣、日本水大賞国土交通大臣賞、
緑綬褒章、自治体学会田村明まちづくり賞、瀬戸内海環境保全功労者、
環境大臣表彰、自治功労賞受賞、環境庁長官賞受賞など多数の賞を受賞。

NPO法人「新町川を守る会」の結成

藍谷――「新町川を守る会」は、1990年3月に「市民の汚した川は市民の手できれいに再生しよう」と有志10人が集まって発足したそうですが、何がきっかけでしたか。

中村――徳島市には138本の河川が流れこんでいます。もともと水の豊かなまちでした。はるか昔は、川で泳いだり、魚を釣ったりもできました。でもね、戦後の経済成長期に工場排水や家庭排水が流れ込んで、無茶苦茶、汚い川になってしまった。臭いし、水は濁っている。誰も川に近寄らなくなった。真っ黒に濁った新町川の絵を描く子どもを見たときには泣きそうになった。悲しいことですよ。それで、川を汚したのは市民だから、市民の手で川をきれいにしようと掃除を始めました。1990年に「新町川を守る会」をつくり、1998年にNPO法案が通った年だったと記憶していますが、すぐに申請して1999年にNPO法人化しました。うちが徳島県の2番目だったんです。

藍谷――それは衝撃的ですね。しかし、中村さんの活動のお蔭で、今では随分と川もきれいになり、魚も戻ってきました。そのへんの行動力と時代の流れを読む力は素晴らしいですね。

⑰

⑱

やはり運営面や資金面を考えると法人化することから得られるメリットは大事ですよね。運営の基盤をつくらないと、継続的な活動はなかなか厳しいかと思います。

中村――運営面もありますが、やっぱり市民の見る目も違ってきますよ。企業から見る目も違ってきます。寄付金集めにもいい影響がでます。

藍谷――年間どれくらいの寄付金が集まるんですかね。

中村――1000万円くらいじゃないですかね。どんぶり勘定ですけど(笑)。

藍谷――今では、新町川の両岸に都市公園が整備され、「マチ★アソビ」、「とくしまマルシェ」、「徳島LEDアートフェスティバル」など、県民や市民に人気のあるイベントが護岸を中心に繰り広げられている。これも新町川がきれいになって、魅力ある水辺空間ができたからですよね。

中村――川がきれいになっていくことによって、人が集まってきましたよね。マチ★アソビにしても、マルシェにしても、LEDアートフェスティバルにしても、それぞれが盛り上がっているイベントです。私も毎月最後の金曜日に川沿いでコンサートの企画をしていますが、いろいろな人が100人ほど集まってくる交流の場所になっていますよ。この会に限らず、10日に1度くらいはこの川沿いで誰かが何かのイベントを

⑲

⑳

⑰―新町川の清掃を行う中村英雄
⑱―川を清掃する仲間が現れる
⑲―クリスマス・イベント、サンタが川からやってくる
⑳―新町川で結婚式

やっています。

藍谷――「新町川を守る会」では、ほかにどのような活動をしていますか。

中村――主な活動は、1周6kmの通称「ひょうたん島」を取り囲む新町川と助任川での清掃活動です。掃除は毎月1日と第三土曜日で、この活動は1990年から続いています。大雨警報が出ても掃除しています。4艘のボートに分かれて、網で川に浮かぶゴミを集めています。天気が悪いから、休んだっていうことはほとんどないです。それにひょうたん島を1周30分かけてグルっと1周する「ひょうたん島周遊船」を1994年から毎日やっています。県北部まで遠出する撫養航路の復活もさせました。遊覧船のほうは、警報が出たら中止にしています。これは無料で始めましたが、今は保険料を一人200円もらっています。最初は100人くらいしか集まらなかったのに、今では年間5万人を超えるようになりました。阿波踊りのころは、一月に1万人を超えますよ。みんな川のきれいさに驚き、「こんなきれえな景色があったん始めて知ったわ」と、喜んでいます。川の清掃も吉野川の方まで広がっています。道路の清掃、花壇の整備もやります。河川沿いの景観整備をやりながら、ずっと清掃しています。夏には吉野川フェスティバル、秋は、中秋の名月に屋形船を浮かべて邦楽の演奏会、冬は「川からサンタがやってくる」というイベントで3千個のプレゼントを子どもたちに配っています。ほんで、正月には寒中水泳やな。年間を通していろいろやっていますよ。コンサートもやっていますよ。

NPO会員には「川を清掃する権利」

藍谷——新町川を始めとして、いろいろなイベントが繰り広げられています。新町川水際公園やしんまちボードウォークといったイベントの舞台も整備され、まちに人が戻りつつある。まちの魅力が高まってきています。その最初の契機は、やはり、中村さんが川の掃除を始めたことで、その活動にみなさんが賛同して、市民のつながりの輪がどんどんと広がっていったということですね。NPO法人の会員数は300人になったとか。清掃活動には、どのくらいの人が来ていますか。

中村——大勢来てくれるんですよ。4艘の船に5人ずつくらい乗っていました。この前は20人いました。

藍谷——船は4艘あるということでしたが、1艘1000万円くらいですか。燃料費も嵩みますね。会員から会費とか集めていますよね。

中村——そんなにしませんよ、船は4艘、500万円、600万円、そして、700万円です。

㉑

㉒

それと別に川掃除専用に4艘もっています。燃料費は、わりとかかります。月に40万円くらいかな。NPOの個人会員には年間3000円いただいています。会員になると「掃除をする権利」が与えられます。でも、強制ではありませんよ。

藍谷——それは良いアイデアですね。船は、全部で8艘ですか、拡大していますね。そういえば、この浮桟橋も新しくなりましたよね。

中村——掃除の船は1カ月に2回くらいしか運行しないので、そんなにかかりません。新しい浮桟橋ができたのが来年でちょうど5年になります。総額で8000万円かかりました。大きさは5m幅で長さ40m。県と市の補助を受けながら、NPOが3分の1ほど負担しています。まだ2年ローンが残っていますよ(笑)。

藍谷——良い活動を継続していくためには、資本が必要ですよね。運営費について教えてもらえますか。

中村——基本的に、ひょうたん島クルーズは保険代の200円だけでやっていこうと思っているんですよ。浮桟橋の飲食店で収益が出るので、ガソリン代などは賄えるんです。クルーズの保険代は200円なので、苦しいですけどね。運営費は確かに必要ですが、地域を良くしていくためにやっているので、スタッフはみんなボランティアでやってくれています。

川を交流の場に変える

藍谷――中村さんは今後徳島がどうなってほしいと思いますか。

目に見えるかたちで変わってきていると思います。この浮桟橋でも2012年に認可が下りて飲食が出来るようになりましたよね。その収入が運営費を捻出しているというのは頼もしい話です。川の駅という構想もあるそうで、いろいろと広がっていますね。

中村――もうすぐ末広町のところに新しいイオンモールができます。そこに社会実験として船着き場をつくろうという話があります。そうして、次はマリンピアのところに海の駅をつくりたいと思っているんです。あの場所に高速道路がつながるので、何か新しい施設ができる。それで、末広町と新町をつなげて海の駅にしたいと思っているんです。

藍谷――そうすると新しい動きにつながるかもしれませんね。しかし、末広町にイオンモールができると、折角、中心に市民の眼が向き始めたのに、また郊外に人の流れができて逆戻りでは。

中村――そうやね。海の駅というと、普通は物を売る場所というのが主だと思うのですが、そうではなく、交流の場所にしたい。道の駅というのは、物を売ることばっかり考えてできるでしょう。徳島は川が多いので、この川を活かして発展させたい。交流の場所のためには、新しく船着き場をつくらないとなりません。それには2億円くらいかかる。ただ船を着けるだけの桟橋では無理なんですよ。やっぱり食事ができて、人が集まれる場所にしないといけない。

藍谷――確かに港というのは、本来、交流の場でもありますね。交流ということで、先ほども言ったように、新町川を舞台に「マチ★アソビ」、「とくしまマルシェ」、「徳島LEDアートフェスティバル」など魅力的なイベントが行われています。それぞれのイベントとの交流とか相乗効果というのは、どんな感じですか。例えば、今は徳島LEDアートフェスティバルが開催していますよね。今回の目玉は、チームラボが指揮をとって、刻々と色が変わる大きな球体を新町川に浮かべています。周遊船が球体と球体の間を通っていく映像を見ました。感動的な風景でした。

中村――なかなか好評ですよ。川を活かしていくとは面白いですよ。昨日は周遊船に500人乗りました。土日は1日に700人乗っています。混乱を避けるため、市の職員がチケットを配布していますよ。LEDアートフェスティバルに関しては、私も実行委員会の一人なのでいろいろと関係しています。第一回

㉓

㉑―清掃専用の小型船
㉒―4艘体制のひょうたん島周遊船
㉓―寒中水泳とコンサート

㉔

㉖

㉕

目から同じメンバーなのは、徳島経済研究所の田村耕一さんと私だけです。あとのメンバーはみんな変わってしまいました。

藍谷——マチ★アソビの時にも、周遊船は出動していますよね。川の下美術館とか。それに、とくしまマルシェとの交流もありますよね。

中村——マチ★アソビの時、マルシェの時は、周遊船に乗る人がたくさんきますよ。それと阿波踊りの時は特に。

藍谷——先ほどNPO法人のスタッフさんが、都市の再生やまちづくりには、中村さんのような存在が重要だと言っていました。中村さんは1日のうち、どのくらいの時間を川で過ごしますか。

中村——大抵ここにいますよ。

藍谷——あっそうですか（笑）。朝は何時からですか。

中村——朝は大体6時半に家を出ます。花に水をあげたり草を抜いたりした後、9時くらいには、ここに来ています。夕方6時くらいまでは、確実にここにいて、イベントのある忙しい時は、夜の10時くらいまでいますね。

藍谷——まるで川に住んでいるみたいですね（笑）。休日なんかありませんね。

中村——今回も、LEDアートフェスティバルが8日間も続いたので、さすがにしんどくなってきています（笑）。私は休まないのですよ。雨が降っても出てしまう。周遊船の休みを判定するのはお客さんだということにしているんです。お客さんが来る限り、船を出します。警報が出たときは休みますけどね。川掃除は警報が出ても休まないので、川掃除はこの30年間ほどで一度も休んだことがない。

藍谷――**そうすると、30年間、一年中、ここにいることになりますね。確かに、私も中村さんにお会いする用事があるときは、いつもアポなしで、ここに来ますね。ここに来れば、中村さんに会えるという安心感がある。**

中村――もちろん、一年中、新町川にいるわけじゃありませんが、大体、川関係の用事で出ています。

藍谷――**30年間やられていて、ターニングポイントというか、ある時を境に、新町の様子がガラッと変わった、良くなったということがあれば教えてください。**

中村――やっぱり、この川がきれいになって市民が目を向けてくれるようになった時ですかね。始めて10年くらいが目処だったと思います。10年で状況が変わってきて、20年目くらいで地域づくりへの芽が出始め、今、30年目です。10年単位くらいで変わっていったように思います。最初の2年目や3年目は、あいつ何してるんだ、といった冷ややかな反応でした。今では、いろいろな支援に助けてもらっています。「こうやって地域づくりやまちづくりをしていくんだ」という時には、寄付というのが集まるものです。逆に、寄付が集まらない時は、その活動自体、どこかが間違っているんです。企業も、社会貢献というとお金を出してくれます。例えば、花を植えるので企業に1万円必要です、と手紙を出すと、2万円、3万円とみなさん振り込んでくれるんですよ。

藍谷――**なるほど。**

中村――こちらがきちんとしていれば、寄付は集まるものなんです。うちのNPOは大勢でやっているので、お金に困ることなんて沢山あります。その困ったことを乗り越えるのも楽しさですね。まだまだ、やりたいことは山ほどあります。航路にしても、どんどん拡大させ、充実させたい。今だと、いろいろやれそうな気がします。県にしても市にしても国にしても、みんなが応援してくれるので。

㉗

㉘

㉔―チームラボ・プロデュースのLEDアートフェスティバル
㉕―徳島市阿波おどり期間中もフル稼働
㉖―橋の下美術館
㉗―車椅子エレベーターによる川面へのアクセス
㉘―花壇整備もNPO法人新町川を守る会の活動の一環

新町川の再生がまちに人を呼び戻す――新町川水際公園としんまちボードウォーク

中村英雄が、新町川の清掃活動を開始した翌年の1985年、地方都市中心市街地活性化計画(通称=シェイプ・アップ・マイタウン計画)が旧建設省の認定により始まった。徳島においては、新町川水際公園(左岸)を市政100周年の記念事業と位置づけ、公園整備は市が、河道整備は河川管理者が行った。1986年に着工し、3年後の1989年に竣工している。一方、しんまちボードウォーク(右岸)においては、新町地区にある東船場商店街振興組合が、1995年に県、市とともに東船場ボードウォーク整備事業に着手し、1997年に全工事が完了している。

新町川水際公園においては、30年来、京都市の鴨川河川敷の修景にも取り組んでいる(株)空間創建の立花正充に、しんまちボードウォークにおいては、(有)中川建築デザイン室の中川俊博にそれぞれ当時の状況について話を伺った。

戦災前の新町川沿いには阿波藍を扱う藍商人の蔵屋敷が立ち並んでいたが、米軍の爆撃機

㉙―自然の美しさを強調した鴨川の河川敷
㉚―藍蔵をモチーフにしたシェルターが並ぶ新町川水際公園

B29による徳島大空襲によりすべて焼失する。戦災復興時の都市計画により川沿いの公園計画が浮上し、1973年、4.9haの新町川公園計画が決定された。1989年、県と市の共同作業により整備された新町川水際公園は、藍蔵をモチーフにしたシェルターやゲート、藍を使った阿波しじら織をイメージした青石による舗装や青石の壁面、水を張った段状のテラスや躍動感あふれる噴水、モダンな照明とケヤキやサルスベリなどの樹木を散りばめるなど、当時の日本では、かなり先進的なデザインが施されている。1982年に架設された歩行者と軽車両専用のふれあい橋は、新町橋と両国橋のほぼ中央に位置し、新町川水際公園の完成に合わせ拡幅工事が完了している。

都心のオアシス、あるいはリビングを目論んだ都市公園は、総事業費11億円で建設された。護岸延長は350m、公園面積は7200㎡とされ、事業費の内訳は、河川事業が1億円、公園事業が10億円と記録されている。設計当時、護岸にはコンクリート製パラペット堤が築かれた状態であった。いくら親水空間を唱えたところで、人から水面が遠ければ意味がない。立花正充は、このパラペット堤を何とかしなければ

公園事業は失敗すると直感した。鴨川では、壮大な京都の山々が一望でき、古い町並みに囲まれた景観特性を生かすため、水辺をゆっくりと眺める場所をつくることに注意を払っているが、荒廃した殺風景な建物が立ち並ぶ新町川では、人々、そして、周囲の開発を呼び込む力のある場所としての公園をつくる必要があると感じ、公園に付加価値を付けるため、いろいろなデザインを施している。

立花正充は、県と市に掛け合い、結果的に堤防の位置をずらすことで、公園全体が水面と一体化する案への承諾を勝ち取った。要は、公園の最長部が防潮堤の役割を果たすデザインで、陸側に高さのある壁が立ち上がった状態である。

そして、「県と市が力を合わせることで、全国に類のない先進的な水辺空間が誕生した」と当時を、振り返っている。しかも、そのあとの経歴の中で、「これほど、県と市が設計に理解を示してくれたことはない」と言っている。公園完成を機に、県が市に対して公園底辺部分の無償貸付契約を結ぶことで、公園管理者が市に移

㉛―ひょうたん島と新町川、眉山で繰り広げられる様々なイベント

㉜―新町の変遷

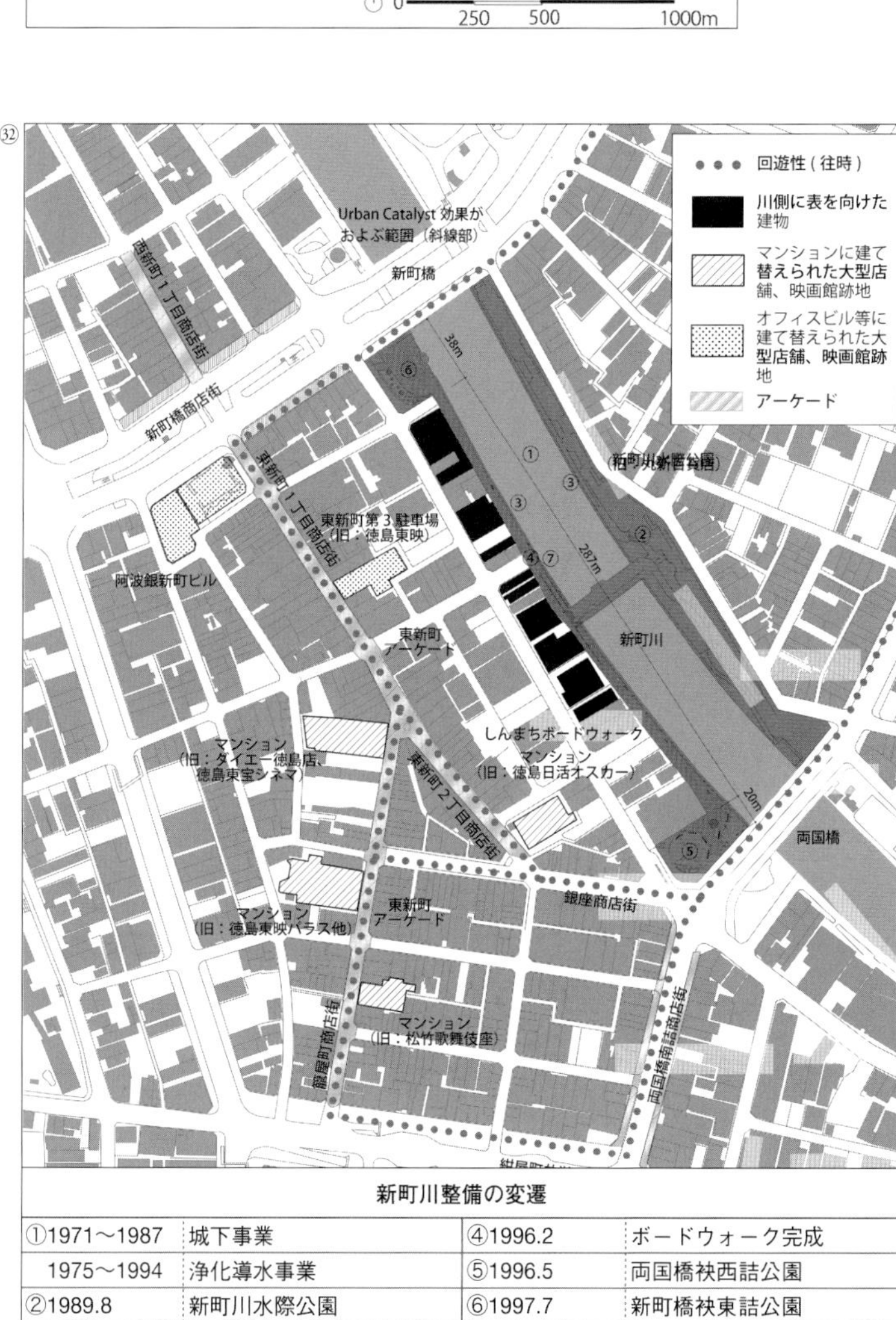

新町川整備の変遷			
①1971～1987	城下事業	④1996.2	ボードウォーク完成
1975～1994	浄化導水事業	⑤1996.5	両国橋袂西詰公園
②1989.8	新町川水際公園	⑥1997.7	新町橋袂東詰公園
③1989～	護岸整備（青石＋緑化）	⑦1998～	パラソルショップ

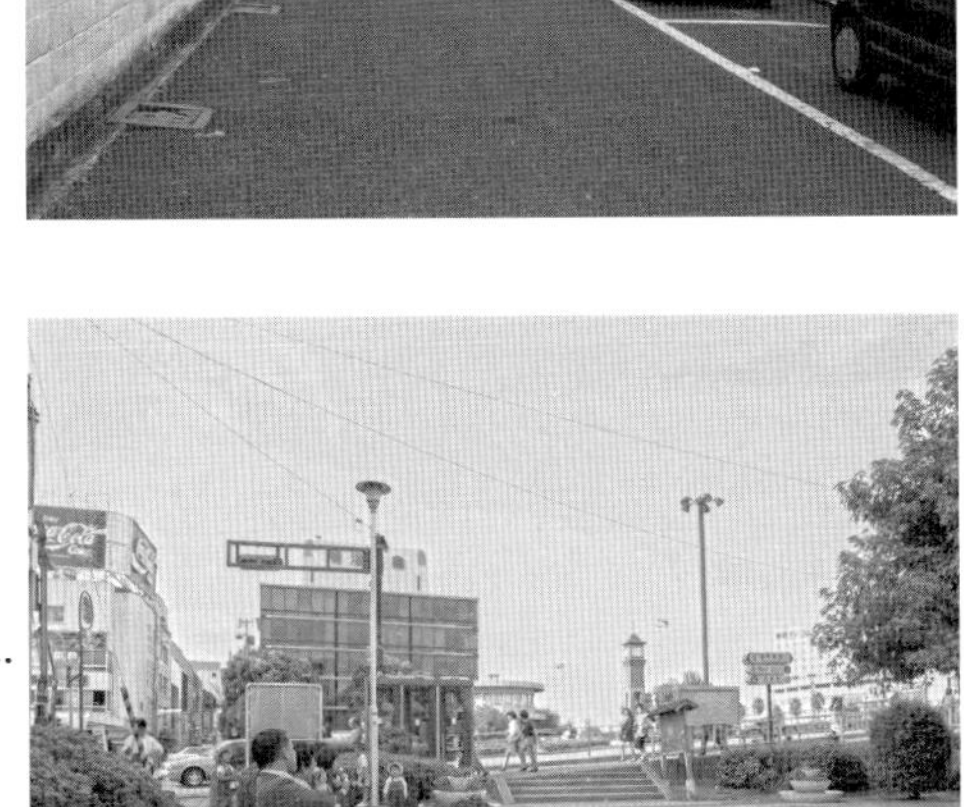

㉝―しんまちボードウォーク
整備前の護岸（駐車場）
㉞―しんまちボードウォーク整備後
㉟―しんまちボードウォーク
整備前の護岸（普通の広場）
㊱―しんまちボードウォーク
整備後の護岸（段状の円形広場）
㊲―1955年（昭和30年）頃の
新町川とかちどき橋
㊳―新町川水際公園整備前の
新町川護岸断面図
㊴―しんまちボードウォーク
整備後の新町川護岸断面図
㊵―新町川水際公園から
ふれあい橋を渡った向こうに
眉山が聳える。

行している。

　一方、しんまちボードウォークは、民間の東船場商店街振興組合が主体となって整備を行った。新町にある10の商店街理事が協力して立ち上げた組合は、中小企業総合事業団による高度化事業を活用した融資を受けることで自己資金を調達する。加えて、国、県、市の補助金を得ることで、事業化を本格化させ、1996年2月にしんまちボードウォークを完成させる。全長287m（新町橋―両国橋区間、両端の公園を合わせた総延長は344m）、幅6〜7mの木製遊歩道が、23基の洋風の街路灯と6台のベンチとともに整備された。事業費は約1億8700万円と記録されているが、その内訳は、国4700万円、県4700万円、市2800万円、組合6600万円の負担となっている。

　川沿いの殺風景な駐車場を水辺のプロムナード「ボードウォーク」にするという大胆な構想は、北山孝雄が徳島を訪れた際、「新町川を中心とした回遊性のあるまちづくり」の必要性を説き、遊歩道を新町川沿いにつくることを提言したことから始まる。その時に、「川沿いを人が通るようになると、川にお尻を向けている建物も、川に顔を向けるようになる」と力説し、両端に

㊳

公園（南内町）
新町川
県営駐車場

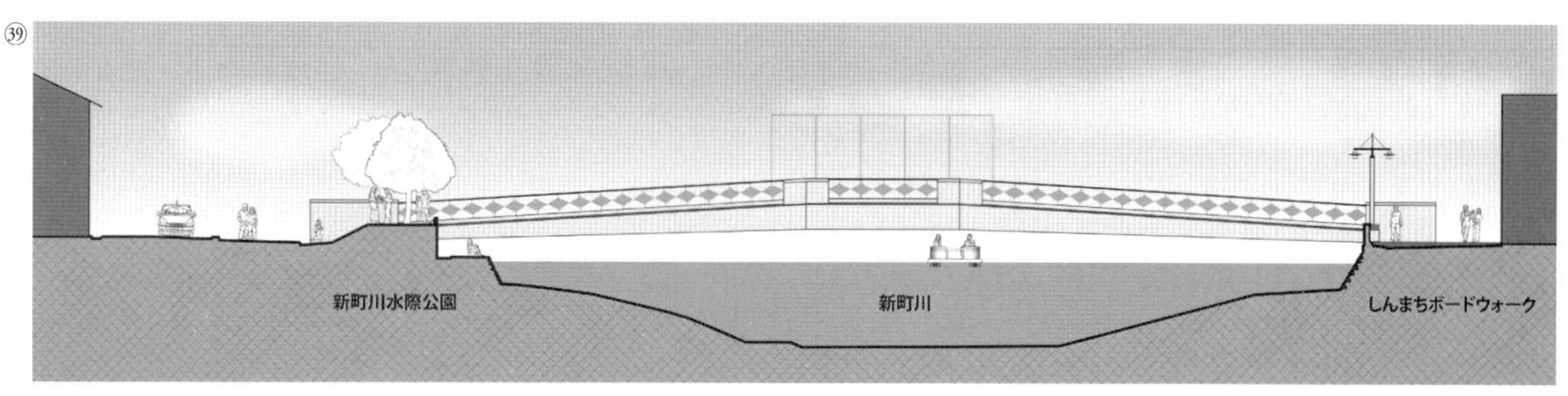

㊴

㊵

イベントができる広場を整備することで、新町川を中心とした交流が生まれると提唱している。

ボードウォークの所有権は組合が保持し、公園としての区域は市が占有している。事業者である組合へのインセンティブとして、川側から建物へのアクセスが可能になり、しかも、ボードウォーク上での出店やイベント空間としての利用が可能になった。さらに、1996年5月には県と市によりボードウォークの西端に新町橋袂東詰公園（事業費＝1.2億円）が、1997年7月には、市による単体事業として東端に両国橋袂西詰公園（事業費＝1.5億円）が整備された。建設資材には耐用年数が長い「イペ材（南米材）」が使用されている。しんまちボードウォーク整備における一連の事業は関係者から高く評価され、1998年に手づくり郷土賞（建設省）を、2003年に市景観大賞（美しいまちなみ優秀賞）（国土交通省）を受賞している。

しんまちボードウォークのある公園区域は、もともとは河川区域内にあった県営駐車場である。建設当初の主な目的に、しんまちボードウォークを契機として、JR徳島駅前を中心に形成するそごう徳島などの商業集積地からの買物客の流れを、再び新町に取り戻すことが挙げ

㊶―パラソルショップが軒を連ねるしんまちボードウォーク

られている。これは、2つの商業集積地を共に繁栄させるという「二眼レフ構想」に基づく。新町川を守る会による一連の新町川浄化作業、そして、新町川水際公園としんまちボードウォークという雰囲気の異なる二つの都市公園が出来ることにより、新町橋↔新町川水際公園↔両国橋↔しんまちボードウォークという新町川を取り囲む回遊性のある歩行者空間が形成された。そして、この親水空間を舞台に、マチ★アソビ、とくしまマルシェ、徳島LEDアートフェスティバルなど、市民や観光客を魅了するイベントが繰り広げられるようになる。

パラソルショップ（仮設店舗街）

パラソルショップとは、新町地区にある9つの商店街組合が結成した「しんまち街づくり・ユニオン」によって始められた事業である。これは、1998年に開通を迎える明石海峡大橋による近畿圏からの観光客を期待した観光振興策の一環である。しんまちボードウォークを「徳島の新名所に」というスローガンのもと、新町商店街地区に再び活気を取り戻しとして企画された。

特注デザインによる純白の大型パラソル（高さ2.9m、直径3.8m）を一つの単位として、しんまちボードウォーク上に設置し、そこで物品等の販売を行う仮設商店街「パラソルショップ」を、毎月土日の週末に開催することを企画した。都市公園としての利用が認められることで、飲食や物品の販売が可能となったのを機に、ユニオン加盟の商店街が資金を拠出してパラソルを購入し、運営費をパラソル賃貸料や会員の年会費等で補っている。出店料は1パラソル（1店舗）1回につき3000円という手頃な値段設定で始められた。

新町川を舞台にまちづくりコミュニティが形成されるイベントによるまちなか回帰

近年の徳島市では、新町川水際公園やしんまちボードウォークを舞台にさまざまなイベントが繰り広げられている。NPO法人新町川を守る会のほか、主なコミュニティ活動団体には、アニメ制作会社ufotable徳島スタジオ、徳島経済研究所などがあり、その活動を県や市がバックアップしている。

マチ★アソビ

マチ★アソビとは、2009年に開設されたufotable 徳島スタジオがプロデュースする複合エンターテイメントのことで、「徳島をアソビ尽くす」がテーマの地域密着型アニメイベントである。2009年10月に1回目が開催され、2017年5月に18回目が開催された。主に春のゴールデンウィーク中と、秋のシルバーウィーク中に、それぞれ3日間、メイン・イベントが開催される。ぷち★アソビという小型のイベントも3月ころに開催される。アニメ・漫

㊸

㊷

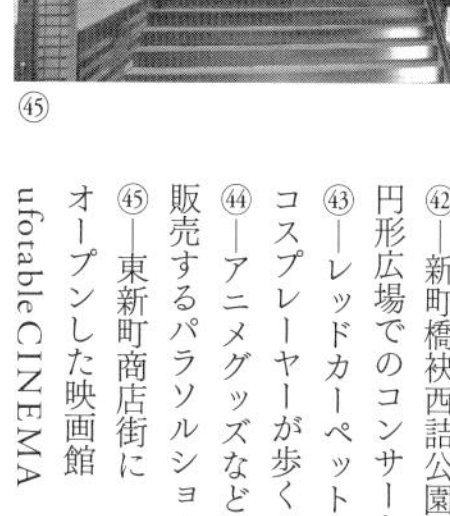

㊺

㊹

㊷―新町橋袂西詰公園円形広場でのコンサート
㊸―レッドカーペット上をコスプレーヤーが歩く
㊹―アニメグッズなどを販売するパラソルショップ
㊺―東新町商店街にオープンした映画館ufotable CINEMA

⑯―買物客で賑わうとくしまマルシェ

⑰―販売者と会話が楽しいとくしまマルシェ

★注1―アニメキャラクターの衣装を身にまとった人々。

画・ゲームといったサブカルチャーコンテンツの制作企業による展示・出展や、関係者や声優・アーティストが一同に集結することで、日本全国のアニメファンから熱い視線が注がれている。春と秋に開催される期間中は、日本各地から参加者が押し寄せ、7万人近い規模を誇る。春の目玉は、橋の下に展示されたアニメポスターを周遊船から眺める「橋の下美術館」、秋の目玉は眉山山頂での野外映画祭や新作映画の表彰、コンサートなどである。

全国のほとんどのアニメイベントがコンベンションセンターなどの屋内で開催される中、マチ★アソビは屋外で行うことに特徴がある。その中心会場となるのが、新町川水際公園やしんまちボードウォークで、新町橋袂東詰公園や両国橋袂西詰公園円形広場でのコンサートや撮影会、まちかどでの展示、映画上映、アニメコスチュームに扮したコスプレーヤー★注1によるまち歩きなどを実施している。声優による徳島駅での一日駅長や、眉山ロープウェイのアナウンスなども人気が高い。パラソルショップによるアニメグッズの販売や、イベント限定オークションなどがゲリラ的に仕掛けられるなど同時多発的に常に何かが起こっている。眉山や新町川を背景に写真を撮ると生えることから、コスプレーヤーたちは、新町川水際公園に集結している。

とくしまマルシェ

とくしまマルシェとは、徳島経済研究所による徳島農業ビジネス活性化構想から発展した産直市で、2010年12月から毎月最終日曜日に開催されている。7年の歩みの中で、今や市民や観光客に人気のイベントに成長したマルシェは、もともと、お洒落なヨーロッパ朝市を目標に企画された。白いパラソルショップのもと、徳島の豊かな自然の中で育てられた農水畜産物や厳選された加工品を販売することで、県産食材の魅力をアピールしている。出店者にとっては、マルシェに出店することで、新しい販売ルートが拡大するなどビジネスの場としても機能している。

開催範囲にも成長の足跡を見ることができる。しんまちボードウォークの半分(新町橋〜ふれあい橋)での開催(第一期)が、2011年2月には出店者の増加によりボードウォーク全体(新町橋〜両国橋)に拡張する(第二期)。2011年6月ころにはゾーン分けが確立する。新町橋〜ふれあい橋=イベントなどのフェアと生鮮ゾーン、ふれあい橋～両国橋＝加工品・飲食ゾーンとキッズゾーン。2012年10月には対岸の新町川水際公園に拡張し、肉・魚・フードゾーンが新しく加わる（第三期）。翌11月にはボードウォーク側にスイーツ・ゾーンが追加される（第四期）。2015年6月になると、キッズゾーンが両国橋西詰広場から、対岸の徳島こども交通公園に移転する（第五期）。さらに、5周年記念の2015年12月には、コンセプトカフェゾーンとMONOゾーンが加わり、新町水際公園の全体に拡張される（第六期）。以降は、この形式を継承し、現在では出店者が80店近くまで成長し、一日平均1万2千人規模の人出で賑わう。

徳島LEDアートフェスティバル

徳島LEDアートフェスティバルとは、徳島がもつ水と緑の魅力に地域産業であるLEDの光の要素を加えた徳島特有の新しい魅力「水都・とくしま」の創造を目標に徳島経済研究所の提案を受け発足されたイベントである。スーパーバイザーには、香川県の「瀬戸内国際芸術祭」や新潟県の「大地の芸術祭 越後妻有アートトリエンナーレ」のディレクターを務める北川フラムを迎え、公募で選ばれたLEDアート作品をひょうたん島周辺に展示する。さらに、フォーラムやファッションショー、音楽祭などを同時開催している。

このフェスティバルは2010年から3年に一度開催されるトリエンナーレ形式で始められた。仮設のアート作品だけでなくLED整備事業の一環として新町川周辺の橋や公園内に常設のLEDアートを展開している。2013年の2回目では、特に新町川沿いでの橋へのライトアップが注目を集めた。「光のマトリックス―白色LEDによるオペレッタ」（新町橋）、「SORAとMIZU」（両国橋）、「虹のラクーン」（ふれあい橋）。この3つの橋へのライトアップは、水面に映し出される幻想的な風景が人気を博し、フェスティバル終了後、常設化され以降も継続的に点灯されている。3回目の2016年は、徳島市出身の猪子寿之が芸術監督に就任する。猪子率いるチームラボは、デジタルアートによるインスタレーションによるクオリティの高さに定評があり世界的に注目を集めている。3回目の目玉は、新町川に直径2mの光る球体を132個浮かべたシンボル作品「呼応する球体のゆらめく川」で、さらには会場を徳島中央公園に拡大し、神秘的な光のアート作品を新町川

㊽—徳島城博物館前に展示された百瀬寿によるFull Color 13×13のインスタレーション『STEP』

㊾—夜は、LEDにより光り輝く新町川に浮かぶ132個の球体

㊿—藍産業が栄えたころの藍蔵が水面に映える新町川の風景。明治40年ごろの徳島市中心部

沿いと公園内に設置した。藍場浜公園では高さ10mを超える「リバーサイドクリスタルツリー」が人気を集めた。

まちに現れた波及効果

徳島市阿波踊り期間中には、徳島市内にある合計約5000室のホテル客室がほぼ満室状態になるが、マチ★アソビにおいても、同様の現象が起こっている。地域への波及効果としては、アニメ産業の活性化として、市内の専門学校にアニメコースが開設されている。アニメーターを志す若者の働く場所が徳島にできることで、志願者が西日本からも集まり始め、新町地区にアニメ関連の飲食店が3軒オープンしている。さらにとくしまマルシェから独立し、商店街内に店舗を構えるといった波及効果も見られた。とくしまマルシェ以降、独立店舗は26店舗、周辺商店街には14店舗が出店している。

都市的な効果として、新町川側に表(顔)を向けた建物が増加した。新町橋から両国橋に至る約350mの川沿いにある21棟のうち半数を超える14棟が川沿いに入り口を構えるようになった。新しい店舗の出店も確認できる。さらに、徳島商工会議所などが中心市街地活性化を目的に企画した朝市「徳島わくわく日曜市」(2008年12月に第一回開催)が、2014年5月からは、しんまちボードウォークに場所を移転している。それまでは、毎月最終日曜日に徳島市紺屋町北側歩道にて実施されていた。興味深いのは、2017年6月からは、対岸の新町川水際公園に場所を移行している点で、テントの色など、とくしまマルシェとの違いを明確にしている。超一級の生産物を厳選して販売するとくしまマルシェと、誰でも出店できる庶民派を売りに運営するトモニSunSunマーケット(2015年4月から改名し、学生主体に切り替わる)というまったく異なるマーケットの棲み分けにより、多様な市民の集まる場へとさらに発展することが期待できる。

カタリスト的視点

一人の市民による川をきれいに掃除する活動により、新町川は美しく蘇った。この活動の中から、NPO法人新町川を守る会が結成される。

これに呼応する形で、新町川沿いに2つの都市公園が整備されることで、徳島の顔となる「場」が形成される。これは、最近、アーバンデザインの分野で注目される「プレイス・メイキング」のことで、シンボル的な場がつくられることで、さまざまなイベントが展開されるようになった。人がカタリストとして機能し、その波及効果が、川を舞台に広がっている。しかも、それぞれのイベントが国内最高水準を誇るクオリティに成長している。

徳島には、同じく国内最高水準、あるいは、世界最高水準と呼べる阿波踊りがあり、多くの観光客を呼び寄せている。マチ★アソビ、とくしまマルシェ、徳島LEDアートフェスティバルも同様の現象を生み出している。

祭りには「非日常の行為が、日常を活性化させる」という効果がある。これらの効果を起爆剤に、日常の活性化へとつなげていくことが今後の課題と言える。新町川を中心に両岸に広がる新町川水際公園としんまちボードウォークがつくり出す都市空間は、魅力的だが、これに面する建物が、デザインに富んだ建築に入れ替わっていくと、さらに都市環境としての魅力が高まるだろう。また、若者から年寄りまで、多様な世代が集まることができる公共性の高い建物が新町地区に出現すると、日常的に人の流れが生み出されることも期待できる。

現在、徳島市は、新ホールの建設地問題で揺れている。都市の将来像を見据えると、どこに、どういう機能の建物を配置するかは、都市の発展、あるいは、衰退に多大な影響を及ぼすことは間違いない。今後の命運を握るだけに、慎重な議論が必要である。

最後に、大胆な都市改造を提案したい。韓国の第17代大統領、李明博がソウル市長時代に都市公園として復元した清渓川は、世界中の都市

51—徳島平野を流れる吉野川と今切川(手前)の向こうに眉山を眺める

計画家を驚かせた。李の手腕を見せつける業績といえるが、彼は36歳で韓国の財閥グループ・現代建設の最高経営者に上り詰めた実業家でもある。

徳島でも、交通渋滞の解消策として鉄道高架事業が再燃している。高齢化・縮小化が加速する徳島で、果たして鉄道高架は必要だろうか。駅前周辺を地中化することで「都心のオアシス」としての寺島川復元を提案したい。そうすることで、シンボル眉山から徳島中央公園まで貫く一本の都市軸も復活し、助任川に歩行者橋を架けると県立文学書道館や徳島大学常三島キャンパスへの動線も導き出せるだろう。線路を迂回する現況は、「徳島のツボ」といえる徳島城跡、すなわち歴史遺産の価値を半減させている。21世紀のまちづくりは市民が文化的に暮らす「場」の創出である。都市を分断する高架道路や鉄道の地中化と地上部分の公園化は、欧米の成熟都市を中心に世界的に展開されている。寺島川の復元は、新町川における一連の「プレイス・メイキング」に呼応するかたちで、市民が文化的に暮らす場所を取り戻すことにつながる。

㊷

㊸

㊹

㊷―JR徳島駅の鉄道操車場脇にわずかに残る寺島川
㊸―かつては、徳島城の堀と一体化していた寺島川
㊹―わずか1両編成の列車のために、広大な鉄道用地が費やされている。

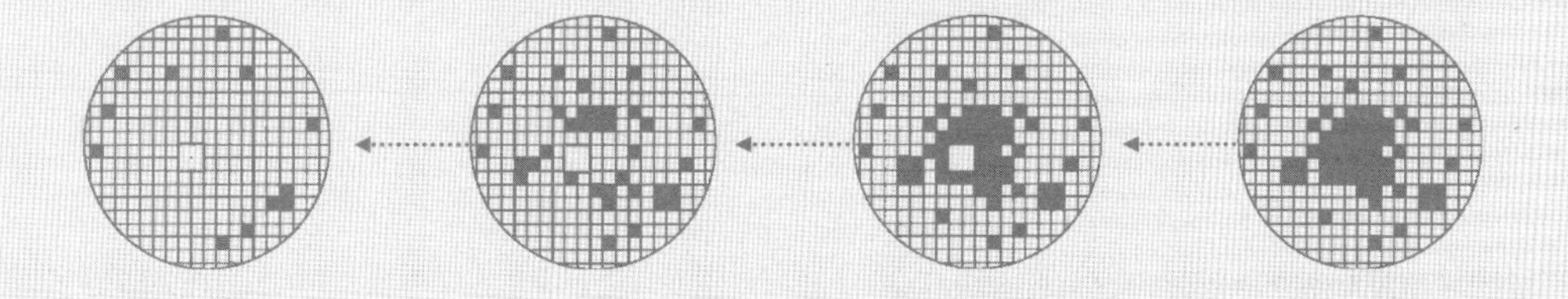

あとがき

本書は、テキサスA&M大学と九州大学において取り組んできた都市再生デザインに関する一連の研究をまとめた学位論文「中心市街地の維持と更新に寄与するアーバン・カタリストに関する研究（九州大学人間環境学府）」をベースに、世界的に注目を集める欧米での最新事例を含む5つの再生事例に焦点をあて、新たに追加した4つのケースへの現地調査とともに、その現場において、重要な実務を遂行したキーパーソンにインタビューする形式を採用することで、アカデミックな領域を超えた実務のための指南書と位置付けた形で発展させたものです。

本書における編集型アーバンデザインに関する着想は、筆者が指導者として機会をいただいた一連の日本建築学会国際建築都市デザインワークショップに依拠しており、特に日本におけるシャレット・ワークショップの先駆者である小林正美教授（明治大学）、そして、九州大学での恩師、出口敦教授（東京大学）からは、ワークショップの円滑な運営法や指導法についてのノウハウを伝授いただきました。また、編集型アーバンデザインの手法としてのアーバン・カタリスト論に関しては、学位論文の指導者として、鋭意かつ適切なご指導と激励を頂きました坂井猛教授（九州大学）、有馬隆文教授（佐賀大学）、堀賀貴教授（九州大学）、Prasanna Divigalpitiya准教授（九州大学）との議論から多くの新しい知見を見出しました。調査・分析・編集作業につきましては、テキサスA&M大学大学院で研究中の吉永翔平君、杉本開君、川頭賢吾君、Vrushali Sathayeさん、Ryun Jung Leeさん、Chenglin Maoさん、Zachary Dunn君、九州大学院生の高山達也君、Prin Kongsombat君に多大なご協力をいただきました。

さらに、テキサスA&M大学においては、Jorge Vanegas建築学部長をはじめ、Dawn Jourdan建築副学部長、Elton Abbott建築副学長、Robert Warden建築学科長、Ward V. Wells元建築学科長、Michael O'Brien教授、Marcel Erminy上級講師、Geoffrey J. Booth准教授、建築学部の先生方、スタッフの皆様には、様々なご支援とともに、激励のお言葉とご指導を頂戴しましたこと感謝いたします。

さらに、5つのケース・スタディを進めるにあたり、本書に登場した6名のインタビュー者、Bob Allies氏(Partner, Allies and Morrison)、Sergio Dogliani氏(Deputy Head, Idea Store)、Matthew Johnson氏(Associate Principal, Diller Scofidio + Renfro)、Todd H. Schliemann(Partner, ENNEAD Architects LLP)、藤浩志氏(十和田市現代美術館元館長)、中村英雄氏(NPO法人新町川を守る会理事長)の他に、ロンドン・オリンピックに関しては、Peter Bishop氏(Professor, University College London)、Steven Tomlinson氏(Principal Designer, Queen Elizabeth Olympic Park)、Jim Heverin氏(Director, Zaha Hadid Architects)、Kathyrn Firth氏(Public Realm)、Selina Mason氏(Board Director, LDA Design)、Jerome Frost氏(Director, ARUP)の6名、そして、アイデア・ストアに関しては、Yohannes Bereket氏(Director, Adjaye Associates)の1名、ハイラインでは、Elizabeth Diller氏(Partner, Diller Scofidio + Renfro)、Ricardo Scofidio氏(Partner, Diller Scofidio + Renfro)、Annie White氏(NYC Department of City Planning)、Johannes Schafelner氏(Senior Associate, Zaha Hadid Architects)、Alberto Barba氏(Senior Associate, Zaha Hadid Architects)、Cub Barrett氏(Director, Friends of High Line)の6名、十和田市現代美術館に関しては、南條史生氏(エヌ・アンド・エー株式会社代表取締役)、櫻田功(十和田市係長)、久保田隆之氏(十和田市課長)、杉澤健一氏(十和田市課長補佐)、浦田陽子氏(十和田市課長補佐)、豊川大樹氏(十和田市現代美術館)、金子由紀子氏(国際芸術センター青森学芸員)の7名、徳島市新町川地区再生に関しては、近藤光氏(ufotable代表取締役)、田村耕一氏(公益財団法人徳島経済研究所専務理事)、金森直人氏(株サーブ代表)、中川俊博氏(有限会社中川建築デザイン室代表)、立花正充氏(株空間創研SOLA)の5名からなる合計25名の方から詳細なお話しを伺いました。

そして、序の部分では、Pratap Talwar氏、先崎哲進氏、阿比留浩太氏、津田正人氏、ロンドン・オリンピックでは、John Worthington氏、Daniel Elsea氏、Romy Berlin氏、David Harrison氏、Christopher Harvey氏、Kaaren Rutherford氏、Kent Jackson氏、Timo Kujala氏、朱文一教授、Ben Colley氏、Patrik Schumacher氏、Roger Howie氏、アイデア・ストアでは、須永和之教授、Joe

Franchina氏、Josh Ellman氏、Michael Matey氏、Silvia Legler氏、ハイラインでは、Steven Holl氏、Greg O'Malley氏、Ruoyu Wei氏、Jennifer Sessions氏、Brittney Seegers氏、David Allin氏、Adele Charlebois氏、Brian Rose氏、Joel Sternfeld氏、Caroline Burghardt氏、Annette P.Wilkus氏、Lisa J. Green氏、Tess Fleming氏、Lillian Zeinalzadegan氏、Patrick Shields氏、Franca Dantes氏、Diane Laska-Swanke氏、Kenny Petricig氏、Yvette Clairjeane氏、James Shaughnessy氏、Sarazin Kazumi氏、十和田市現代美術館では、西沢立衛氏、角田美恵子氏、松本柳太郎氏、滝沢裕希氏、吉田和雄氏、高渕晃氏、益川百合子氏、神吉健氏、中渡博氏、小笠原和男氏、細川興一氏、徳島市新町川地区再生に関しては、遠藤彰良氏、根津寿夫氏、小川裕久氏、金原祐樹氏、松永友和氏、福山博貴氏、多田恵子氏、日野貴美子氏、國安治氏、新居直氏、山中英生教授、渡辺公次郎助教、笠井義文氏、佐藤幸好氏、矢部洋二郎氏、麻空公美子氏、安土真生氏、上原和樹氏、北村成臣氏、高田真希氏、長谷川晋理氏、竹中淳二氏、大谷博氏、元木秀章氏、佐々木志保氏、喜多順三氏、花岡史恵氏、西脇文氏、立木さとみ氏、岡部恭子氏、里見和彦氏から貴重な資料やデータを頂戴し、活用させていただきましたことに御礼申し上げます。

出版に関する編集を担当されました鈴木洋美氏には、常に温かく、そして忍耐強く見守っていただくと共に、鋭意かつ適切なご指導と激励を頂きました。装丁、そして、本書のデザインを担当された新保韻香氏、平岡佐知子氏には、大変、素晴らしいデザインによって、言葉以上に、本書の意図する内容を、適材適所のビジュアルを通して表現していただきました。このほか、国内はもとより海外をふくめて、とても多くの方々にお世話になり、ご迷惑をおかけし、励まされたことを思い起こし、言い尽くせない感謝の念と達成感に満ちた気持ちでおります。

最後に、執筆に取り組んだ1年間、長期にわたり不在の多い私に代わり家庭を守ってくれた妻・早苗、長男・悠一郎に、この場を借りて感謝の意を表したいと思います。ありがとうございました。

2017年12月18日

藍谷鋼一郎

▶▶▶**第5章　新町川**

Muneta, Y. (2007). "Creativity of the Central City Area", Gakugei Publication, Kyoto.
Inter-city Study Committee. (2002). "Urban Dwelling Regeneration of Charming Downtown", Gakugei Publication, Kyoto.
Institute of Tokushima Economy (2012). "Economy and Industry of Tokushima"
Tokushima City (2012). "City Maintenance Division; Promotion Section of City Policy, Tokushima City,
City Plan and Master Plan", Tokushima.
Tokushima City (2011). "Tokushima Chamber of Commerce, Pedestrian Traffic Survey Report of Tokushima City
Central Shopping Street", Tokushima.
ゼンリン社編：徳島市住宅地図2012年版，ゼンリン，2012／2009年版，ゼンリン，2009／2006年版，ゼンリン，2006／
2001年版，ゼンリン，2001／1996年版，ゼンリン，1996／1991年版，ゼンリン，1991／1988年版，ゼンリン，1988
セイコー社編：徳島市住宅地図1983年版，セイコー社，1983／1978年版，セイコー社，1978
山中英生，喜多順三：日本各地からのまちづくり情報(6)地方都市の独創的で持続可能なまちづくりへ，
―人のつながりが生むクリエイティブな力の可能性―都市計画協会，新都市，Vol.66, No.8, pp.60-65, 2012.8
大木圭，長生恒之，初見学，真野洋介：都市における河川沿い整備と中心市街地との関連性についての研究
―徳島市新町川沿いと近接商店街の関係を通して―，学術講演梗概集．E-2, 建築計画II, pp.441-442, 2003
出口良知，坂井文，越沢明：徳島市新町川における河岸公園整備を契機としたまちづくりの展開についての一考察，
ランドスケープ研究 72(5)，日本造園学会，pp.701-704, 2009
樋口明彦，佐藤直之，髙尾忠志：まちの活性化を促す都市河川整備のあり方に関する研究，
土木計画学研究論文集 vol.22 no.2, pp.387-396, 2005
湯浅弘成：徳島市内河川網における川づくりについて，土木学会四国支部技術研究発表会，IV-15, pp.352-353, 1995
新雅史：商店街はなぜ滅びるのか 社会・政治・経済史から探る再生の道，光文社新書，2012
川真田亜弥子：市町村の高齢化要因分析，徳島経済 Spring/Vol.76, 徳島経済研究所，pp.47-63, 2005
田中淳二：徳島県の住宅事情，徳島経済 Spring/Vol.76, 徳島経済研究所，pp.64-77, 2005
田村耕一：世界に向けた阿波踊りの魅力発信を，徳島経済 Autumn/Vol.77, 徳島経済研究所 p.1, 2005
奥康弘：藍の豪商，徳島新聞社，1991
交益財団法人徳島経済研究所：徳島県の経済と産業，徳島経済研究所，2012
小泉周臣：徳島市民双書9 船場ものがたり，徳島市中央公民館，1975
徳島市役所：徳島市中心市街地活性化基本計画，徳島市，2006
徳島市都市整備部 まちづくり推進室 都市政策課：徳島市都市計画マスタープラン，2012
徳島市・徳島商工会議所：平成19年度徳島市中心商店街通行量調査 結果報告書，2008
徳島市・徳島商工会議所：平成20年度徳島市中心商店街通行量調査 結果報告書，2009
徳島市・徳島商工会議所：平成21年度徳島市中心商店街通行量調査 結果報告書，2010
徳島市・徳島商工会議所：平成22年度徳島市中心商店街通行量調査 結果報告書，2011
徳島市・徳島商工会議所：平成23年度徳島市中心商店街通行量調査 結果報告書，2012

Adjaye, D. (2010). "David Adjaye - Output", TOTO Publishing Co. Ltd.
Customer Services and Education Directorates for the Arts, Leisure, Sports and Youth and Community Services Committees, (1999.4).
"A Library and Lifelong Learning Development Strategy for Tower Hamlets", London Borough of Tower Hamlets
Patterson, T., (2001.01). "Idea Stores: London's New Libraries", Library Journal, v126 n8. pp.48-49.
London Borough of Tower Hamlets. (2002). "A Library and Lifelong Learning Development Strategy for Tower Hamlets",
London Borough of Tower Hamlets
Allison, P., (2006). "David Adjaye: Making public buildings: specificity, customization, imbrication", Thames & Hudson
Idea Store Library Learning Information. (2009). "HEALTH STRATEGY 'Medicine for the soul' ", Idea Store
Idea Store Library. (2009). "Idea Store Strategy 2009", Idea Store
London Borough of Tower Hamlets. (2015). "Idea Store Learning Course Guide 2015-16", London Borough of Tower Hamlets

▶▶▶第3章　ハイライン

David, J. and Hammond, R. (2011). 'HIGH LINE -The Inside Story of New York City' s Park in the Sky',
Farrar, Straus and Giroux, New York
Friends of the High Line (2008). 'Designing the High Line – Gansevoort Street to 30th Street', Finlay Printing, LLC.
James Corner Field Operations and Diller Scofidio & Renfro (2015). 'The High Line', Phaidon Press.
Sternfeld, J. (2012). 'Joel Sternfeld: Walking the High Line', Steidl.
Rose, B. (2014). 'Metamorphosis Meatpacking District 1985+2013', Golden Section Publishers, LLC, New York.
LaFarge, A. and Darke, R. (2014). 'On the High Line: Exploring America's Most Original Urban Park', Revised Edition.
High Line History. (2009). 'Friends of the High Line', Trail of the Month.
Rails-to-Trails Conservancy. Foderaro, L. (2013). 'High Line Offers a Walk on the Wild Side', The New York Times.
Gray, C. (2011). 'When a Monster Plied the West Side', The New York Times.
Gregor, A. (2010). 'As a Park Runs Above, Deals Stir Below', The New York Times.
Lopate, P. (2011). 'Above Grade: On the High Line', Places Journal.
Norval White, N., Willensky, E. and Leadon, F. (2010). 'AIA Guide to New York City', Oxford University Press.
Norval White, N. and Willensky, E. (2000). 'AIA Guide to New York City', Three Rivers Press.
Renzo Piano Monographs. (2015). 'Whitney: The Whitney Museum of Art', Fondazione Renzo Piano.

▶▶▶第4章　十和田市現代美術館

十和田市現代美術館:十和田市現代美術館準備ニュース Vol.1, 2007／Vol.2, 2008
十和田市現代美術館:十和田市現代美術館ニュース Vol.1, 2009／Vol.2, 2010／Vol.3, 2011／Vol.4, 2012／
Vol.5, 2013／Vol.6, 2014／Vol.7, 2015／Vol.8, 2016
西沢立衛:PLOT Ryue Rishizawa 建築のプロセス, GA 4, A.D.A. EDITA Tokyo, 2003
妹島和世+西沢立衛 読本 – 2013, A.D.A. EDITA Tokyo, 2013
西沢立衛:建築について話してみよう, 王国社, 2007
ゼンリン社編:ゼンリン住宅地区十和田市(十和田) 201603, ゼンリン, 2016／201503, ゼンリン, 2015／
201403, ゼンリン, 2014／201003, ゼンリン, 2010／200503, ゼンリン, 2005
ゼンリン社編:ゼンリン住宅地区十和田市2000, ゼンリン, 2000／'94, ゼンリン, 1994
ゼンリン社編:ゼンリンの住宅地区十和田市1990年版, ゼンリン, 1990／1986年版, ゼンリン, 1986
ゼンリン社編:ゼンリンの住宅地区十和田市1978年版, ゼンリン, 1978
十和田商工会議所:平成6年度生涯学習振興事業報告書"歩こうわが街、つくろう歩く街", 1995
青森県商店街振興組合連合会, 十和田市商店街連合会, 十和田市南商店街振興会組合, 十和田市中央商店街振興会組合,
十和田市六丁目商店街振興組合, 十和田市七八丁目商店街振興組合:「快適な街づくり」調査報告書
読んで得する生の声—お客様からのメッセージ—, 1996

Journal of Asian Urbanism, March 2010, No.2, ISHED, pp.88-97
JAU Editors. (2010). 'International Research Camp in Collaboration of Kyushu University and Gadjah Mada University',
Journal of Asian Urbanism, March 2010, No.2, ISHED, pp.98-111
JAU Editors. (2011). 'Korean Research Camp 2 - Preservation and Re-creation of the City', Journal of Asian Urbanism,
March 2011, No.4, ISHED, pp.76-81
JAU Editors. (2011). 'Fukuoka Research Camp - Seeking for Fukuoka Style Sustainable Design', Journal of Asian Urbanism,
March 2011, No.4, ISHED, pp.82-93
JAU Editors. (2011). 'International Research Camp - in Collaboration of Kyushu University and the University of Hong Kong',
Journal of Asian Urbanism, March 2011, No.4, ISHED, pp.94-105
JAU Editors. (2012). 'International Research Camp - in Collaboration of Kyushu University and the University of Moratsuwa',
Journal of Asian Urbanism, March 2012, No.6, ISHED, pp.50-63
Crince, R., Fassam, A.D., Glaudemans, M., Goto, T., Mader, J., Verhoeven, S. (2012). ' Place Making', Master Class Fukuoka 2012,
Fontys University of Applied Sciences, Tilburg, The Netherlands, pp.1-40
Program of Sustainable Design Camp. (2012). 'Re-Generation of Wanathamulla as an Engine of Colombo Development',
Sustainable Architecture and Urban Systems, Department of Architecture and Urban Design,
Graduate School of Human Environment Studies, Kyushu University, pp.1-50
Program of Sustainable Design Camp. (2012). 'Towards the Realization of a Leading Compact City,
Fukuoka-Re-discovering its Identity as a Port Town', Sustainable Architecture and Urban Systems,
Department of Architecture and Urban Design, Graduate School of Human Environment Studies, Kyushu University, pp.1-60
Program of Sustainable Design Camp. (2013). 'Re-Generation of Ho Chi Minh City as Re-Cyclic Town',
Sustainable Architecture and Urban Systems, Department of Architecture and Urban Design,
Graduate School of Human Environment Studies, Kyushu University, pp.1-60
Program of Sustainable Design Camp. (2014). 'Re-Birth of Kiltipur - Awareness of Gifted Nature and Cultural Landscape for
Wellbeing of Citizens', Hana-Shoin Cooperation, pp.1-119
Program of Sustainable Design Camp. (2015). 'Recommendation for Regeneration of Urban Brown Field, Hazaribagh, Dhaka',
Hana-Shoin Cooperation, pp.1-111

▶▶▶第1章　ロンドン・オリンピック・レガシー

Kriken, J. L. (2009). 'City Building – Nine Planning Principles for the Twenty-First Century', Princeton Architectural Press, New York.
Allies, B. (2010). 'Cultivating the City - London Before and After 2012', Sun
Beijing Municipal Planning Commission. (2008). '2008 Olympics + City', China Architecture & Building Press, Beijing
British Olympic Association. (2004). London Olympic Bid: Candidature File BOA, London.
Olympic Park Legacy Company. (2012). 'Legacy Communities Scheme – Revised Design and Access Statement'
LLDC (London Legacy Development Corporation). (2011). Legacy Communities Scheme: Statement of Participation.
Allies and Morrison. (2014). The Fabric of Place Artifice
ARUP. (2013). The Bulletin, Issue 225 | 2012 Olympic Special, Global Marketing and Communications of ARUP
LLDC (London Legacy Development Corporation). (2013). A Walk around Queen Elizabeth Olympic Park.
Gold, J.R. and Gold M.M. (2011). Olympic Cities City Agendas, Planning, and the World' s Games, 1896-2016, Second Edition, Routledge

▶▶▶第2章　アイデア・ストア

Idea Store HP[https://www.ideastore.co.uk/]
London Borough of Tower Hamlets HP[http://www.towerhamlets.gov.uk/Home.aspx]
Adjaye Associates HP[http://www.adjaye.com/]
This Week in Libraries HP[http://www.thisweekinlibraries.com/]TWIL #6 & TWIL #113: Sergio Dogliani (Deputy Head of Idea Store)
Aitani, K. (2007). "Idea Store", 'Exciting Architecture Knowledge', Eikoku News Digest, No.1141, 2007.
Yoshida, N. (2007). "Special Issue: David Adjaye", 'Architecture and Urbanism', A+U Publishing Co. Ltd., No.446.

Abbasy-Asbagh, G. (2013). Catalyst: Conditions. Actar
Smithson, A., and Smithson, P. (2001). The Charged Void: Architecture. The Monacelli Press
Smithson, A., and Smithson, P. (2005). The Charged Void: Urbanism. The Monacelli Press
Gharib, R. Y. (2014). Nature of urban interventions in changing the old center of a globalizing Doha.
Frontiers of Architectural Research. pp.468-470
Lerner, J. (2014). Urban Acupuncture. Island Press
Mumford, L. (1947). Introduction: Patrick Geddes in India. Jaqueline Tyrwhitt (ed.). Lund p.12
Block, T., Paredis, E. (n.d.) (2013). Urban development projects catalyst for sustainable transformations
Spring, S.E. (2002). What Makes Buildings Catalytic? How Cultural Facilities Can Be Designed to Spur Surrounding Development.
Journal of Architecture and Planning Research. Locke Science Publishing. pp. 30-42
Aseem, I. (2002). Meaningful Urban Design: Teleological/ Catalytic/Relevant. Journal of Urban Design Vol. 7, No. 1.
Carfax Publishing. pp. 35-58.
Bullard, R. (2007). Growing smarter achieving livable communities, environmental justice, and regional equity. MIT Press
Schmitz, A. (2003). The new shape of suburbia: Trends in residential development. Urban Land Institute. pp. 40-43
Beatley, T., and Manning, K. (1997). The Ecology of Place: Planning for Environment, Economy and Community. Island Press. p.154
Geddes, P. (1947). Report on the Towns in the Madras Presidency, 1915: Tanjore. Lund Humphries. p. 17
Geddes, P. (1968). Cities in Evolution. Ernest Benn Ltd
Watson, D., Plattus, A.J., Shibley, R.G. (2003). Time-Saver Standards for Urban Design, McGraw-Hill
Geddes, P., Tyrwhitt, J. (1947). Patrick Geddes in India. London, Lund Humphries
Smithson, A. (1974). Team 10 Premier. The MIT Press
Collins, C.C., Collins, G.R, Sitte, C. (2006). Camillo Sitte: The Birth of Modern City Planning:
With a translation of the 1889 Austrian edition of his City Planning According to Artistic Principles (Dover Architecture),
Dover Publications Garnier, T. (1989). Une Cite Industrielle, Princeton Architectural Press
Myers, T., Hegemann, W., and Peets, E. (2008). The American Vitruvius: An Architects' Handbook of Civic Art. De Facto Publishing
Rasmussen, S.E. (1982). London: The Unique City. The MIT Press
Lynch, K. (1960). The Image of the City. The MIT Press
Jacobs, J. (1992). The Death and Life of Great American Cities. Vintage; Reissue
Whyte, W.H. (1980). Social Life of Small Urban Spaces. Project for Public Spaces Inc
Congress for the New Urbanism. (2013). Charter of The New Urbanism. McGraw-Hill Professional Publishing; 2 editions
Witt, D.J.D.: Benjamin Thompson Architects PROCESS ARCHITECTURE 89, 1990
神田駿, 小林正美: デザインされた都市: ボストン PROCESS ARCHITECTURE 97, 1991
Aitani, K., Kobayashi, M., Deguchi, A., Ariga, T., Bosselmann, P., Pellegrini, S. (2010) 'On Karatsu International Architectural and
Urban Design Workshop 2010', Proceedings of 8th International Symposium on Architectural Interchanges in Asia (ISAIA).
Kitakyushu, Japan, pp.1218-1223
AIJ International Architectural & Urban Design Workshop
http://www.aij-iaud-ws.org/
日本建築学会編: 唐津: 都市の再編一歩きたくなる魅力ある街へ, 鹿島出版会, 2012
Kobayashi, M. (2003). 'An Evaluation Report of the Joint Academic Program of Tokyo Inner-City Project',
the 7th International Congress of APSA, Hanoi, 3-89
Kobayashi, M. (2003). 'Tokyo Regeneration, Tokyo Inner City Project', Gakujutsu Shuppan
EDAW ASIA. (2008). 'EDAW ASAI Design Boot Camp 2008', EDAW
WAW Professors. (2008). 'World Architecture Workshop 2002-2008', WAW
Department of Architecture and Building Science (2008). 'Global Design Education', Graduate School of Engineering, Tohoku University
JAU Editors. (2009). 'International Research Camp in Collaboration of Kyushu and Tongji University',
Journal of Asian Urbanism, September 2009, No.1, ISHED, pp.78-89
JAU Editors. (2010) 'Fukuoka Research Camp - Seeking for Fukuoka Style Sustainable Design',

［参考文献］

▶▶▶序

Wayne, A., and Logan, D. (1989). American Urban Architecture: Catalysts in the Design of Cities. University of California Press
Essex, S.J., and Chalkley, B.S. (1998). The Olympics as a catalyst of urban renewal: a review. Leisure Studies, Vol.17, No.3. pp.187-206
Essex, S.J., and Chalkley, B.S. (1999). Urban development through hosting international events: a history of the Olympic Games. Planning Perspectives, Vol.14, No.4. pp.369-394
Chapin, T. (2004). Sports Facilities as Urban Redevelopment Catalysts: Baltimore's Camden Yards and Cleveland's Gateway. Journal of The American Planning Association. pp.193-209
Barghchi, M., Omar, D. B., and Aman, M. S. (2009). Sports Facilities Development and Urban Generation. Journal of Social Sciences 5 (4). Faculty of Architecture, Planning and Surveying, MARA University of Malaya, Malaysia
Busa, F. (2010). Chapter 10: Mega-event as Catalyst for Urban transformation. Shanghai Manual- A Guide for Sustainable Urban Development in the 21st Century. United Nations
Gehl J,, and Gemzoe L. (1996). Public Spaces-Public life, Public Places-Urban Space. Architecture Press, Oxford
Hentila, Helka-Liisa (2002). Temporary uses of Central Residual Spaces as Urban Development Catalyst. Helsinki University of Technology, Centre for Urban and Regional Studies
McDonalda., J.P. (2007). The Contextual Stadium: Utilizing the Ballpark as an Urban Catalyst. Master thesis of Graduate school of University of Cincinnati
Meghan, B. (2009). Reviving London, ON: The Role of the John Labatt Centre and Covent Garden Market Master thesis of University of Waterloo. Waterloo, Ontario, Canada
Quinn, B. (2009). Festivals, events and tourism School of Hospitality Management and Tourism, Dublin Institute of Technology
Grodacha, C. (2008). Museums as Urban Catalysts: The Role of Urban Design in Flagship Cultural Development. Journal of Urban Design, Volume 13, Issue 2. pp.195-212
Bohannon, C.L. (2004). The Urban Catalyst Concept: Toward Successful Urban Revitalization. Master Thesis of Faculty of Virginia Polytechnic Institute & State University
倉田直道：カタリストとしての都市デザイン．建築雑誌．建築年報 1991. pp.6-7, 1991
小林正美：Interventions. 光星舎，pp.4-11, 1996
小林正美：Interventions II（都市への介入）．鹿島出版会 pp.8-10, 2003
小林正美：歴史的町並み再生のデザイン手法・シャレットワークショップによる岡山県高梁市における実践的まちづくり．エクスナレッジ，2013
西村幸夫：都市論ノート―景観・まちづくり・都市デザイン．鹿島出版会，2000
東京大学cSUR-SSD研究会：世界のSSD100―都市持続再生のツボ．彰国社，2007
遠藤新：米国の中心市街地再生―エリアを個性化するまちづくり．学芸出版社，2009
新たな都市空間需要検討会執筆チーム編：地方都市再生のための中心市街地活性化（導入機能・施設）事典．学芸出版社，pp.133-140, 2004
三船康道＋まちづくりコラボレーション：まちづくりキーワード事典第二版．学芸出版社，2003
鈴木浩：日本版コンパクトシティ・地域循環型都市の構築．学陽書房，2011
アーバンデザイン研究体編：アーバンデザイン・軌跡と実践．建築文化別冊．彰国社，2011
山崎亮：コミュニティデザイン―人がつながるしくみをつくる-．学芸出版社，2011
山崎亮：コミュニティデザインの時代　自分たちで「まち」をつくる．中央公論新社，2012
芦原義信：街並みの美学．岩波書店，1990
芦原義信：続・街並みの美学．岩波書店，1992
熊本県・熊本日日新聞情報文化センター：くまもとアートポリスガイドブック，くまもとアートポリス'92実行委員会，1992
瀬戸内国際芸術祭実行委員会：瀬戸内国際芸術祭2010総括報告，香川県庁，2010
瀬戸内国際芸術祭実行委員会：瀬戸内国際芸術祭2013総括報告，香川県庁，2013
瀬戸内国際芸術祭実行委員会：瀬戸内国際芸術祭2016総括報告，香川県庁，2016
Jacobs, J. (1992). The Death and Life of Great American Cities. Vintage; Reissue
Oswalt, P., Overmeyer, K., and Misselwitz, P. (2013). Urban Catalyst: The Power of Temporary Use. DOM Publishers

WORKac (Photography By: Elizabeth Felicella)…123㊴、123㊵、123㊶、124㊷、124㊸／WORKac…124㊹／
Steven Holl Architects…127㊼、128㊽、128㊾、128㊿／KiSKA Construction…138(74)、138(75)／
SiteWorks Landscape Architecture…138(76)、138(77)、138(78)、138(79)、138(80)／Ennead Architects LLP…145(90)、145(91)、
145(92)、145(93)、145(94)、146(95)／NYC Department of City Planning…151(103)、151(104)、151(105)、151(106)、152(107)、153(109)、
153(110)、153(111)、153(112)／Neil M Denari Architects…157(119)、157(121)／
Selldorf Architects (Photography By: David Sundberg)…157(120)、157(122)／
Zaha Hadid Architects…158(123)、158(124)、158(125)、158(126)、158(127)、158(128)／Related/Oxford…160(123)

▶▶▶第4章　十和田市現代美術館

新渡戸記念館…165①／十和田市役所観光推進課…166③、166④、168⑤、192㊾／
十和田市現代美術館…169⑥、170⑦、171⑧、174⑮／西沢立衛建築設計事務所…173⑬、173⑭、186㊱、186㊲、186㊳、
186㊴、186㊵、186㊶、186㊷、186㊸／松本茶舗（撮影：松本柳太郎）…188㊻

▶▶▶第5章　新町川

徳島市役所企画政策局広報広聴課…195①／国立国会図書館デジタルコレクション…195②／
徳島県立博物館…195③／徳島県立博物館/徳島県立文書館…196④、196⑤／徳島市中央公民館市史編さん室…196⑥、
196⑦、196⑧、199⑭／徳島県立文書館…199⑮、217㊿／NPO法人新町川を守る会…200⑯、202⑰、202⑱、203⑳、204㉑、
204㉒、205㉓、206㉕、206㉖、207㉗、207㉘／有限会社中川建築デザイン室…210㉝、210㉟／
徳島市立図書館（撮影：三好一朗）…210㊲／㈱サーブ/とくしまマルシェ事務局…212㊶、214㊻／
徳島商工会議所・まちづくり支援室（撮影：高田真希）…213㊷、213㊸、213㊹、213㊺／
徳島LEDアートフェスティバル実行委員会…215㊽

◉上記に記載されていない図版は、すべて藍谷建築都市研究ラボ（テキサスA&M大学）で作成、および
著者により撮影されたものである。

［クレジット］

図版提供者、および写真撮影者、また参考文献からの引用

▶▶▶口絵

Diller Scofidio + Renfro/James Corner Field Operations…ハイライン
Allies & Morrison…ロンドン・オリンピック
㈱サーブ/とくしまマルシェ事務局…新町川

▶▶▶はじめに

Benjamin Thompson and Associates/Thompson Design Group…007右下／箱崎九大跡地ファン倶楽部…007左上／
LLDC(London Legacy Development Corporation)…008右下／Diller Scofidio + Renfro/James Corner Field Operations
(Photography By: Iwan Baan)…009左上

▶▶▶序

Benjamin Thompson and Associates/Thompson Design Group…013①、013②、014③、014④、014④／
Wayne, A., and Logan, D. (1989). American Urban Architecture: Catalysts in the Design of Cities. University of California Press…
017⑩、018⑪／箱崎九大跡地ファン倶楽部…020⑫、020⑬、020⑭／Lynch, K. (1960). The Image of the City. The MIT Press…
022⑯、022⑰／Jacobs, J. (1992). The Death and Life of Great American Cities. Vintage; Reissue…023⑱／津田正人…024㉑／
Geddes, P., Tyrwhitt, J. (1947). Patrick Geddes in India. London, Lund Humphries…026㉕、26㉖、27㉗／
Smithson, A. (1974). Team 10 Premier. The MIT Press…029㉝／Marco Casagrande…032㊳／
都市ツボ研究会(東京大学・出口敦教授会長)…032㊴／Lerner, J. (2014). Urban Acupuncture. Island Press…032㊶／
Watson, D., Plattus, A.J., Shibley, R.G. (2003). Time-Saver Standards for Urban Design, McGraw-Hill…
034㊹、034㊺、034㊻、034㊼

▶▶▶第1章　ロンドン・オリンピック・レガシー

LLDC(London Legacy Development Corporation)…039②、042⑥、042⑦、42⑧、42⑨、043⑩、047⑭、047⑮、
047⑯、047⑰、052㉔、053㉗、054㉘、054㉙、054㉚、055㉛、056㉟、057㊱、057㊳、059㊶、063㊿、
064(52)、064(53)、064(54)、064(55)、066(57)a、068(59)、069(62)／Allies & Morrison…044⑪、046⑫、046⑬、048⑱、
055㉜、055㉝、055㉞、061㊻、062㊼、062㊽、065(56)、069(61)／
Zaha Hadid Architects…066(57)b、066(57)c、066(57)d、066(57)e、066(57)f、066(57)g、066(57)h、066(57)i

▶▶▶第2章　アイデア・ストア

SOM (Skidmore, Owings and Merrill, Inc.) (Photography By: Jason Hawkes)…074③／
Idea Store…084㉔、084㉕、085㉗、085㉘、085㉙、085㉚／Adjaye Associates…090㊶、090㊷、090㊸、
090㊹、090㊺、094(51)、094(52)、094(53)、094(54)、094(55)、094(56)、095(57)、095(58)、095(59)、095(60)、095(62)、096(63)／
Adjaye Associates (Photography By: Tim Soar)…088㊲／Adjaye Associates (Photography By: Lydon Douglas)…089㊳／
Adjaye Associates (Photography By: Edmund Sumner)…092㊽／Adjaye Associates (Photography By: Ed Reeve)…093㊾／
Sheppard Robson…098(69)、099(71)

▶▶▶第3章　ハイライン

Diller Scofidio + Renfro/James Corner Field Operations…126㊻、129(51)、131(57)、131(60)、133(63)、133(64)、
133(65)、133(66)、134(68)、137(73)、139(81)、139(82)、159(129)、159(130)、159(131)、159(132)／
Diller Scofidio + Renfro/James Corner Field Operations (Photography By: Iwan Baan)…103①、125㊺、134(67)、
135(69)、135(70)、136(72)、140(83)、141(84)、141(85)、142(87)、154(113)／
Diller Scofidio +Renfro/James Corner Field Operations (Photography By: Sharon Watt)…147(97)／
Friends of Highline…106⑦、110⑭、112⑲、130(52)、130(53)、130(54)、130(55)、130(56)、131(58)、131(59)、132(61)、133(62)／
Kalmbach Publishing Co…105⑤、105⑥／Brian Rose…107⑧、107⑨、107⑩、107⑪／James Shaughnessy…111⑰／
Luhring Augustine Bushwick (Photography By: Joel Sternfeld)…112⑱、115㉓、116㉔、116㉕、117㉖、117㉗、117㉘、117㉙／
Gluckman Tang Architects…120㉝、121㉞、121㉟、121㊱、121㊲／Diane von Furstenberg…122㊳／

▼▼▼著者紹介

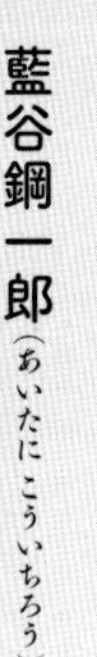

藍谷鋼一郎（あいたに こういちろう）

博士（人間環境学）、テキサスA&M大学・准教授、九州大学・客員教授、建築家

Koichiro Aitani, PhD, Architect

Associate Professor, Department of Architecture, Texas A&M University, USA

Visiting Professor, Kyushu University, Japan

●

1968年徳島県生まれ。九州大学卒、バージニア工科大学大学院修了。九州大学大学院人間環境学府にて博士（人間環境学）取得。1994年に渡米後ボストンのTDG、世界最大手設計事務所Skidmore, Owings & Merrill, LLP（SOM）のサンフランシスコ及びロンドン・オフィスで建築家として欧米、アジア、中近東諸国の巨大プロジェクトに従事する。NATO本部ビル（ベルギー）やガラスのカトリック大聖堂（カリフォルニア州）などのデザインコンペで最優秀賞受賞。2007年、13年ぶりに帰国後、九州大学大学院人間環境学研究院 都市・建築学部門にて特任准教授、2013年よりアメリカ合衆国テキサスA&M大学建築学部・准教授として再び渡米する。同年より九州大学・客員教授。写真撮影を趣味とし新聞・雑誌に多数寄稿、また国内外でのシンポジウム、ワークショップなどアウトリーチ活動も活発に行う。

専門分野＝建築デザイン、アーバン・デザイン、都市再生。

アーバン・カタリスト 実践・都市再編集の現場から

2018年1月10日 第1版発 行

著作権者との協定により検印省略

著 者 藍 谷 鋼 一 郎

発行者 下 出 雅 徳

発行所 株式会社 彰 国 社

162-0067 東京都新宿区富久町8-21

電話 03-3359-3231（大代表）

振替口座 00160-2-173401

自然科学書協会会員
工学書協会会員

Printed in Japan

印刷：三美印刷 製本：中尾製本

ISBN978-4-395-32099-8 C3052 http://www.shokokusha.co.jp